数据科学与大数据技术专业系列规划教材

Data Analysis and Visualization with Tableau

Tableau 数据分析与可视化

微课版

王国平 / 编著

人 民 邮 电 出 版 社
北 京

图书在版编目（CIP）数据

Tableau数据分析与可视化 : 微课版 / 王国平编著
. -- 北京 : 人民邮电出版社, 2021.1
数据科学与大数据技术专业系列规划教材
ISBN 978-7-115-45327-3

Ⅰ. ①T… Ⅱ. ①王… Ⅲ. ①可视化软件－数据分析－高等学校－教材 Ⅳ. ①TP317.3

中国版本图书馆CIP数据核字(2020)第178640号

内 容 提 要

本书全面详细地介绍了 Tableau 在数据分析与可视化方面的主要应用。全书共 10 章，主要内容包括 Tableau 数据可视化概述、Tableau 连接数据源、Tableau 基础操作、Tableau 高级操作、Tableau 数据可视化、Tableau 仪表板和故事、连接 Hadoop 集群、Tableau 在线服务器、电商行业案例实战、客户价值画像实战。

本书可作为普通高等院校数据科学与大数据技术、大数据管理与应用等大数据相关专业的教材，也可作为从事数据分析相关工作人员的参考书。

◆ 编　　著　王国平
责任编辑　许金霞
责任印制　王　郁　陈　犇

◆ 人民邮电出版社出版发行　　北京市丰台区成寿寺路 11 号
邮编　100164　　电子邮件　315@ptpress.com.cn
网址　https://www.ptpress.com.cn
北京七彩京通数码快印有限公司印刷

◆ 开本：787×1092　1/16
印张：13.25　　2021 年 1 月第 1 版
字数：348 千字　　2024 年 12 月北京第 5 次印刷

定价：69.80 元

读者服务热线：(010)81055256　印装质量热线：(010)81055316
反盗版热线：(010)81055315
广告经营许可证：京东市监广登字 20170147 号

前言

当前，互联网全球化、移动设备普及化、现实世界网络化等都在为“数据大爆发”储蓄能量，大数据已成为继云计算、物联网之后信息产业又一次颠覆性的技术变革。大数据时代正在改变着我们的生活、工作和思维。要让大数据更有意义，使之更贴近大多数人的生活，最重要的手段之一就是数据可视化。数据可视化是关于数据视觉表现形式的技术，这种视觉表现形式被定义为以某种概要形式提取信息，包括相应信息单位的各种属性和变量。

数据可视化是信息时代人们对逻辑思维形象化需求的产物，在数据呈现爆炸式增长、社会快速发展的今天，数据处理是很重要的一个研究方向，其中数据可视化是数据处理中的一个重要方面。数据可视化工具种类繁多，主要包括图表类工具（如 D3、Tableau、Microsoft Power BI）和高级分析工具（如 R、Python、WEKA)。其中，Tableau 是一种商业智能可视化工具，它将数据的连接、运算、分析与图表相结合，简化了数据可视化流程，提升了数据可视化的易读性。

“让每个人都成为数据分析师”是大数据时代的要求，而数据可视化正是专业数据分析的体现。Tableau、Microsoft、SAS、IBM 等企业纷纷加入数据可视化的阵营，这在降低数据分析门槛的同时，也为分析结果提供了更炫的展现效果。

截至 2020 年 5 月，Tableau Desktop 的最新版本是 2020.2，该版本的功能较之前有较大幅度的提升，如提供全新的数据模型、简化复杂的数据分析、不需要用户具备编程或脚本语言技能、用户可以更轻松地跨多个数据表分析复杂的业务问题等。该版本还提供指标功能，这是新的移动优先方式，供客户即时监测关键绩效指标，大大提升了 Tableau 的数据处理能力和分析能力。本书正是基于此版本软件编写的，全面详细地介绍 Tableau 在数据分析与可视化方面的主要应用。

本书的内容

第 1 章介绍数据可视化、常用的数据可视化软件、Tableau Desktop 软件概况（包括 Tableau 系列的 7 种子工具），以及软件的新增功能、开始页面、数据类型及其转换、运算符及其优先级、文件类型等。

第 2 章介绍 Tableau 如何连接文件：包括 Microsoft Excel、文本文件、JSON 文件、Microsoft Access、PDF 文件、空间文件和统计文件；如何连接关系型数据库，包括 Microsoft SQL Server、MySQL、Oracle、PostgreSQL、IBM DB2 和 MemSQL；如何连接 MongoDB 非关系型数据库及其他数据源。

第 3 章详细介绍 Tableau 的基础操作，包括工作区、维度和度量及其转换、连续和离散及其转换、数据及视图的导出等操作。

第 4 章详细介绍 Tableau 的常用高级操作，包括创建字段、进行表计算、创建参数、应用函数等。

第 5 章介绍如何使用 Tableau 生成可视化视图，包括简单视图和复杂视图，如条形图、饼图、直方图、折线图、气泡图、树状图、散点图、箱形图、环形图和倾斜图。此外，本章还将详细介绍统计分析的可视化，包括相关分析、回归分析、聚类分析和时间序列分析等。

第 6 章介绍创建仪表板的基本要求、Tableau 仪表板及其创建、使用 Tableau 创建故事和共享可视化视图的步骤等。

第 7 章介绍 Hadoop 分布式文件系统，Tableau 连接 Cloudera Hadoop、MapR Hadoop Hive 的基本条件和主要步骤，以及如何优化连接性能等。

第 8 章介绍 Tableau 在线服务器，包括如何注册、试用和激活，如何设置账户和快速搜索内容，如何设置站点的角色和权限，以及如何创建和管理项目等。

第 9 章介绍 Tableau 在电商行业的应用，分别从客户价值、商品配送、商品退货和商品预测 4 个方面进行可视化分析。

第 10 章介绍客户价值画像的实战，分别从 RFM 模型、数据处理与标准化、数据分析与建模、数据可视化分析进行详细的解析。

本书的特色

1. 内容实用，讲解精练

本书是一本比较实用的 Tableau 数据分析及可视化入门书，详细介绍软件重要且实用的功能，对初学者来说帮助较大；书中详细说明了可视化分析的每一步操作，便于读者练习实践。

2. 由浅入深、循序渐进

本书从 Tableau 的简介、连接数据源、数据可视化分析的基础操作、高级操作到 Tableau 在线服务器，逐步深入讲解，从易到难、由浅入深、循序渐进，适合各个层次的读者使用。

3. 案例丰富，高效学习

本书在介绍软件功能的同时，基本都会结合实际案例进行操作。同时，为了帮助读者快速提高数据分析的整体能力，在本书的最后详细介绍了 Tableau 在电商行业中的实战及客户价值画像实战案例。

本书的读者对象

本书的内容和案例适合互联网、银行证券、咨询审计、能源等行业的数据分析人员，以及从事媒体、网站等数据可视化分析人员。本书可供高等院校大数据相关专业学生及从事数据分析的研究者学习使用，也可以作为 Tableau 软件培训机构的教材。

由于编者水平所限，书中难免存在不妥之处，请广大读者批评指正，作者的微信公众号：Hanalyst。

作者

2020 年 8 月

第1章 Tableau数据可视化概述

CHAPTER 01

第1章 Tableau数据可视化概述

数据可视化是技术与艺术的完美结合，它借助图形化的手段清晰有效地传达与沟通信息。一方面，数据赋予了可视化意义；另一方面，可视化增强了数据的灵活性，两者相辅相成，帮助企业从信息中提取知识、从知识中收获价值。

数据可视化技术允许利用图形、图像处理、计算机视觉及用户界面，通过表达和建模及对立体、表面、属性、动画的显示，对数据加以可视化解释。Tableau 数据可视化软件为用户在数据可视化方面提供了行之有效的方法，使用的人越来越多。本章将详细介绍数据可视化及其常用软件、Tableau 软件概况及其基础知识等。

1.1 数据可视化概述

1.1.1 什么是数据可视化

数据可视化的历史可以追溯到 20 世纪 50 年代计算机图形学早期，人们利用计算机创建了首批图表。1987 年，一篇题目为 *Visualization in Scientific Computing*（即《科学计算可视化》）的论文成为数据可视化发展的里程碑，它强调了基于计算机可视化技术的必要性。

随着数据种类和数量的增长、计算机运算能力的提升，越来越多高级计算机图形学技术与方法被应用于处理和可视化这些海量数据。20 世纪 90 年代初期，“信息可视化”成为新的研究领域，旨在为抽象异质性数据集的分析工作提供支持。

当前，数据可视化是一个既包含科学可视化，又包含信息可视化的新概念。数据可视化技术是可视化技术在非空间数据上的新应用，它使人们不仅不再局限于通过关系数据表观察和分析数据，还能以更直观的方式看到数据与数据之间的结构关系。

传统数据可视化工具仅能将数据加以组合，再通过不同展现方式提供给用户，用户用其发现数据之间的关联信息。近年来，随着云计算和大数据时代的来临，数据可视化产品已经不再满足于使用传统数据可视化工具对数据仓库中的数据进行简单的展现。

新型数据可视化产品必须满足互联网时代的大数据需求，必须快速收集、筛选、分析、归纳和展现决策者所需要的信息，并根据新增数据进行实时更新。在大数据时代，数据可视化工具必须具有以下 4 个特性。

- **实时性**：数据可视化工具必须适应大数据时代数据量的爆炸式增长需求，必须快速收集、分析数据，并对数据信息进行实时更新。
- **操作简单**：数据可视化工具需要满足快速开发、易于操作的要求，且能适应互联网时代信息多变的特点。
- **视图展现形式丰富**：数据可视化工具需具备丰富的视图展现形式，能充分满足展现多维度数据的要求。
- **支持多种数据源**：数据的来源不局限于数据库，数据可视化工具将支持团队协作数据、数据仓库、文本等多种形式数据，并能够通过互联网进行共享。

1.1.2 如何实现数据可视化

实现数据可视化的步骤相对比较简单，主要包括数据准备、可视化设计与报表分发 3 步。

1. 数据准备

数据分析的目的是为了解决问题，而完成分析工作的基础是数据。数据准备就是为了明确数据范围，减少数据量，通过采集、统计、分析与归纳梳理出我们需要的数据。

梳理出的数据内容可以简单地存储在 Excel 文件中，也可以存储在数据库或者 Hadoop 集群中等，这需要根据数据量和查询性能的要求进行选择。

2. 可视化设计

选择合适的视觉对象，即在绘制视觉对象之前，需要搞清楚这个视觉对象想表达什么信息、哪种视觉对象更合适。通常第一个视觉对象不是最佳选择，需要尝试多个视觉对象，然后看看哪个才是较好选择。

创建视图后需要验证是否正确、是否与预期一致，然后再调整细节，如坐标轴、颜色取值、图例位置、图上标签、图表标题等。此外还需要在恰当的地方备注说明，以明确图表想说明什么业务问题、业务逻辑和结论等。

3. 报表分发

数据可视化的最终产物是报表，我们可以通过很多方式传达结果给用户，最简单莫过于直接提供源文件或者截图，但这样过于低效。数据平台就承担了高效分发报表的责任，并实现了对报表查看权限和报表数据更改权限的控制。

我们也可以使用第三方工具直接完成报表分发，如 Tableau 等。不过出于功能扩展性与数据安全性等方面的考虑，仍然有不少公司选择自己开发数据可视化系统。

1.1.3 数据可视化的注意事项

在实际工作中，准确进行数据可视化需要注意以下几点。

1. 数据分析与数据可视化的差异

数据分析和数据可视化存在着天然的差别，但这并不是说两者永远不会和谐共处或者很难和谐共处。在实际处理数据时，数据分析应该先于可视化分析，而可视化分析可能是呈现有效分析结果的一种好方法，两者在应用中存在着关联。

2. 正确理解数据仪表板

在数据分析师的工作中，可能会涉及创建仪表板，它是分析师们交流见解的极好且非常有效的工具。但是当用户使用仪表板时，等待他们的应该是根据仪表板进行讨论与决策。换句话说，仪表板不应是数据分析的终点，而应是讨论和决策的起点。

3. 不要仅仅停留在可视化视图上

现在有很数据可视化多工具，快速构建可视化结果变得非常容易。作为分析师，不仅要做出合适的仪表板，还需要确保提供的数据是可以访问、易于理解和清晰的，最后要为分析结果添加注释、标题和副标题等，以便引导读者浏览报告或仪表板。

1.2　数据可视化常用软件

微课视频

数据可视化的工具可以分为非编程类和编程类，大部分商业数据分析师对编程比较陌生，因此本节仅介绍一些非编程类的数据可视化工具。

1.2.1　Tableau Desktop

Tableau 是桌面系统中最简单的商业智能软件，它不会强迫用户编写自定义代码，其新控制台也可以完全自定义配置。它不仅能够监测信息，还提供了完整的分析能力。Tableau 简单、易用、快速，一方面归功于斯坦福大学的突破性技术——集计算机图形学、人机交互和数据库系统于一身的跨领域技术，其中最耀眼的就是 VizQL 可视化查询语言和混合数据架构；另一方面 Tableau 专注于处理最简单的结构化数据，即已整理好的数据——Excel、数据库等。

下面是针对 Tableau、Qlik、TIBCO Software、SAS、Microsoft、SAP、IBM 和 Oracle8 家数据可视化产品和服务提供商的调查，分别从知名度、流行度和领导者 3 个角度进行分析。从知名度来看，8 家提供商几乎不分先后，只有微小的差距；从流行度来看，SAP、IBM 和 SAS 占据前 3 位，分别占比 19%、18% 和 17%；从领导者来看，Tableau 以 40% 的优势遥遥领先。

Tableau Desktop 可以制作出绚丽的仪表板，例如 Ryan Sleeper 制作的有史以来收入最高的 10 位演员的仪表板，可以让我们了解有史以来票房收入最高的 10 位演员及其电影、总收入和关键的接受点等，如图 1–1 所示。

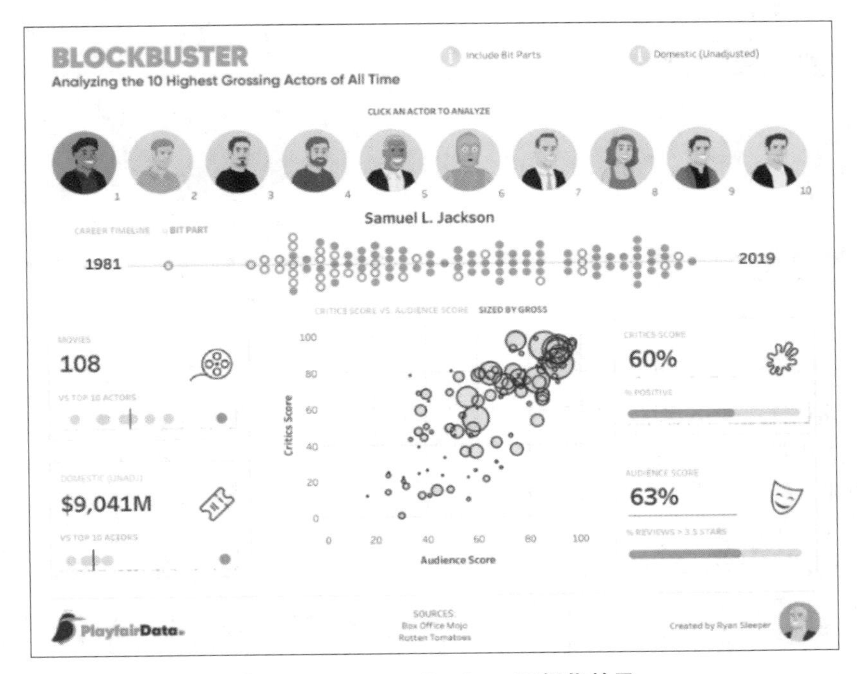

图 1–1　Tableau Desktop 可视化效果

1.2.2 Microsoft Power BI

Microsoft Power BI 是一种商业分析工具，可以连接数百个数据源、简化数据准备工作并提供即席查询。即席查询（Ad Hoc）是用户根据自己的需求灵活地选择查询条件，系统能够根据用户的选择生成相应的统计报表等。即席查询与普通应用查询最大的不同是普通应用查询是定制开发的，而即席查询是由用户自定义查询条件。

Microsoft Power BI 是微软发布的一种最新的可视化工具，它整合了 Power Query、Power Privot、Power View 和 Power Map 等一系列工具的经验成果，所以使用过 Excel 做报表和 BI 分析的从业人员可以快速上手，甚至可以直接使用以前的模型。此外，Excel 2016 以上的版本也提供了 Microsoft Power BI 插件。

使用 Microsoft Power BI 可以快速方便地制作出美观的报表和仪表板等，并发布到服务器中，其可视化效果如图 1-2 所示。

图 1-2 Microsoft Power BI 可视化效果

1.2.3 阿里 DataV

阿里 DataV 旨在让更多的人领略到数据可视化的魅力，并帮助非专业的工程师通过图形化的界面轻松搭建符合专业水准的可视化应用，满足会议展览、业务监控、风险预警、地理信息分析等多种业务的展示需求。在阿里 DataV 中拖曳即可完成样式编辑和数据配置，无须编程就能轻松搭建可视化应用，它是业务人员和设计师的绝佳拍档。

阿里 DataV 支持接入阿里云分析型数据库、关系型数据库、本地静态数据（CSV）文件和在线 API 等。此外，它还支持动态请求，将游戏级三维渲染能力引入地理场景，借助 GPU 实现海量数据渲染，提供低成本、可复用的三维数据可视化方案；适用于智慧城市、智慧交通、安全监控、商业智能等场景。阿里 DataV 可视化效果如图 1-3 所示。

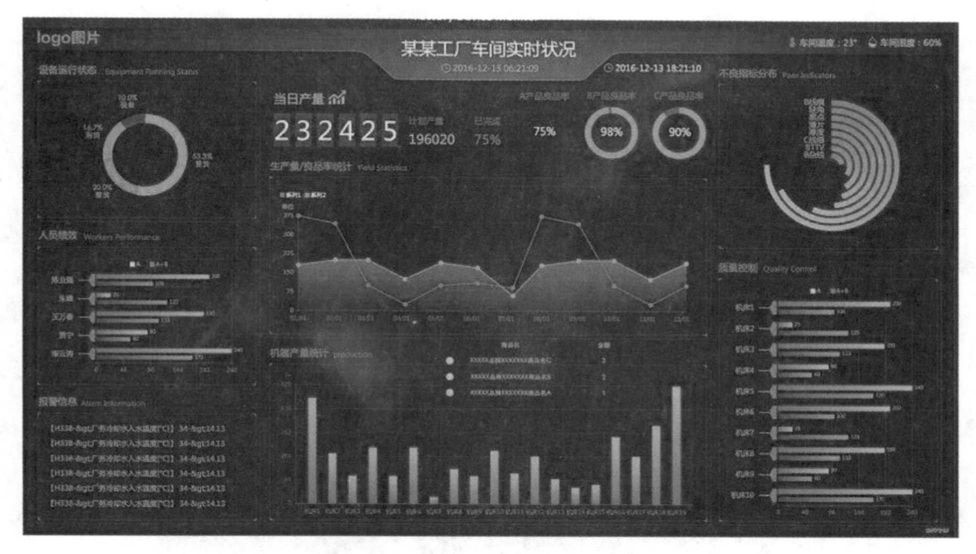

图 1–3　阿里 DataV 可视化效果

1.2.4　腾讯云图

腾讯云图（Tencent Cloud Visualization，TCV）是腾讯云旗下的一站式数据可视化展示平台，旨在帮助用户通过可视化图表快速展示海量数据，10 分钟零门槛打造出专业大屏数据展示。它预设了多种行业模板，力求极致展示数据魅力。其优点是采用拖曳式自由布局，无须编码，全图形化编辑，快速可视化制作，基于 Web 页面渲染，可灵活投屏于多种屏幕终端。

腾讯云图支持 CSV 文件、数据库、API 3 类数据接入方式，其中仅 CSV 文件需要上传至数据管理，其他方式不需要。数据可视化通常需要 7 个步骤：获取（Acquire）、分析（Parse）、过滤（Filter）、挖掘（Mine）、呈现（Represent）、修饰（Refine）和交互（Interact）。腾讯云图支持公开发布，也支持对大屏进行密码验证和 Token 验证，能够充分保障项目安全，其可视化效果如图 1–4 所示。

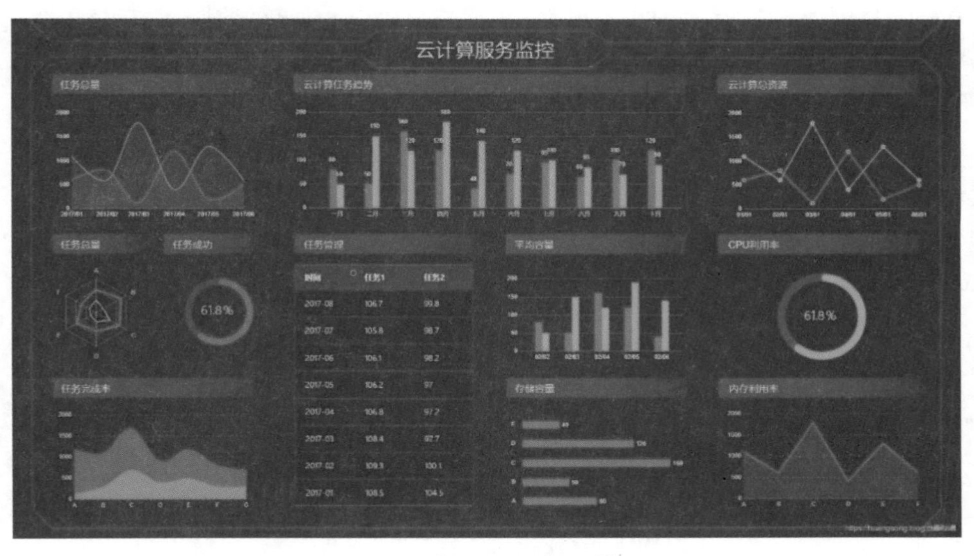

图 1–4　腾讯云图可视化效果

1.2.5 百度 Sugar

百度 Sugar 是百度推出的数据可视化服务平台，目标是解决报表和大屏的数据可视化问题，解放数据可视化系统的开发人力。它提供了整体的可视化报表与大屏解决方案，能够快速分析数据和搭建数据可视化效果；应用的场景比较广泛，如日常数据分析报表，搭建运营系统的监控大屏、销售实时大屏、政府政务大屏等。

百度 Sugar 提供了界面优美、体验良好的交互设计，用户通过拖曳图表组件可实现 5 分钟搭建数据可视化页面。它不仅支持直接连接多种数据源，还可以通过 API、静态 JSON 方式绑定可视化图表的数据。其中大屏与报表的图表数据源可以复用，用户可以方便地为同一套数据搭建不同的展示形式，其可视化效果如图 1-5 所示。

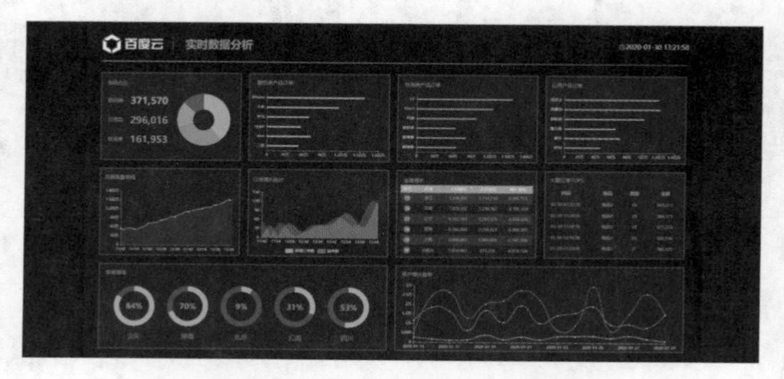

图 1-5　百度 Sugar 可视化效果

1.2.6 帆软 FineBI

帆软 FineBI 是帆软公司推出的一款商业智能产品，通过最终业务让用户自主分析企业已有的信息化数据，帮助企业发现并解决存在的问题，协助企业及时调整策略并做出更好的决策，从而增强企业的可持续竞争力。

帆软 FineBI 具有以下特点：完善的数据管理策略、支持丰富的数据源连接、以可视化的形式帮助企业进行多样数据管理、极大地提升了数据整合的便利性和效率；可连接多种数据源，支持 30 种以上的大数据平台和 SQL 数据源，支持 Excel、TXT 等文件数据集，支持多维数据库、程序数据集等各种数据源；可视化管理数据，用户可以方便地以可视化形式对数据进行管理，简单易操作。帆软 FineBI 可视化效果如图 1-6 所示。

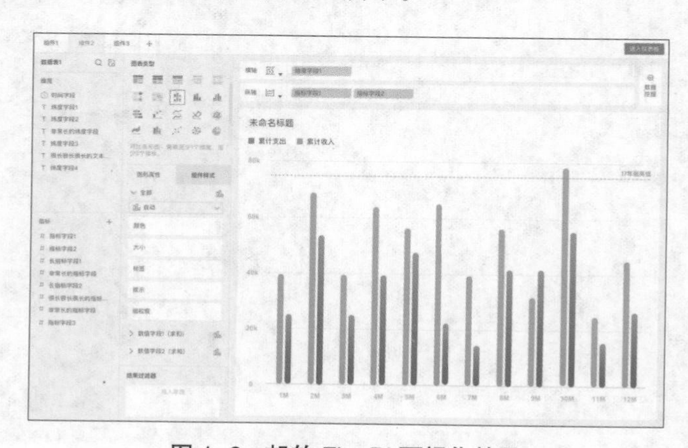

图 1-6　帆软 FineBI 可视化效果

1.3 Tableau 软件概况

微课视频

Tableau 公司成立于 2003 年，是由斯坦福大学的 3 位校友 Christian Chabot（首席执行官）、Chris Stole（开发总监）及 Pat Hanrahan（首席科学家）在远离硅谷的西雅图注册成立的。其中，Chris Stole 是计算机博士；Pat Hanrahan 是皮克斯动画工作室的创始成员之一，曾负责视觉特效渲染软件的开发，两度获得奥斯卡科学技术奖，至今仍在斯坦福大学担任教授职位，教授计算机图形课程。

Tableau 可视化工具是一系列软件的总称，包括 Tableau Desktop、Tableau Prep、Tableau Online、Tableau Server、Tableau Public、Tableau Mobile、Tableau Reader 等子产品。

1.3.1 Tableau Desktop

"人人可用的数据可视化分析工具"，这是 Tableau 官方网站上对 Tableau Desktop 的描述。确实，Tableau Desktop 的简单、易用程度令人称奇，这也是该软件的最大特点。用户不需要精通复杂的编程和统计原理，只需要把数据直接拖曳到工作簿中，再进行一些简单的设置就可以得到想要的可视化图形。

Tableau Desktop 的学习成本很低，用户可以快速上手，这无疑对日渐追求高效率和成本控制的企业来说具有巨大吸引力，特别适合日常工作中需要绘制大量报表、需要经常进行数据分析或制作图表的人使用。简单、易用并没有妨碍 Tableau Desktop 拥有强大的性能，它不仅能完成基本的统计预测和趋势预测，还能实现数据源的动态更新。

快速、易用、可视化是 Tableau Desktop 的特点，能够满足大多数政府机构数据分析和展示的需要，以及部分大学、研究机构可视化项目的要求。它还特别适合企业使用，毕竟 Tableau 给自己的定位是业务分析和商业智能。在简单、易用的同时，Tableau Desktop 极其高效，它处理数据的速度极快，处理上亿行数据只需几秒就可以完成，用其绘制报表的速度比程序员制作传统报表的速度快 10 倍以上。

1.3.2 Tableau Prep

2018 年 4 月，Tableau 推出全新的数据准备产品——Tableau Prep。该软件的定位为帮助人们以快速可靠的方式对数据进行合并、组织和清理，进一步缩短从数据获取见解所需的时间。简而言之，Tableau Prep 是一款简单易用的数据处理（部分 ETL 工作）工具。

之所以需要使用 Tableau Prep, 是因为我们在使用 BI 工具进行数据可视化展示时，有的数据不具有适合分析的形制（即数据模型），很难应对复杂的数据准备工作。因此，我们需要用一种更方便的工具来搭建我们需要的数据模型。

Tableau Prep 保持了与 Tableau Desktop 一致的蓝色基调界面，默认采用英语，未支持多语言选择。其工作界面分为 3 个部分，左边第一部分用于进行数据连接，中间是最近使用过的操作流程及预设的展示操作流程，右侧是一些教学资源。

1.3.3 Tableau Online

Tableau Online 是 Tableau Server 的软件即服务托管版本，它让商业分析比以往更加快速、轻松。用户可以利用 Tableau Desktop 发布仪表板，然后与同事、合作伙伴或客户共享，利用云智能随时随地快速找到答案。

利用 Tableau Online 可以省去硬件与安装时间。利用 Web 浏览器或移动设备中的实时交互式仪表板可以让公司上下的每一个人都成为分析高手，人们还可以在仪表板上批注、分享发现。

订阅和获得定期更新都可以在敏捷安全的软件即服务 Web 平台上完成。

Tableau Online 可连接云端数据和办公室内的数据。Tableau Online 还可以与 Amazon Redshift、Google BigQuery 保持实时连接，同时可连接其他托管在云端的数据源（如 Salesforce 和 Google Analytics）并按计划进行刷新。此外，它还可以从公司内部向 Tableau Online 推送数据，让团队轻松访问各项数据，按设定的计划刷新数据，使得团队在数据连接发生故障时能够获得警报信息。

1.3.4 Tableau Server

Tableau Server 是一种新型的商业智能系统。传统的商业智能系统往往很笨重、复杂，需要通过专业人员和资源进行操作和维护。一般由企业专门设立的 IT 部门进行维护，不过 IT 技术人员通常缺乏企业其他人员的商业背景，这种鸿沟导致了对系统利用的低效率和时间滞后。

Tableau Server 非常简单、易用，是一种真正自助式的商业智能工具，速度比传统商业智能工具快 100 倍。更重要的是，Tableau Server 是一种基于 Web 浏览器的分析工具，是可移动式的商业智能工具，用 iPad、Android 平板电脑也可以进行浏览和操作。而且 Tableau 的 iOS 和 Android 应用程序都已经过触摸优化处理，操作起来非常容易。

被许可的用户可以将自己在 Tableau Desktop 中完成的数据可视化内容、报告与工作簿发布到 Tableau Server 中与同事共享。同事可以查看你共享的数据并实现交互，通过共享的数据以极快的速度进行工作。这种方式可以更好地保证数据的安全性，用户通过 Tableau Server 可以安全地共享报告，不再需要通过电子邮件发送带有敏感数据的电子表格。

1.3.5 Tableau Public

Tableau Public 是 Tableau 的免费版本，适合所有想要在 Web 平台上讲述交互式数据故事的用户使用。作为服务交付，Tableau Public 可以立即启动并运行。Tableau Public 可以连接到数据、创建交互式数据可视化内容，并将其直接发布到自己的网站上；通过所发现的数据内在含义引导读者，让他们与数据互动、发表新的见解，这一切不用编写代码即可实现。

1.3.6 Tableau Mobile

Tableau Mobile 可以帮助用户随时掌握数据，但需要登录 Tableau Online 或 Tableau Server 账户才能使用，可以通过 Tableau.com/zh-cn/products/trial 下载免费试用版。Tableau Mobile 可以快速流畅地查看数据，提供快捷、轻松的数据处理服务等。

1.3.7 Tableau Reader

Tableau Reader 是一款免费桌面应用程序，可用来与 Tableau Desktop 中生成的可视化数据进行交互。利用 Tableau Reader 可以筛选、向下钻取和查看数据明细，一直详细到用户允许的程度。

1.4 初识 Tableau Desktop

1.4.1 新增功能

我们可以在 Tableau 的官方网站下载最新版本的免费试用软件。截至 2020 年 5 月，最新版本是 Tableau Desktop 2020.2，本书也是基于该版本进行介绍的，为了后续读者能更好地使用本书，建议下载和安装该版本软件。在安装 Tableau Desktop 之前，我们首先需要确保计算机操作系统为 Windows Server 2008、Windows Server 2012 、Windows 7、Windows 8、Windows 8.1 或 Windows 10。此外，Tableau Public 的安装过程与 Tableau Desktop 基本相同。

Tableau Desktop 2020.2 的主要新增功能如下。

（1）连接到数据并准备数据。主要包括：使用关系为多表分析合并数据；通过 Snowflake 代理配置连接数据；通过 Azure Synapse Analytics 连接器链接数据；连接到 Esri ArcGSI Server 服务器；连接到 Oracle 数据库中的空间字段。

（2）设计视图和分析数据。主要包括：添加集控件，允许用户快速修改集的成员；通过与可视化项之间直接交互，在集内添加或移除值；通过“数据解释”功能控制用于分析的字段。

Tableau Desktop 的安装比较简单，这里不做介绍。安装 Tableau Desktop 后，可以双击桌面上的“Tableau Desktop”图标打开 Tableau Desktop 软件。此外，Tableau 文件通常存储在“我的 Tableau 存储库”文件夹中，该文件夹一般位于用户的“文档”文件夹下，该文件包含的文件如图 1-7 所示。

名称	修改日期	类型	大小
地图源	2018/9/18 5:10	文件夹	
服务	2018/12/15 7:34	文件夹	
工作簿	2018/9/18 5:10	文件夹	
扩展	2018/9/18 5:10	文件夹	
日志	2019/2/19 21:32	文件夹	
书签	2018/9/18 5:10	文件夹	
数据源	2018/9/18 5:10	文件夹	
形状	2018/9/18 5:10	文件夹	
Preferences.tps	2018/9/18 5:10	Tableau 首选项文...	1 KB

图 1-7　“我的 Tableau 存储库”文件夹

1.4.2　开始页面

Tableau Desktop 工作簿与 Excel 工作簿十分类似，包含一个或多个工作表，可以是普通工作表、仪表板或故事。用户通过这些工作簿文件，可以对结果进行组织、保存和共享。打开 Tableau 时，程序会自动创建一个空白工作簿。用户也可以自己创建新工作簿，方法是在菜单栏中依次选择“文件”→“新建”。

Tableau Desktop 的开始页面主要由“连接”和“打开”两个区域组成，可以从中连接数据、访问最近使用的工作簿等，如图 1-8 所示。

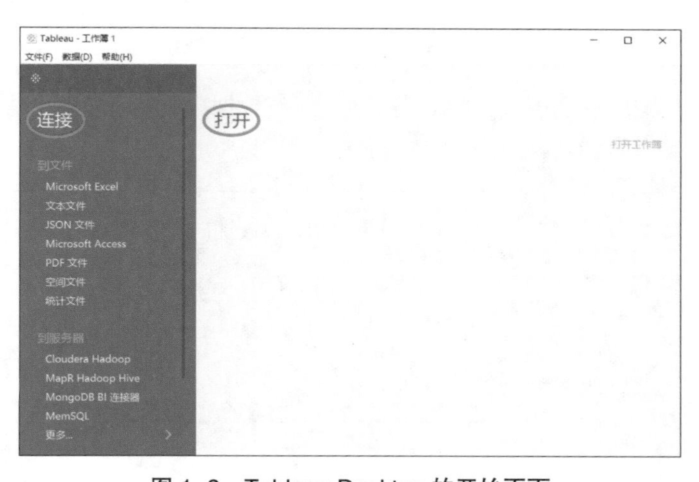

图 1-8　Tableau Desktop 的开始页面

1. 连接

- 连接“到文件”：可以连接存储在 Microsoft Excel 中的文件、文本文件、JSON 文件、Microsoft Access 文件、Tableau 数据提取文件和统计文件等中的数据源。

- 连接“到服务器”：可以连接存储在数据库中的数据，如 Tableau Server、Microsoft SQL Server 或 Oracle 和 MySQL 等。
- 已保存数据源：可以快速打开之前保存到“我的 Tableau 存储库”文件夹中的数据源，默认情况下会显示一些已保存的数据源的示例。

2. 打开

在“打开”窗格中可以执行以下操作。

- 访问最近打开的工作簿：首次打开 Tableau Desktop 时，此窗格为空；创建和保存新工作簿后，此处将显示最近打开的工作簿。
- 锁定工作簿：可单击工作簿缩略图左上角的“锁定”按钮，将工作簿锁定在开始页面中。

1.4.3 “数据源”界面

在建立与数据的初始连接后，Tableau 将引导用户进入“数据源”界面，也可以单击“显示开始页面”按钮返回开始页面，并重新连接数据源，如图 1-9 所示。

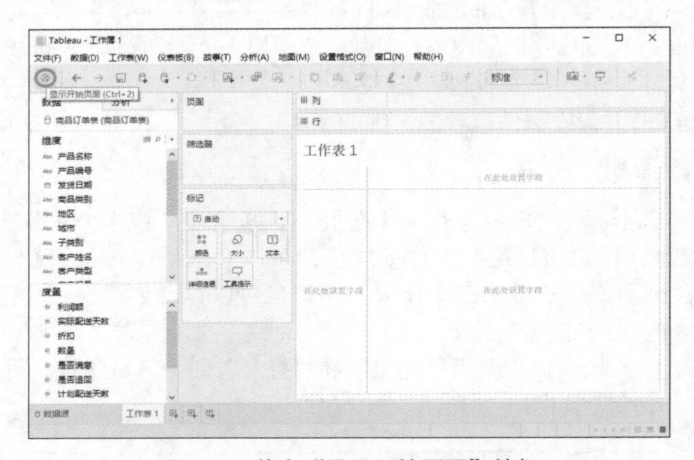

图 1-9 单击“显示开始页面”按钮

界面外观和可用选项会因连接的数据类型而异。“数据源”界面通常由 3 个主要区域组成，即左侧窗格、画布和网格，如图 1-10 所示。

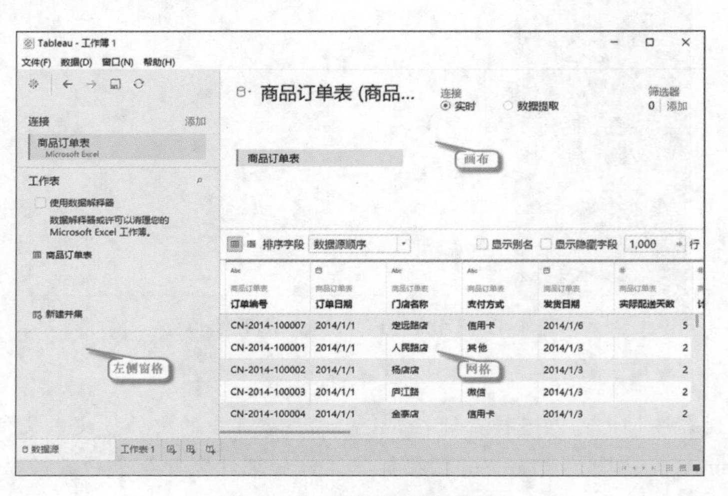

图 1-10 “数据源”界面

1. 左侧窗格

“数据源”界面的左侧窗格用于显示有关 Tableau Desktop 连接数据的详细信息。对于基于文件的数据，左侧窗格中可能显示文件名和文件中的工作表；对于关系数据，左侧窗格中可能显示服务器、数据库或架构、数据库中的表。

2. 画布

连接许多关系数据和基于文件的数据后，我们可以将一张或多张表拖曳到画布区域的顶部以设置数据源。当连接多维数据集数据后，“数据源”界面的顶部会显示可用的目录或要从中进行选择的查询和多维数据集。

3. 网格

使用网格我们可以查看数据源中的字段和前 1000 行数据，还可以对数据源进行一般的修改，如排序 / 隐藏字段、重命名字段、重置字段名称、创建计算、更改列 / 行排序或添加别名。

此外，根据连接的数据类型单击“管理元数据”按钮可以导航到元数据网格中。元数据网格会将数据源中的字段显示为行，以便快速检查数据源的结构并执行日常管理操作，如重命名字段或一次性隐藏多个字段，如图 1–11 所示。

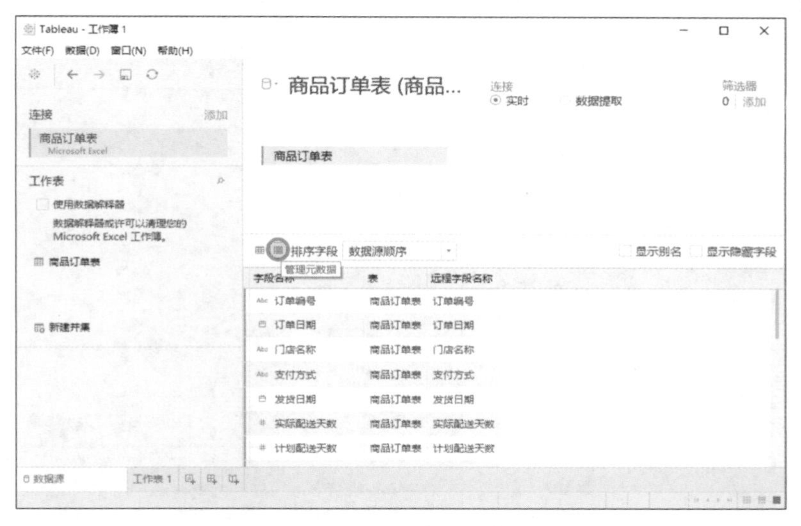

图 1–11 元数据网格

1.4.4 数据类型及其转换

数据源中的所有字段都属于一种数据类型。数据类型反映了该字段所存储信息的种类，如整数、日期和字符串。字段的数据类型在“数据”窗格中由图标标识。Tableau Desktop 的主要数据类型如图 1–12 所示。

图标	说明
Abc	字符串型
	日期型
	日期和时间型
#	数值型
T|F	布尔型（仅限关系数据源）
	地理型（用于地图）

图 1-12 Tableau Desktop 的主要数据类型

下面介绍 Tableau 支持的几种数据类型。

1. 字符串（String）

字符串是由 1 个或多个字符组成的序列。例如，"Wisconsin"、"ID-44400" 和 "Tom Sawyer" 都是字符串。字符串通过单引号或双引号进行识别。引号本身可以重复包含在字符串中，如 "O''Hanrahan"。

2. 日期 / 日期和时间（Date/Date Time）

日期 / 日期和时间表示为 "January 23,2020" 或 "January 23,2020 12:32:00 AM"。如果要将以长型格式编写的日期解释为日期 / 日期和时间，就要在日期两端放置“#”符号。例如，"January 23,2020" 会被视为字符串数据类型，而 #January 23,2020# 会被视为日期 / 日期和时间数据类型。

3. 数值型（Numeric）

Tableau 中的数值可以为整数或浮点数。浮点数计算的结果可能并非总是完全符合预期的。例如，当 SUM 函数的返回值为 –1.42e–14 时，求和结果正好为 0，出现这种情况的原因是数字以二进制格式存储，有时会以极高的精度级别舍入。

4. 布尔型（Boolean）

包含值为 true 或 false 的字段，当结果未知时会出现未知值。例如，表达式 7>Null 会生成未知值，并自动转换为 Null。

此外，Tableau 中还支持地理型，该类型的字段可以根据需要将省市字段转换为具有经、纬度坐标的字段，这是我们进行地图可视化分析的前提。

在日常工作中，Tableau 可能会将字段标识为错误的数据类型。例如，它可能会将包含日期的字段标识为整数而不是日期，用户可以在“数据源”界面上更改作为原始数据源一部分的字段的数据类型。

在“数据源”界面单击字段的“字段类型”按钮 ，从下拉列表中选择一种新数据类型，如图 1–13 所示。

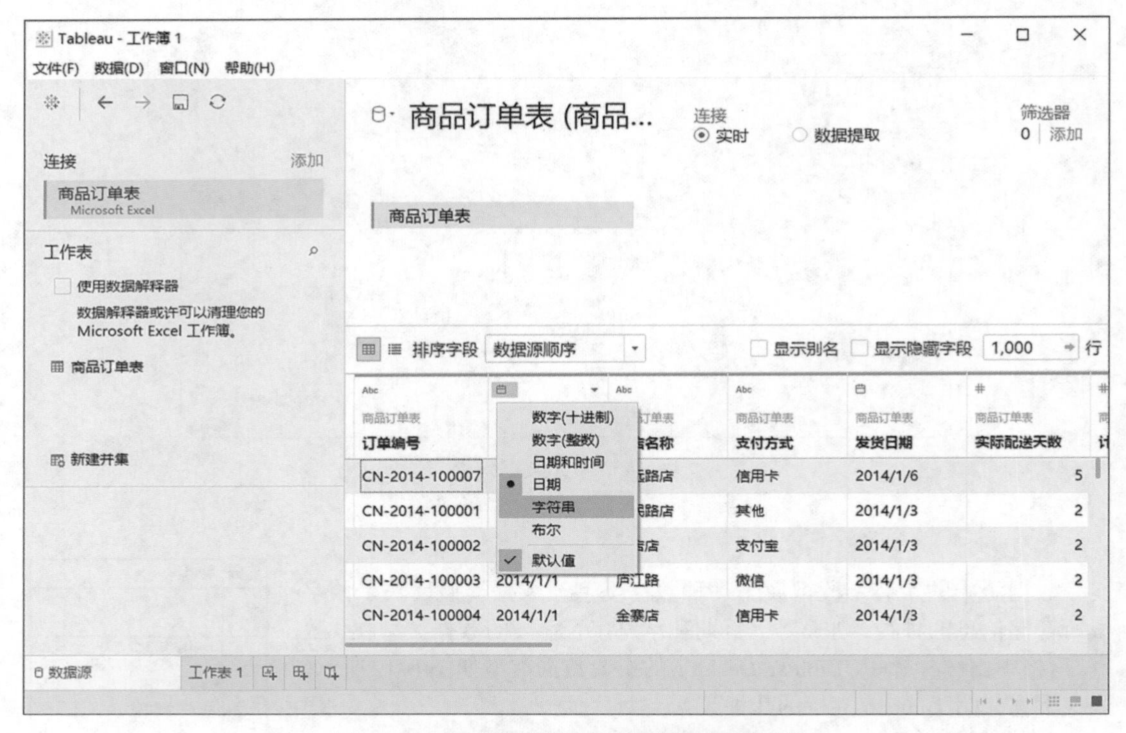

图 1–13　在“数据源”界面中更改数据类型

如果使用数据提取，就要确保在创建数据提取之前已经进行了所有必要的数据类型更改，否则数据会不准确。例如，Tableau 把原始数据源中的浮点数字段解释为整数，生成的浮点数字段的部分精度会被截断。

如果要在“数据”窗格中更改字段的数据类型，可以单击字段的“字段类型”按钮 ，然后从下拉列表中选择一种新数据类型，如图 1–14 所示。

图 1-14　在“数据”窗格中更改数据类型

若要在视图中更改字段的数据类型，则要在“数据”窗格中右击需要更改数据类型的字段，选择“更改数据类型”，然后选择需要的数据类型，如图 1-15 所示。

此外，由于数据库中的数据比 Tableau 中的数据建模的精度更高，因此将这些值添加到视图中时，状态栏右侧将显示一个精度警告对话框。

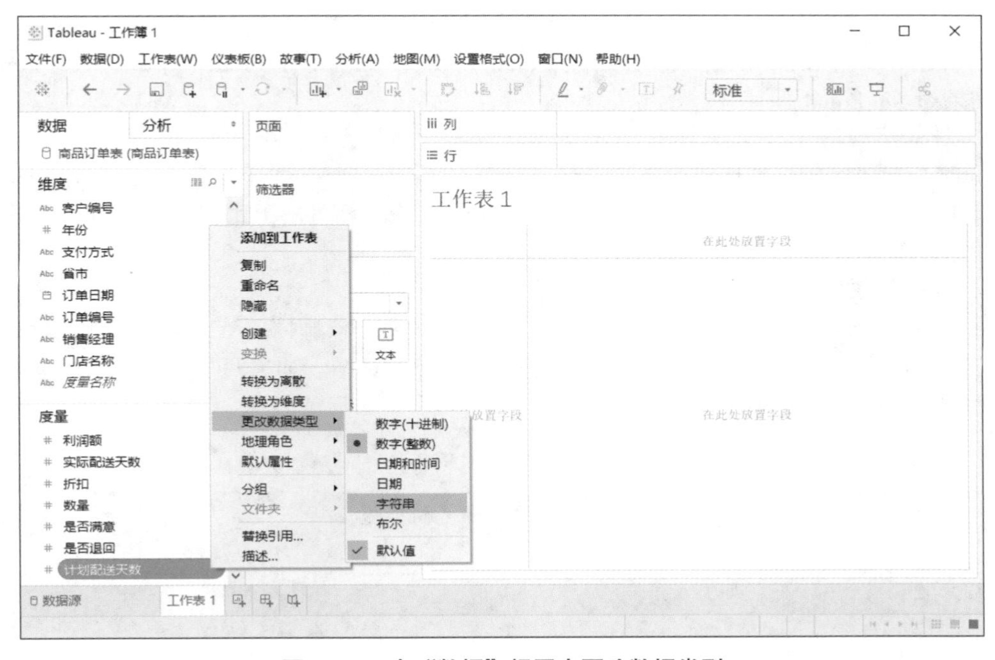

图 1-15　在“数据”视图中更改数据类型

1.4.5 运算符及其优先级

运算符用于执行程序代码运算，针对一个以上的操作数进行运算。例如，2+3 的操作数是 2 和 3，运算符是“+”。Tableau 支持的运算符有算术运算符、逻辑运算符、比较运算符等。

1. 算术运算符

- +(加号)：此运算符应用于数字时表示相加；应用于字符串时表示串联；应用于日期时，可用于将天数与日期相加；例如，'abc'+'def'='abcdef'、#April 15,2004#+15=#April 30,2004#。
- –(减号)：此运算符应用于数字时表示相减；应用于表达式时表示求反；应用于日期时，可用于从日期中减去天数，还可用于计算两个日期之间的天数差异。例如，7–3=4、–(7+3)=–10、#April 15,2004#–#April 8,2004#=7。
- *（乘号）：此运算符表示数字之积，例如 5*4=20。
- /（除号）：此运算符表示数字之商。例如 20/4=5。
- %（求余）：此运算符表示数字余数，例如 5%4=1。
- ^（乘方）：此符号等效于 POWER 函数，用于计算数字的指定次幂，例如 6^3=216。

2. 逻辑运算符

- AND：逻辑运算且，两侧必须为表达式或布尔值。
- 例如，IIF(Profit=100 AND Sales=1000,"High","Low")，如果两个表达式都为 true，结果就为 true；如果任意一个表达式为 unknown，结果就为 unknown；其他情况结果都为 false。
- OR：逻辑运算或，两侧必须为表达式或布尔值。
- 例如 IIF(Profit=100 OR Sales=1000,"High,"Low")，如果任意一个表达式为 true，结果就为 true；如果两个表达式都为 false，结果就为 false；如果两个表达式都为 unknown，结果就为 unknown。
- NOT：逻辑运算符否，此运算符可用于对另一个布尔值或表达式求反。

例如 IIF(NOT(Sales=Profit),"Not Equal","Equal")，如果 Sales 等于 Profit，那么结果为 Equal，否则结果为 Not Equal。

3. 比较运算符

Tableau 提供了较多的比较运算符，有 == 或 =（等于）、>（大于）、<（小于）、>=（大于等于）、<=（小于等于）、!= 和 <>（不等于），这些运算符用于比较两个数字、日期或字符串并返回布尔值（true 或 false）。

4. 运算符优先级

所有运算符都按特定顺序计算，如 2*1+2 等于 4 而不等于 6，因为“*”运算符的优先级比“+”运算符高。表 1-1 所示为运算符的优先级，按 1 ~ 8 依次递减。如果两个运算符具有相同优先级，则按照从左向右的顺序进行计算。

表 1-1　各运算符的优先级

优先级	运算符	优先级	运算符
1	-（求反）	5	==、>、<、>=、<=、!=
2	^（乘方）	6	NOT
3	*、/、%	7	AND
4	+、-	8	OR

可以根据需要使用括号，括号中的运算符在计算时优先于括号外的运算符，即从括号内部开始向外计算，如 (1+(2*2+1)*(3*6/3))=31。

1.4.6 文件类型

数据可视化分析结束后，我们可以使用多种不同的 Tableau 专用文件类型保存文件，主要有工作簿、打包工作簿、数据提取、数据源、打包数据源和书签等。

- 工作簿文件（.twb）：Tableau 工作簿文件具有 .twb 文件扩展名，工作簿文件中含有一个或多个工作表，还有 0 个或多个仪表板和故事。
- 打包工作簿文件（.twbx）：Tableau 打包工作簿文件具有 .twbx 文件扩展名，打包工作簿文件是一个 .zip 文件，包含一个工作簿及任何提供支持的本地文件数据源和背景图像，适合与不能访问该数据的人共享。
- 数据提取文件（.tde）：Tableau 数据提取文件具有 .tde 文件扩展名，数据提取文件是部分或整个数据源的一个本地副本文件，可用于共享数据、脱机工作和增强数据库性能。
- 数据源文件（.tds）：Tableau 数据源文件具有 .tds 文件扩展名，是连接经常使用的数据源的快捷方式；其中不包含实际数据，只包含连接到数据源所必需的信息和在“数据”窗格中所做的修改。
- 打包数据源文件（.tdsx）：Tableau 打包数据源文件具有 .tdsx 文件扩展名，是一个 .zip 文件，包含数据源文件（.tds）和本地文件数据源；可使用此文件格式创建一个文件，以便与不能访问该数据的其他人共享。
- 书签文件（.tbm）：Tableau 书签文件具有 .tbm 文件扩展名，其中包含单个工作表，是快速分享所做工作的简便方式。

1.5 练习题

（1）登录 Tableau 的官方网站下载并安装 Tableau Desktop。
（2）打开软件，进入开始页面，导入一个 Excel 文件并查看数据。
（3）比较 Tableau 的运算符及其优先级与其他软件的异同。

CHAPTER 02

第 2 章　Tableau 连接数据源

在创建数据视图进行可视化分析之前，首先需要将 Tableau 连接到数据源。本章将介绍 Tableau Desktop 支持连接到的主要数据源，例如 Excel 表格或文本文件、企业服务器、关系型和非关系型数据库等。

2.1　连接数据文件

微课视频

Tableau Desktop 支持连接各种数据文件，如 Microsoft Excel 文件、文本文件、JSON 文件、Microsoft Access 文件、PDF 文件、空间文件和统计文件等。

2.1.1　Microsoft Excel

Microsoft Excel 是微软办公软件的一个重要组成部分，可用于进行各种数据处理、统计分析和辅助决策等，广泛应用于管理、统计、金融等领域，主要有 Excel 2019 和 Excel2016 等版本。

在 Tableau 开始页面的“连接”窗格中单击“Microsoft Excel”选项，如图 2-1 所示。然后在弹出的对话框中选择要连接的“企业运营数据 .xlsx”工作簿，单击“打开”按钮，如图 2-2 所示。

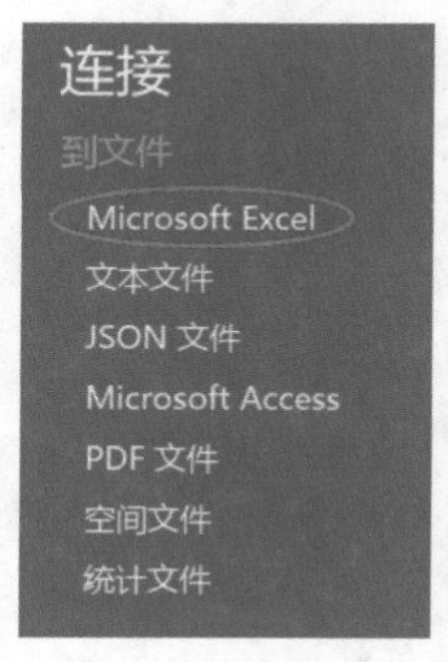

图 2-1　单击“Microsoft Excel”选项

图 2-2　选择要连接的 Excel 文件

连接成功后，Tableau 会检测 Excel 工作簿中的所有表和包含的某些无关信息，可勾选“使用数据解释器”选项清理 Excel 工作簿中的数据，如图 2-3 所示。

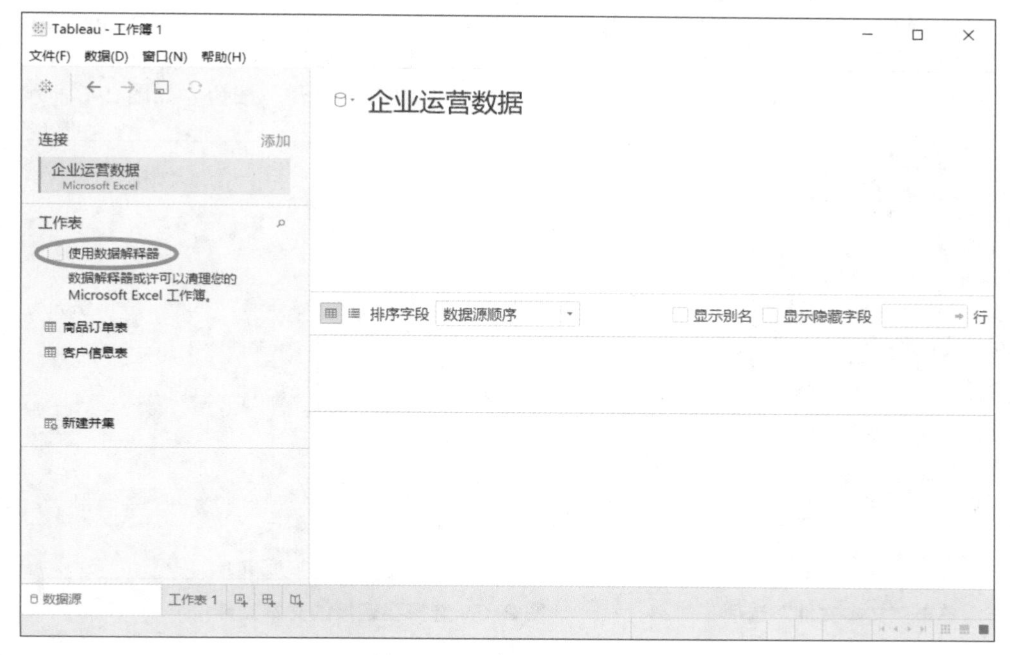

图 2-3 使用数据解释器

“企业运营数据 .xlsx”中包括“商品订单表”和“客户信息表”两张表，如果需要打开“商品订单表”，将其拖曳到开始页面右上方指定位置（即画布）即可，如图 2-4 所示。

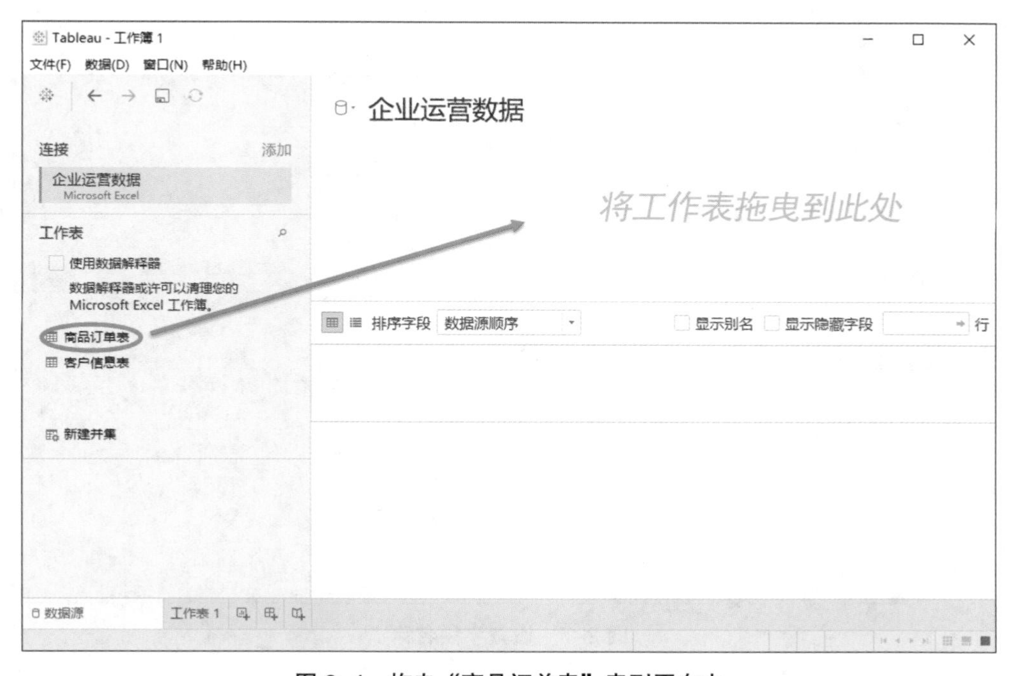

图 2-4 拖曳“商品订单表”表到画布中

2.1.2 文本文件

文本文件是指以 ASCII 方式（即文本方式）存储的文件。更确切地说，英文、数字等字符存储的是 ASCII，而中文字符存储的是机内码，文本文件最后一行末尾通常放置文件的结束标志。

在开始页面的“连接”窗格中，单击“文本文件”选项，如图 2-5 所示。然后在弹出的对话框中选择要连接的“2019 年商品订单表 .txt 文件”，单击“打开”按钮，如图 2-6 所示。

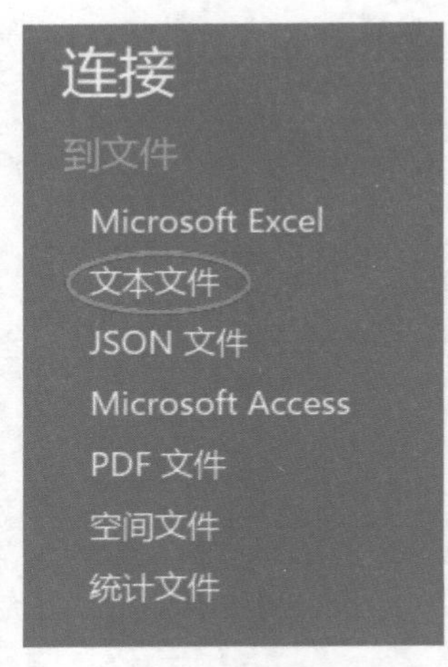

图 2-5 单击“文本文件”选项

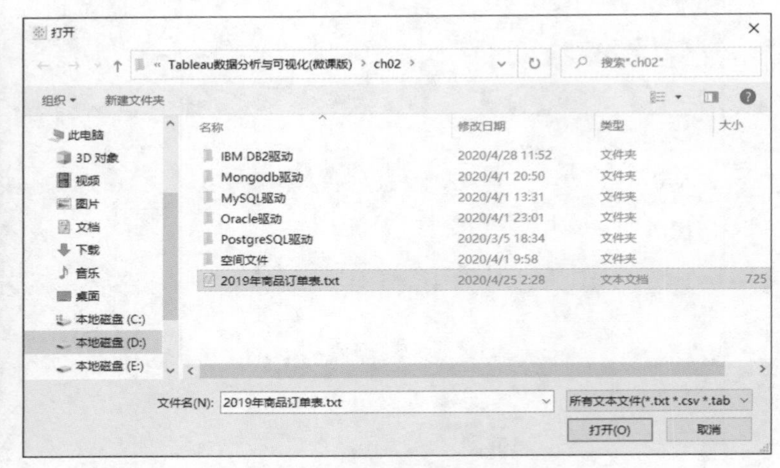

图 2-6 选择要连接的文本文件

注意，Tableau 默认自动生成字段名称，由于选择的文本文件中已经有每个字段的名称，因此需要选择“字段名称位于第一行中”，如图 2-7 所示。

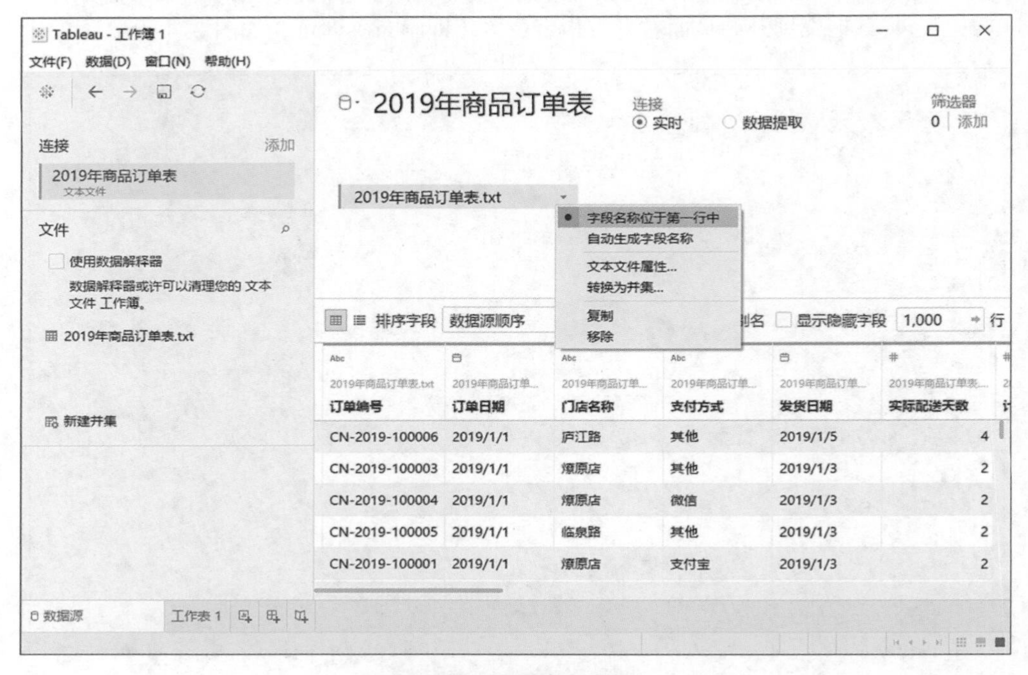

图 2-7 设置字段名称

2.1.3 JSON 文件

JSON 是一种轻量级的数据交换格式，适用于服务器与 JavaScript 的交互，具有读写更加容易、易于机器的解析和生成、支持 Java 等多种语言的特点。

在开始页面的“连接”窗格中，单击“JSON 文件”选项，如图 2-8 所示。然后在弹出的对话框中选择要连接的“2018 年商品订单表 .json”文件，如图 2-9 所示。

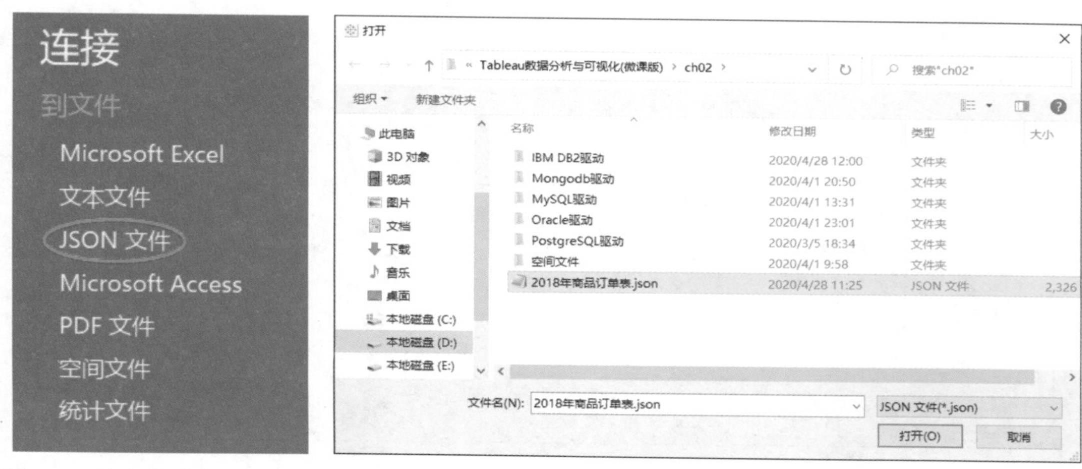

图 2-8 单击“JSON 文件”选项　　　　图 2-9 选择要连接的 JSON 文件

单击“打开”按钮后，会弹出“选择架构级别”对话框，确定用于分析的维度和度量，如图 2-10 所示。

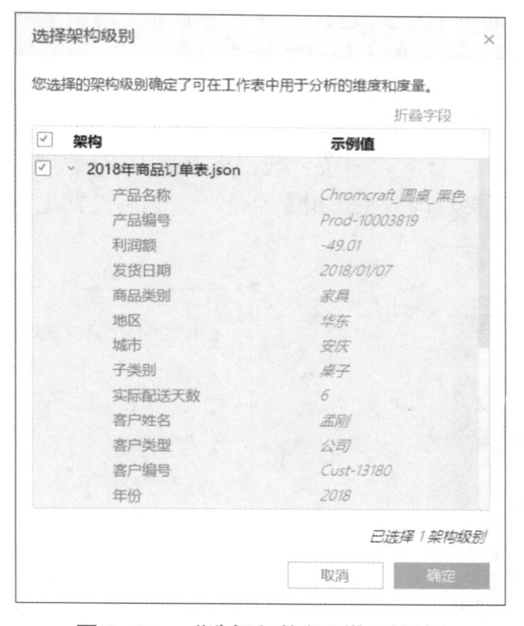

图 2-10 “选择架构级别”对话框

如果架构没有错误，单击“确定”按钮即可完成“2018 年商品订单表 .json”数据文件的导入，如图 2-11 所示。

图 2-11　导入 JSON 数据文件

2.1.4 Microsoft Access

Microsoft Access 是将数据库引擎的图形用户界面和软件开发工具结合在一起的数据库管理系统，是微软 Office 软件中的一个重要成员。其在专业版和更高版本的 Office 软件中被单独出售，最大的优点是易学，非计算机专业的人员也能快速学会。

在开始页面的“连接”窗格中单击“Microsoft Access”选项，如图 2-12 所示。

单击“文件名”后的“浏览”按钮，选择要连接的 Access 文件，如“企业运营数据 .accdb”。如果 Access 文件受密码保护，就需要勾选“数据库密码”，然后输入密码。如果 Access 文件受工作组安全性保护，就需要勾选“工作组安全性”，然后选择工作组文件，输入用户名和密码，如图 2-13 所示。

连接
到文件
Microsoft Excel
文本文件
JSON 文件
Microsoft Access
PDF 文件
空间文件
统计文件

图 2-12　单击“Microsoft Access”选项

Microsoft Access
文件名: 浏览...
数据库密码(D):
工作组安全性(W)
工作组文件(I): 浏览...
用户(E):
密码(A):
打开

图 2-13　选择要连接的 Access 文件

单击“打开”按钮后，可以看到 Access 数据库中的所有表，例如这里需要分析“客户信息表”中的数据，将其拖曳到右侧画布区域中即可，如图 2–14 所示。

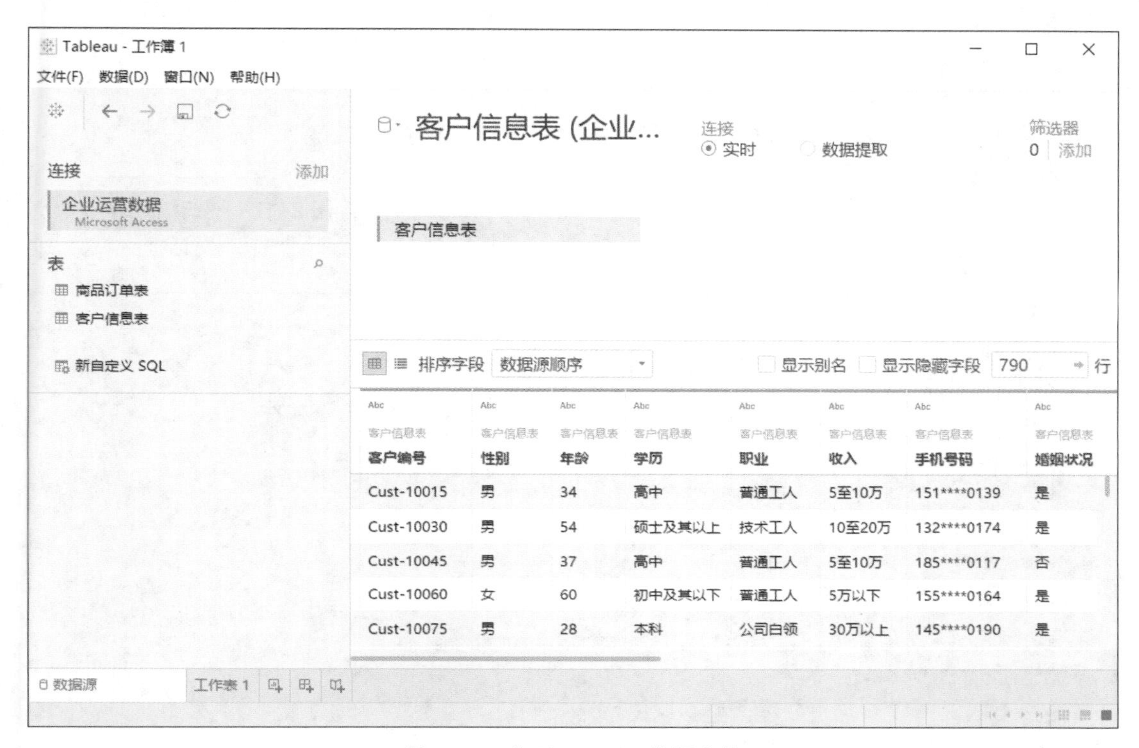

图 2–14　打开 Access 数据文件

2.1.5　PDF 文件

Tableau 可以读取 PDF 文件中的数据。在开始页面的“连接”窗格中单击“PDF 文件”选项，如图 2–15 所示。

选择要连接到的“企业运营分析 .pdf”文件，然后单击“打开”按钮，如图 2–16 所示。

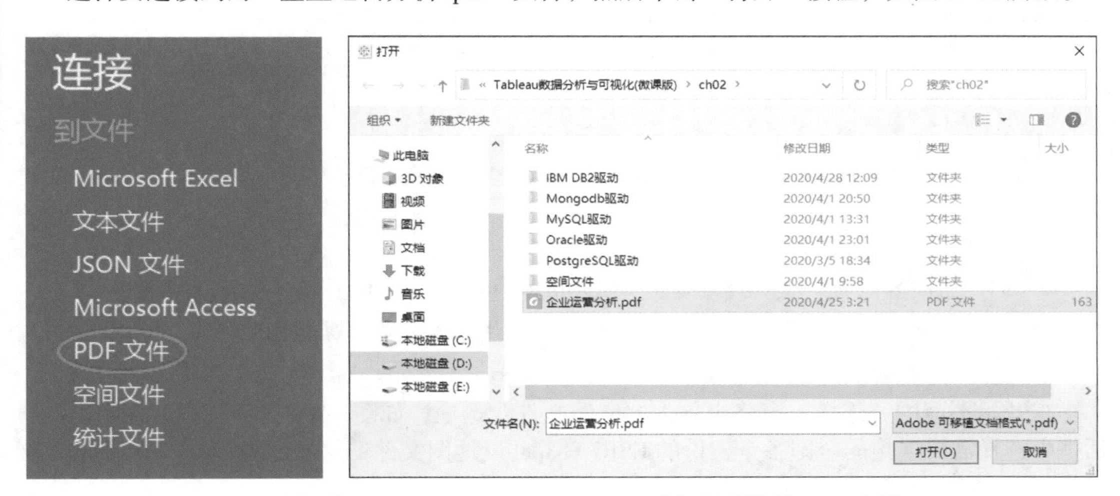

图 2–15　单击“PDF 文件”选项　　　　图 2–16　选择要连接的 PDF 文件

在“扫描 PDF 文件”对话框中指定要扫描的数据所在页面，可以选择扫描全部页面、单个页面或一定范围内的页面；扫描将文件的第一页计为第 1 页，并忽略文件中使用的页面编号，如图 2–17 所示。

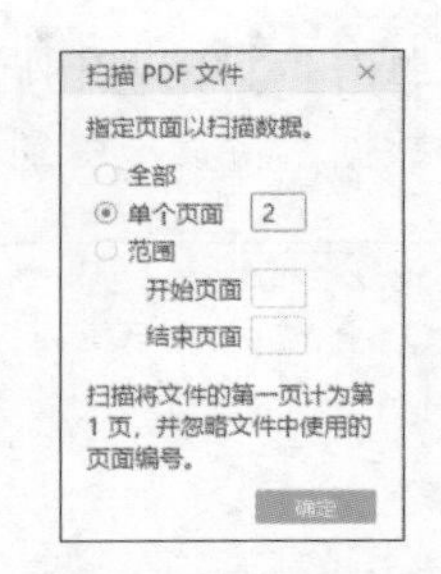

图 2–17 “扫描 PDF 文件”对话框

单击“确定”按钮后，Tableau 就读取了“企业运营分析 .pdf”文件中第 2 页“表 2：2020 年前 6 个月各门店销售额和利润额统计”中的数据，如图 2–18 所示。

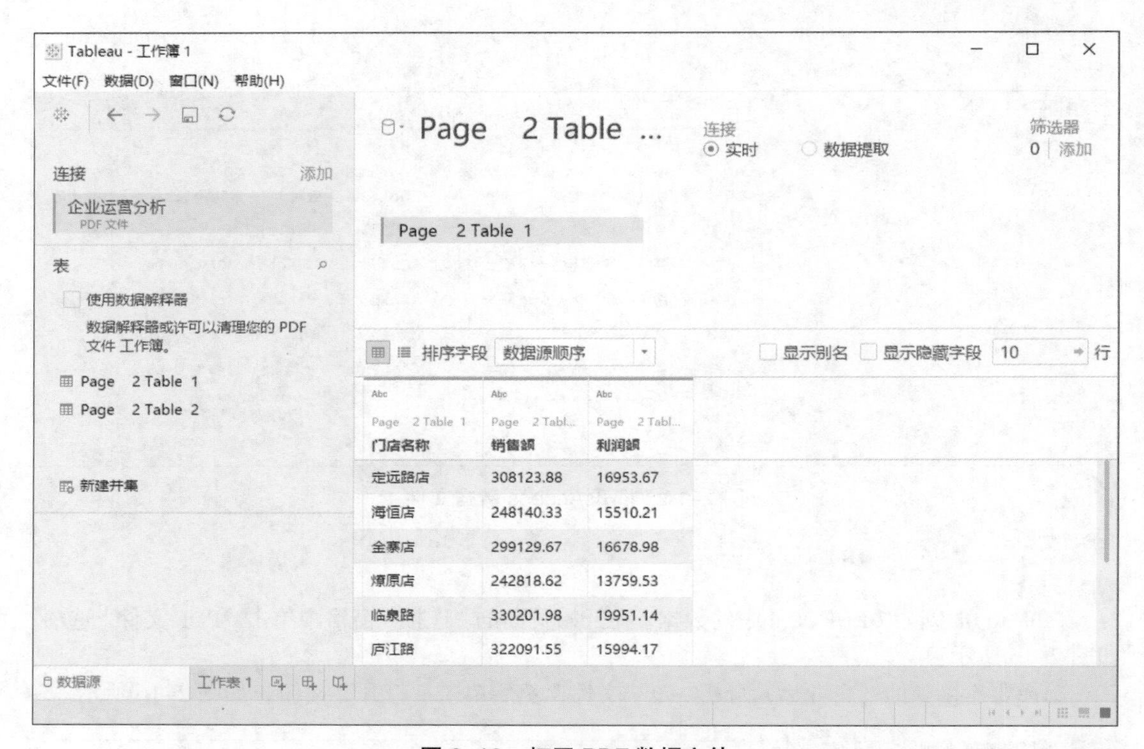

图 2–18 打开 PDF 数据文件

2.1.6 空间文件

Tableau 可以读取空间文件中的数据。在连接之前，需要确保以下文件位于同一个文件夹下。

- 对于 ESRI Shapefile 文件：文件夹中必须包含 .shp、.shx 和 .dbf 文件。
- 对于 MapInfo 表：文件夹中必须包含 TAB、DAT、MAP ID 或 MID/MIF 文件。
- 对于 KML 文件：文件夹中必须包含 .kml 文件，不需要包含其他文件。
- 对于 GeoJSON 文件：文件夹中必须包含 .geojson 文件，不需要包含其他文件。

在开始页面的“连接”窗格中单击“空间文件”选项，如图 2–19 所示。然后在弹出的对话框中选择需要连接的全国各个省份的 ESRI Shapefile 地图文件，这里选择“Provinces.shp”文件，如图 2–20 所示。

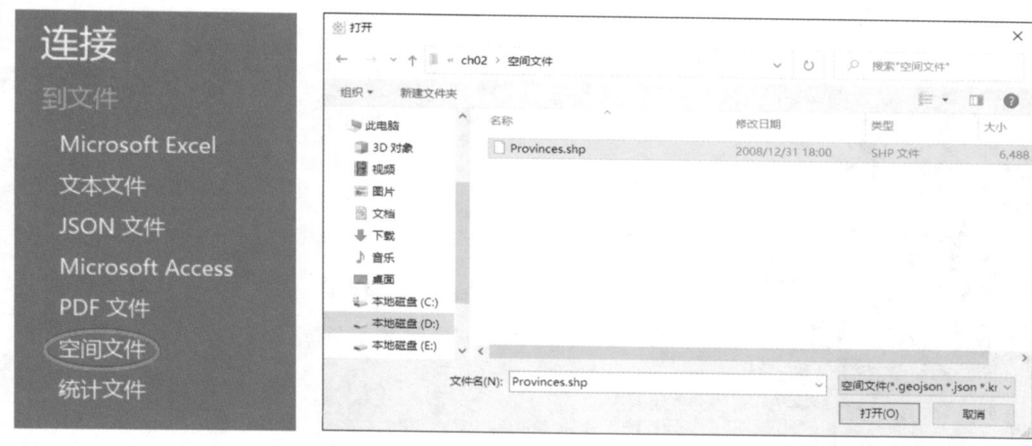

图 2-19 单击“空间文件”选项

图 2-20 选择要连接的空间文件

单击“打开”按钮后，Tableau 就读取了“Provinces.shp”空间文件中的数据，如图 2-21 所示。

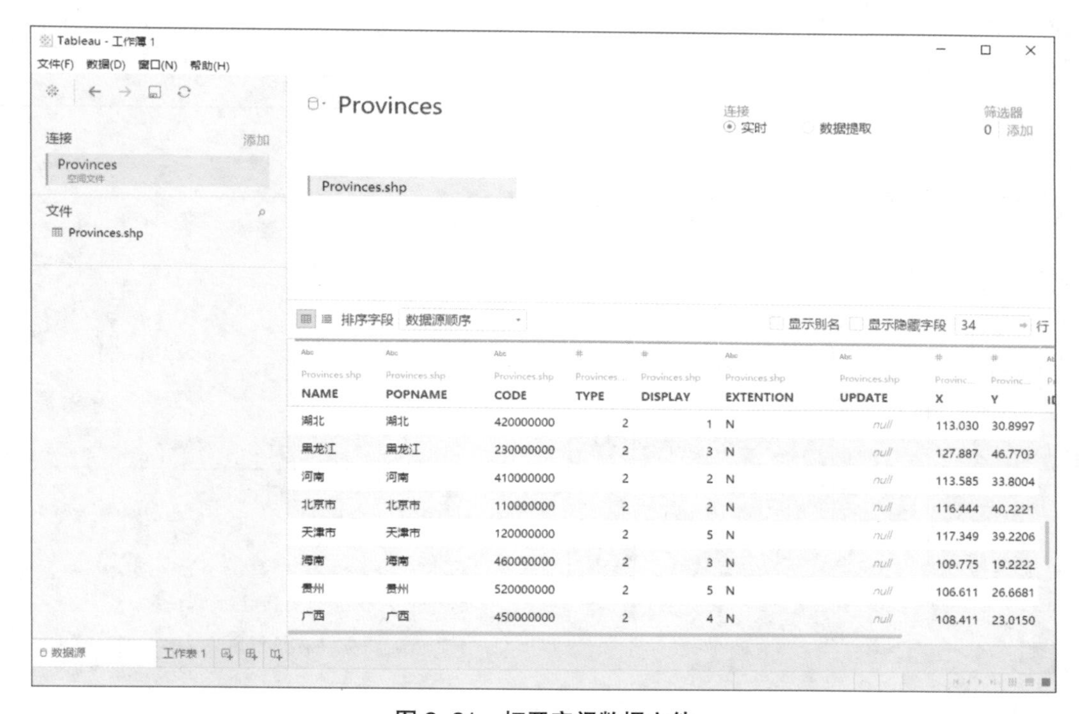

图 2-21 打开空间数据文件

2.1.7 统计文件

统计文件是指从 SAS、SPSS 和 R 等统计分析软件中导出的数据文件。Tableau 对各类统计文件具有很好的兼容性，可以直接导入 SAS（.sas7bdat）、SPSS（.sav）和 R（.rdata、.rda）等类型的数据文件。

在开始页面的“连接”窗格中单击“统计文件”选项，如图 2-22 所示。我们此时要导入 SPSS 格式的数据文件，所以在弹出的对话框中选择“客户信息表 .sav”文件，如图 2-23

所示。

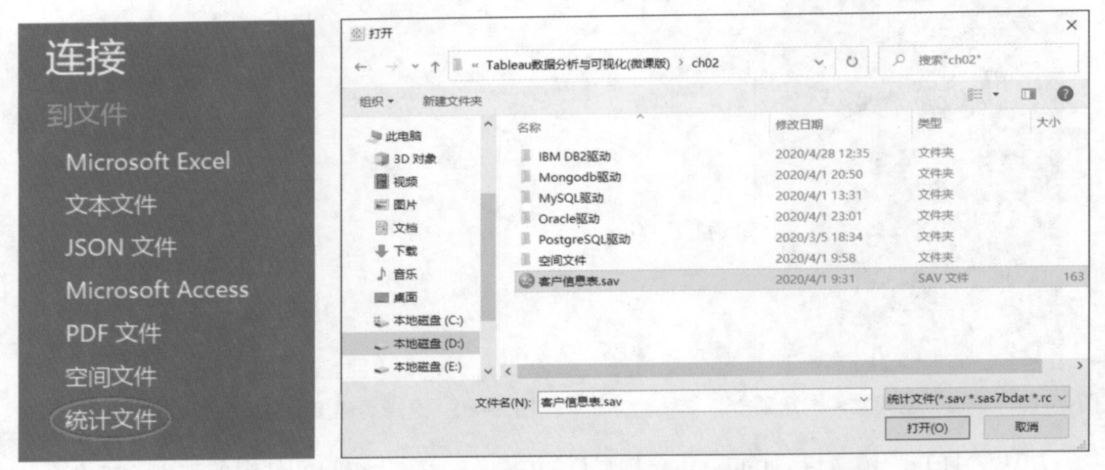

图 2-22　单击“统计文件”选项　　　　图 2-23　选择要连接的统计文件

然后单击“打开”按钮，“客户信息表.sav”文件中的数据就导入 Tableau 中了，如图 2-24 所示。

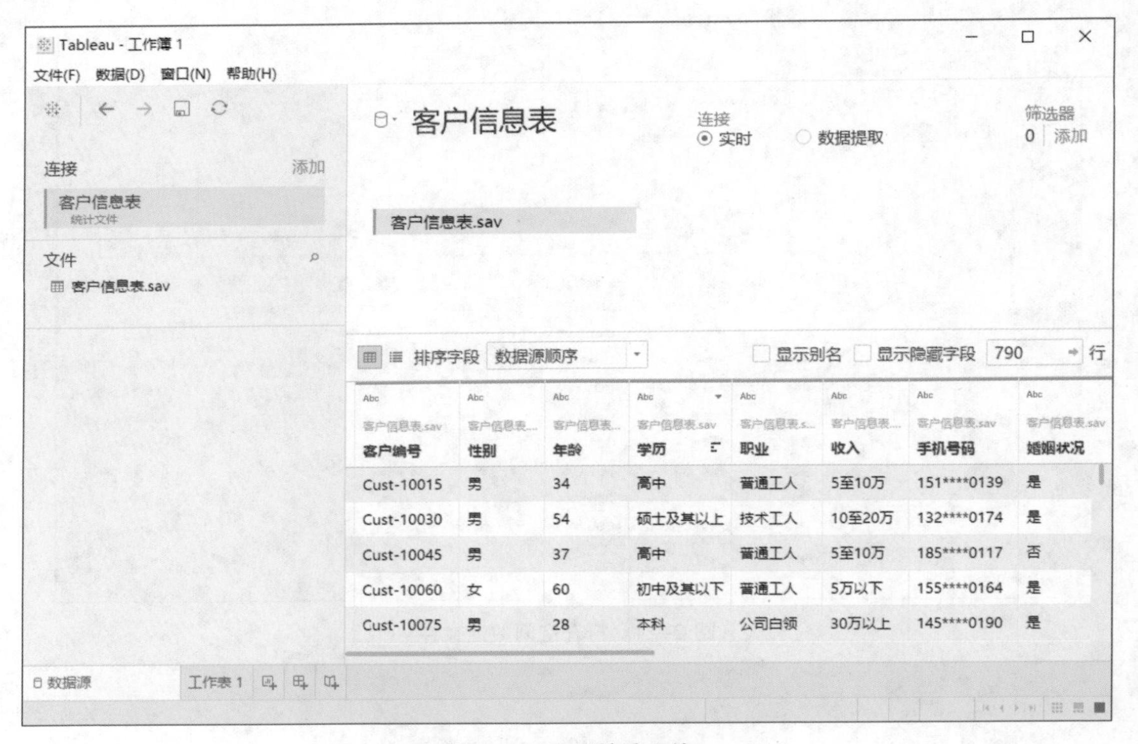

图 2-24　打开统计文件

2.2 连接关系型数据库

2.2.1 Microsoft SQL Server

微课视频

Microsoft SQL Server 是微软推出的关系型数据库管理系统，具有使用方便、可伸缩性好、与相关软件集成程度高等优点。

在开始页面的“连接”窗格中单击“Microsoft SQL Server”选项，然后输入要连接的服务器的地址，再选择服务器的登录方式（使用 Windows 身份验证还是使用特定用户名和密码），如图 2-25 所示。

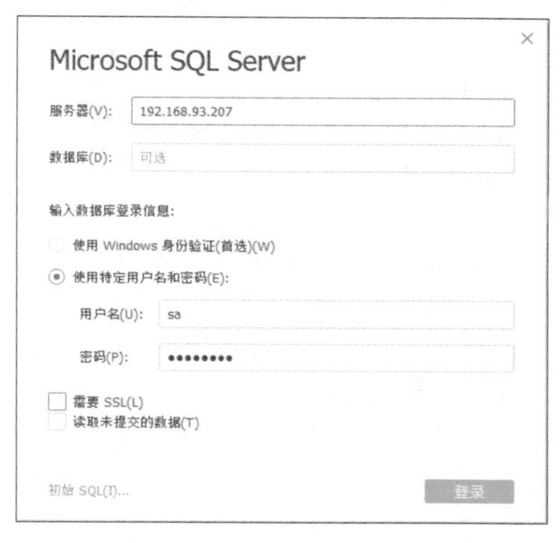

图 2-25　连接 Microsoft SQL Server 服务器

勾选“读取未提交的数据”选项，Tableau 会将数据库隔离级别设置为“读取未提交的内容”。Tableau 执行长时间查询时可能会锁定数据库，勾选此选项可以允许查询读取已被其他操作修改的行，即使这些行还没有被提交也可以读取。如果不勾选此选项，则 Tableau 使用数据库指定的默认隔离级别。

单击“登录”按钮后，如果连接不成功，就要检查用户名和密码是否正确。如果确认无误后仍然连接失败，就说明计算机在定位服务器时遇到问题，需要联系网络管理员或数据库管理员进行处理。

连接成功后，选择需要登录的数据库和表，这里我们选择“sales”数据库下的“orders”表，将其拖曳到右侧画布区域中，如图 2-26 所示。

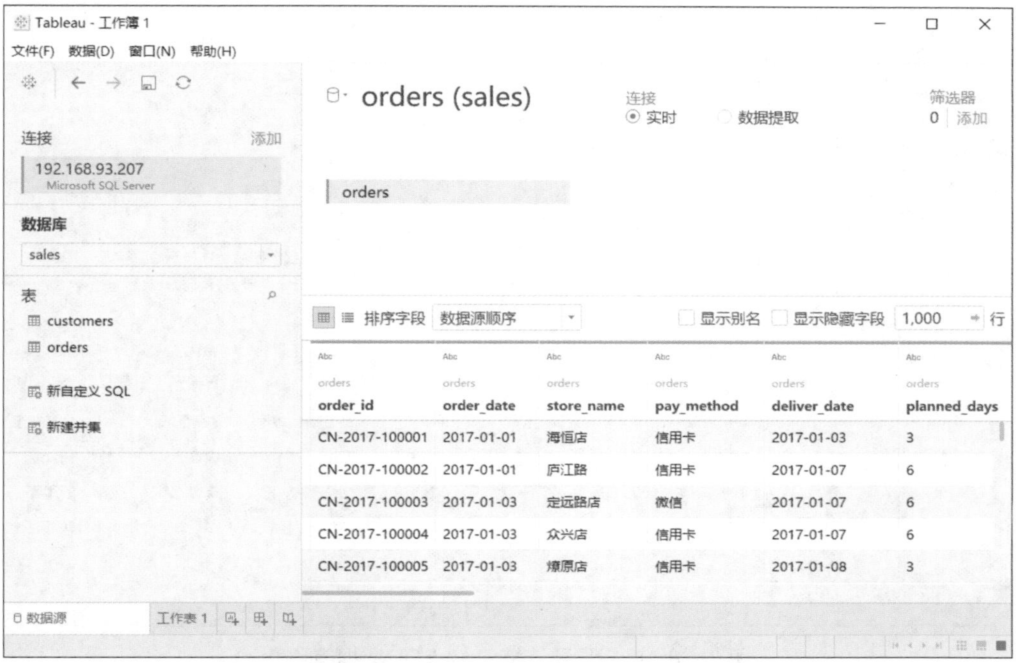

图 2-26　选择需要连接的 Microsoft SQL Server 数据库和表

2.2.2 MySQL

MySQL 是一个典型的关系型数据库管理系统，且开源免费。关系型数据库是将数据保存在不同的表中，而不是将数据放在一个大“仓库”内，这样可以增加数据的读取速度并提高其灵活性。MySQL 所使用的 SQL 语言是用于访问数据库的最常用的标准化语言。

MySQL 采用双授权政策，分为社区版和商业版。在连接 MySQL 数据库之前，首先需要到 MySQL 数据库的官方网站下载对应版本的 Connector ODBC 驱动程序，然后进行安装，安装过程比较简单，参数配置保持默认即可。

在开始页面的“连接”窗格中单击“MySQL”选项，然后输入数据库的服务器地址、用户名和密码等，单击“登录”按钮，如图 2-27 所示。

注意，在连接到 SSL 服务器时，需要勾选“需要 SSL”。如果连接不成功，就要检查用户名和密码是否正确。如果确认无误后仍然连接失败，就需要联系网络管理员或数据库管理员进行处理。

成功登录服务器后，选择需要连接的数据库和表，这里我们选择“sales”数据库，再将数据库中的“customers”表拖曳到右侧画布区域中，如图 2-28 所示。

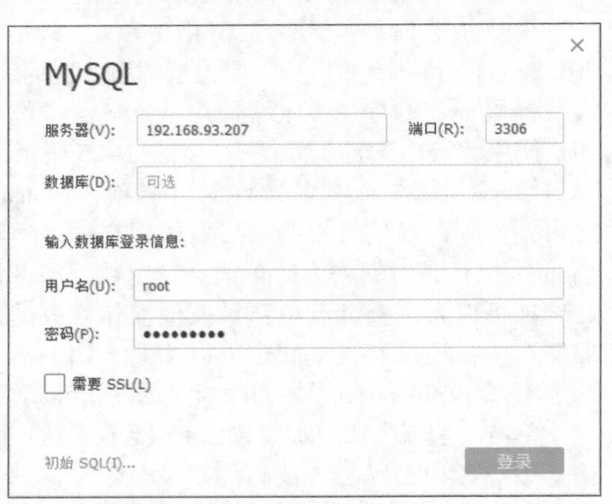

图 2-27 连接 MySQL 服务器

图 2-28 选择需要连接的 MySQL 数据库和表

2.2.3 Oracle

Oracle Database 简称 Oracle，是甲骨文公司的一款关系数据库管理系统，在数据库领域中一直处于领先地位。该系统可移植性好、使用方便、功能强大，适用于各类大、中、小、微型机环境，是一种高效率、可靠性好、适应高吞吐量的数据库。

在连接 Oracle 数据库之前，首先需要到 Tableau 的官方网站下载对应版本的驱动程序，然后进行安装，安装过程比较简单，参数配置保持默认即可。

在开始页面的“连接”窗格中单击“Oracle”选项，然后输入服务器地址、服务和端口名称等，再选择登录到服务器的方式（集成身份验证还是使用特定用户名和密码），如图 2-29 所示。

单击“登录”按钮后，如果连接不成功，就要检查用户名和密码是否正确。如果确认无误后仍然连接失败，就需要联系网络管理员或数据库管理员进行处理。

成功登录服务器后，选择需要登录的架构和表，这里我们选择“SCOTT”架构，再选择其中的“orders”表，将其拖曳到右侧画布区域中，如图 2-30 所示。

图 2-29 连接 Oracle 服务器

图 2-30 选择需要连接的 Oracle 架构和表

2.2.4 PostgreSQL

PostgreSQL 也称 Post-gress-Q-L，由 PostgreSQL 全球开发集团（全球志愿者团队）开发，不受任何公司或其他私人实体控制，所以其源代码是免费的。

在连接 PostgreSQL 数据库之前，首先需要下载和安装 Npgsql 驱动程序，安装过程比较简单，参数配置保持默认即可。

在开始页面的“连接”窗格中单击“PostgreSQL”选项，然后输入服务器地址、端口和数据库名称，再选择登录服务器的方式，这里我们使用用户名和密码的方式，如图 2-31 所示。

单击“登录”按钮后，如果连接不成功，就要检查用户名和密码是否正确。如果确认无误后仍然连接失败，就需要联系网络管理员或数据库管理员进行处理。

成功登录服务器后，选择需要登录的数据库和表，这里我们选择“postgres”数据库，再选择数据库中的“orders”表，将其拖曳到右侧画布区域中，如图 2-32 所示。

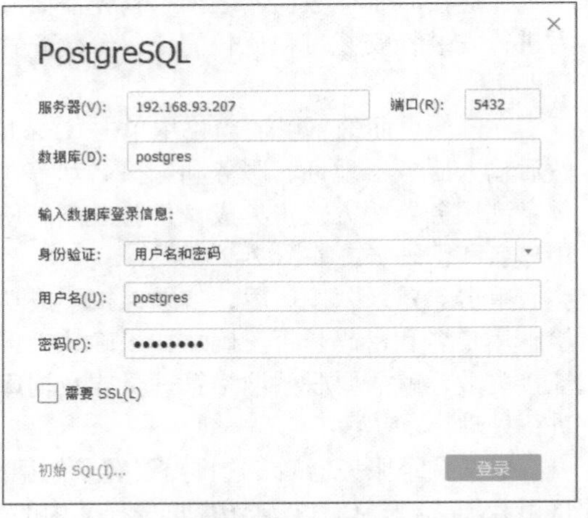

图 2-31 连接 PostgreSQL 服务器

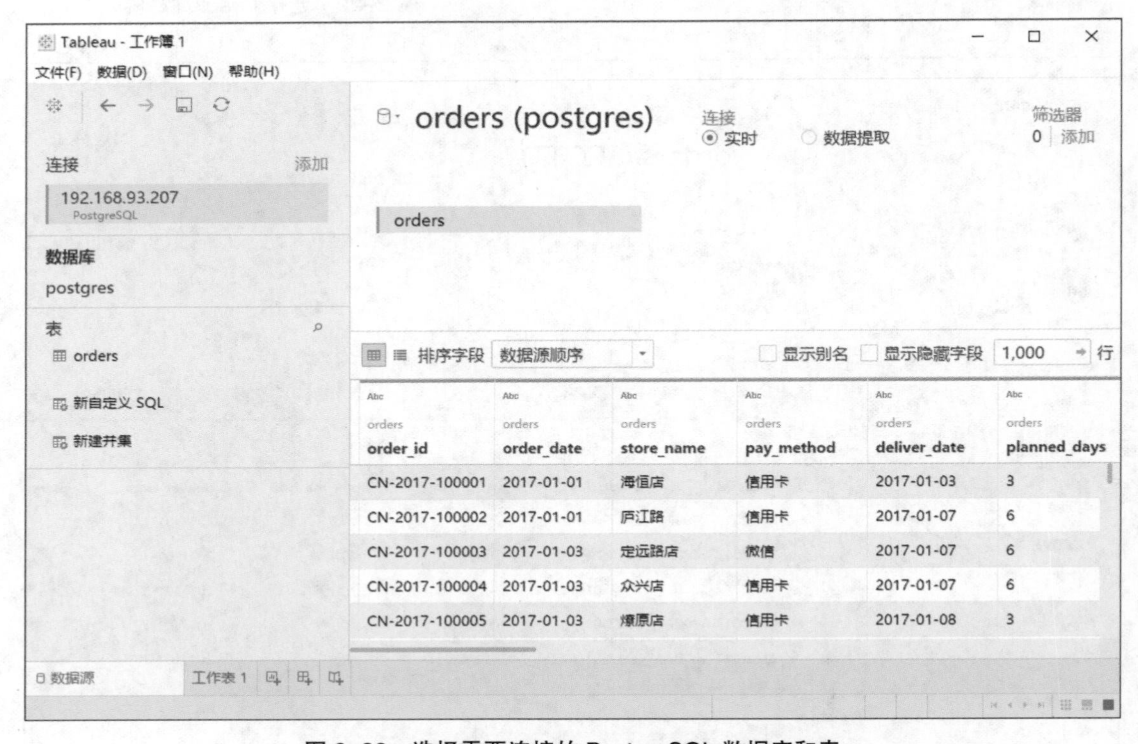

图 2-32 选择需要连接的 PostgreSQL 数据库和表

2.2.5　IBM DB2

IBM DB2 是美国 IBM 公司开发的一套关系型数据库管理系统，它主要安装在 UNIX、Linux 和 Windows 服务器等环境中。IBM DB2 主要应用于大型应用系统中，具有较好的可伸缩性，支持从大型机到单用户环境，应用于所有常见的服务器操作系统平台下。

在连接 IBM DB2 数据库之前，首先需要下载和安装其驱动程序，安装过程比较简单，参数配置保持默认即可。

在开始页面的“连接”窗格中，单击“IBM DB2”选项，然后输入服务器地址、端口（默认 50000）和数据库名称，再输入用户名和密码，如图 2-33 所示。

单击“登录”按钮后，如果连接不成功，就要检查用户名和密码是否正确。如果确认无误后仍然连接失败，需要联系网络管理员或数据库管理员进行处理。

成功登录服务器后，选择需要登录的数据库和表，这里我们选择 IBM DB2 自带的“SAMPLE”数据库下的“DEPARTMENT”表，将其拖曳到右侧画布区域中，如图 2-34 所示。

图 2-33　连接 IBM DB2 服务器

图 2-34　选择需要连接的 IBM DB2 数据库和表

2.2.6 MemSQL

MemSQL 公司由前 Facebook 工程师创办，Mem SQL 号称是世界上最快的分布式关系型数据库，可兼容 MySQL，但比它快 30 倍，能实现每秒处理 150 万次事务。其工作原理是仅用内存并将 SQL 预编译为 C++。2012 年 12 月 14 日 MemSQL 1.8 发布，2019 年 12 月 MemSQL 7.0 发布。

在开始页面的“连接”窗格中单击“MemSQL”选项，然后输入服务器地址、端口和数据库名称，以及用户名和密码，如图 2-35 所示。

单击“登录”按钮后，选择需要登录的数据库和表，这里我们选择“sales”数据库下的“商品订单表”，将其拖曳到右侧画布区域中，如图 2-36 所示。

图 2-35　连接 MemSQL 服务器

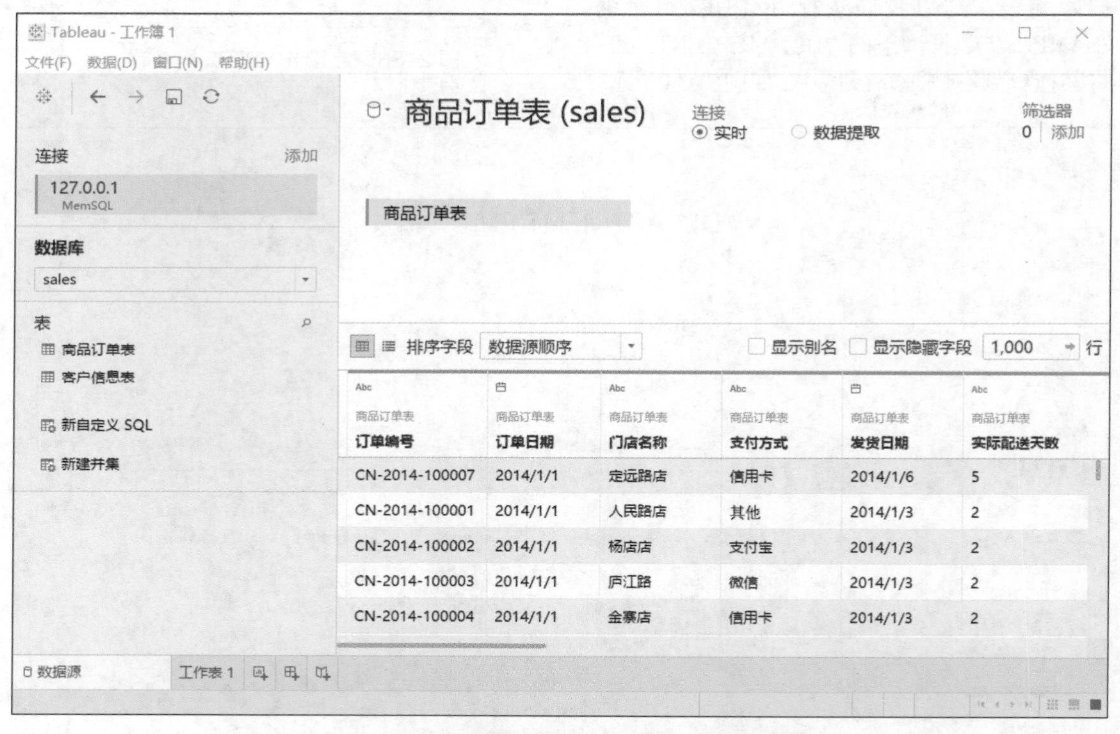

图 2-36　选择需要连接的 MemSQL 数据库和表

2.3 连接非关系型数据库

2.3.1 MongoDB 简介

MongoDB（该名称来自单词“Humongous”，意为庞大）是可以应用于各种规模的企业、各行业及各类应用程序的开源非关系型数据库。MongoDB 是专为高可扩展性、高性能和高可用性而设计的数据库，可以从单服务器部署扩展到大型、复杂的多数据中心架构。

MongoDB 由 C++ 语言编写而来，旨在为 Web 应用提供可扩展的高性能数据存储解决方案。MongoDB 是一个介于关系型数据库和非关系型数据库之间的产品，它支持的数据结构非常松散，是类似 JSON 的 BSON 格式，因此可以存储比较复杂的数据类型。JSON 是一种基于 JavaScript 语法子集的开放标准数据交换格式；而 BSON 是一种类似 JSON 的二进制形式的存储格式，全称为 Binary JSON。

MongoDB 将数据存储为一个文档，类似于 JSON 对象，字段值中可以包含其他文档、数组及文档数组等，如图 2-37 所示。

```
{
  name: "sue",                          ←— field: value
  age: 26,                              ←— field: value
  status: "A",                          ←— field: value
  groups: [ "news", "sports" ]          ←— field: value
}
```

图 2-37　MongoDB 数据存储格式

MongoDB 的主要目标是在键值对存储方式（提供了高性能和高伸缩性）和传统的关系型数据库管理系统（具有丰富的功能）之间架起一座桥梁。它集两者的优势于一身，适用于以下场景。

（1）网站数据：MongoDB 非常适合实时地插入、更新与查询数据，具备网站实时数据存储所需的复制功能及高伸缩性。

（2）缓存：MongoDB 适合作为信息基础设施的缓存层，系统重启后，由其搭建的持久化缓存层可以避免下层的数据源过载。

（3）高伸缩性的场景：MongoDB 非常适合作为由数十或数百台服务器组成的数据库，其新版本已经包含对 MapReduce 引擎的内置支持。

2.3.2 安装 MongoDB

登录 MongoDB 的官方网站下载其安装包。这里我们选择版本为 4.2.6 和 Windows 64 位操作系统；安装包格式可以选择为 MSI 或 ZIP（MSI 是安装程序，ZIP 是压缩包），如图 2-38 所示。单击“Download”按钮即可进行下载。

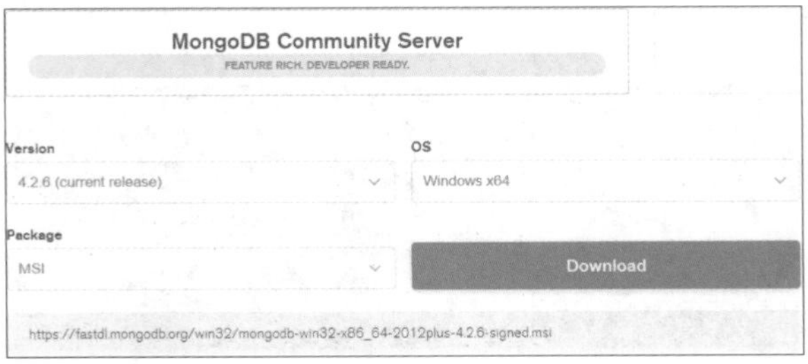

MongoDB Community Server
FEATURE RICH. DEVELOPER READY.
Version
4.2.6 (current release)
OS
Windows x64
Package
MSI
Download
https://fastdl.mongodb.org/win32/mongodb-win32-x86_64-2012plus-4.2.6-signed.msi

图 2-38　下载 MongoDB 安装包

安装过程比较简单，默认安装在 C 盘。由于本书安装的是 4.2.6 版本，因此在安装的时候自动安装了其服务，安装完成后需要检查一下计算机服务中有没有 MongoDB 服务，如图 2-39 所示。

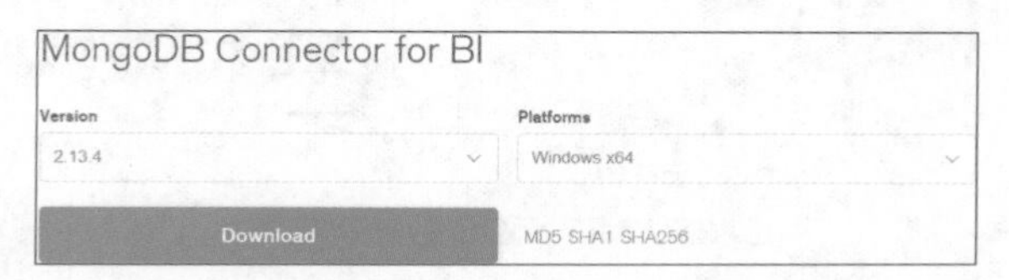

图 2-39　检查 MongoDB 服务是否安装

然后进入命令行模式，使用 cd 命令切换到 MongoDB 安装目录的"bin"文件夹下，输入 mongo 进入命令模式，按 Ctrl+C 组合键可以快速退出该命令模式。

2.3.3　连接 MongoDB

要使 Tableau 能够连接 MongoDB 数据库，需要具备如下 3 个条件。

（1）开启 MongoDB 服务。需要保证计算机的 MongoDB 服务已经开启。

（2）安装 MongoDB 连接器。连接前需要到 MongoDB 的官方网站下载其 BI 连接器并进行安装，如图 2-40 所示。

MongoDB Connector for BI
Version　2.13.4
Platforms　Windows x64
Download　MD5 SHA1 SHA256

图 2-40　下载 MongoDB BI 连接器

安装完成之后，Connector for BI 的"bin"文件夹下会生成 4 个文件，即 libeay32.dll、mongodrdl.exe、mongosqld.exe 和 ssleay32.dll。

然后，在 Connector for BI 的"bin"文件夹下使用 mongodrdl.exe 创建一个 schema.drdl 文件，输入命令如下：

```
mongodrdl -d dbname -c tablename -o schema.drdl
```

其中，dbname 是需要连接的数据库名，tablename 是需要连接的集合名，schema.drdl 是输出的文件名，后缀为 drdl。该命令执行后就会生成一个 schema.drdl 文件。

最后，使用 mongosqld.exe 开启 MongoDB Connector for BI 服务，同样在 Connector for BI 的"bin"文件夹下执行如下命令：

```
mongosqld.exe --schema schema.drdl
```

如果没有报错，说明 MongoDB Connector for BI 开启成功，否则需要检查前面的具体操作步骤是否有误，如图 2-41 所示。

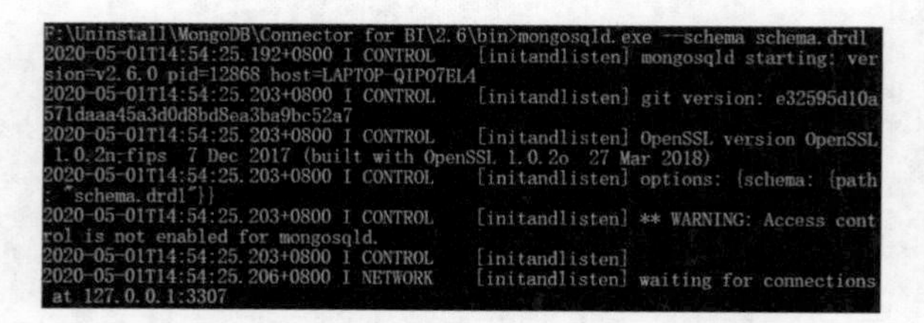

图 2-41　开启 MongoDB Connector for BI 服务

（3）安装 MySQL 的 ODBC 驱动程序。安装好 MongoDB Connector for BI 还不够，还需要安装 MySQL 的 ODBC 驱动程序。单击 Tableau 中的“MongoDB BI”连接器，在弹出的对话框中输入服务器地址、端口名、用户名和密码等，如图 2-42 所示。

图 2-42　“MongoDB BI 连接器”对话框

单击“登录”按钮后，选择需要登录的数据库和表，这里我们选择“mydb”数据库下的表“orders”，如图 2-43 所示。

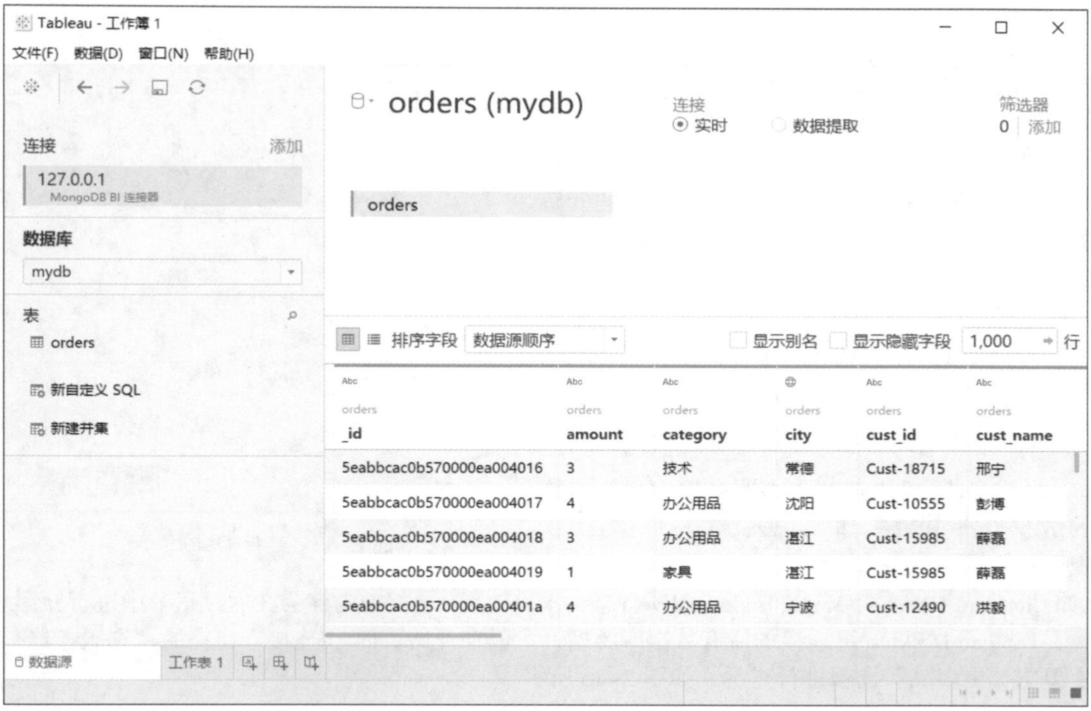

图 2-43　选择要连接的 MongoDB 数据库和表

2.4 连接其他数据源

2.4.1 阿里 MaxCompute

阿里 MaxCompute（大数据计算服务，ODPS）是一种快速、完全托管的 EB 级数据仓库解决方案。它提供了完善的数据导入方案及多种经典的分布式计算模型，能够更快速地解决海量数据计算问题、有效降低企业成本，以及保障数据安全。

阿里 MaxCompute 主要用于批量结构化数据的存储和计算，可以提供海量数据仓库的解决方案及针对大数据的分析建模服务。随着社会数据收集手段的不断丰富及完善，越来越多的行业数据被积累下来。

Tableau 可以连接阿里 MaxCompute，在对话框中输入服务器地址、用户名和密码，然后单击“登录”按钮即可，如图 2-44 所示。

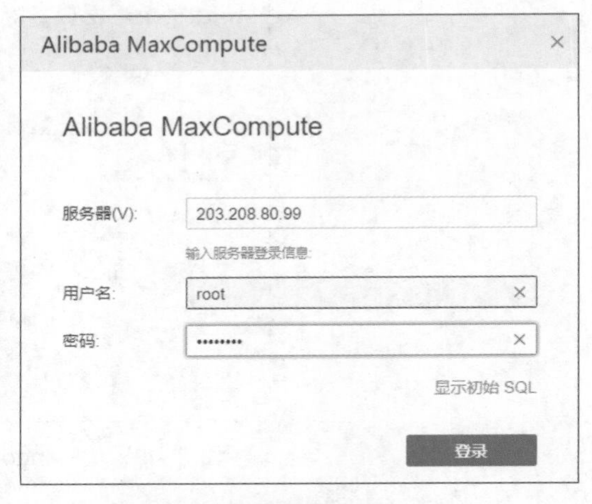

图 2-44 连接阿里 MaxCompute

2.4.2 Databricks

Databricks 是属于 Spark 的商业化公司，由美国伯克利大学 AMP 实验室的 Spark 大数据处理系统的多位创始人联合创立。Databricks 致力于提供基于 Spark 的云服务，可用于处理数据集成、数据管道等任务。Databricks 公司的云解决方案由 3 个部分组成，即 Databricks 平台、Spark 和 Databricks 工作区。

Tableau 可以连接 Databricks，在对话框中输入服务器地址、用户名和密码，然后单击“登录”按钮即可，如图 2-45 所示。

图 2-45 连接 Databricks

2.4.3 更多服务器

Tableau 还可以连接更多服务器，包括传统的数据仓库软件（如 Netezza、Teradata 等），也包括目前比较热门的 Hadoop 大数据相关软件（如 Cloudera Hadoop、MapR Hadoop Hive 和 Spark SQL 等），相关内容会在后续章节中进行介绍。

Tableau Desktop 可连接的所有数据库类型，可以在开始页面“连接”窗格的“到服务器”中单击“更多 ...”选项进行查看，如图 2-46 所示。

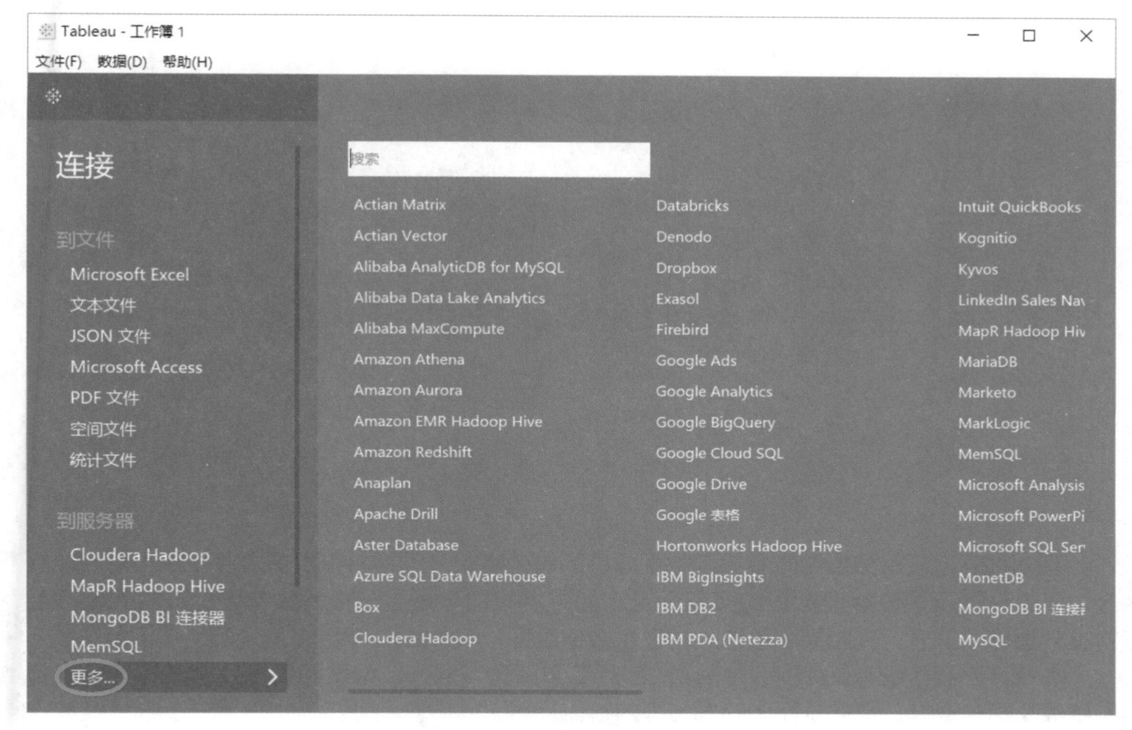

图 2-46　连接更多的服务器

2.5　练习题

（1）简述 JSON 文件的特点及将其导入 Tableau 的步骤。
（2）简述 Tableau 连接 MySQL 数据库中的表的具体步骤。
（3）简述非关系型数据库的特点及连接 MongoDB 数据库的具体步骤。

CHAPTER 03

第3章 Tableau 基础操作

Tableau 连接新数据源时会将该数据源中的每个字段分配给“数据”窗格中的“维度”或“度量”，具体情况视该字段数据的类型而定。如果字段的数据是分类等文本类型，Tableau 会将其分配给“维度”；如果字段的数据包含数值数据，Tableau 就会将其分配给“度量”。

本章将介绍 Tableau 的基础操作，包括工作区及其操作、维度和度量及相关操作、连续和离散及相关操作、数据及视图的导出等内容。

3.1 工作区及其操作

3.1.1 工具栏及其功能

Tableau 的工具栏中包含“连接到数据”“新建工作表”“保存”等按钮，还包含“排序”“分组”“突出显示”等分析和导航工具。执行“窗口”→“显示工具栏”命令可隐藏或显示工具栏。

工具栏有助于快速访问常用工具和简化操作，表 3-1 所示为工具栏中每个按钮的功能说明。

表 3-1 工具栏按钮及其功能说明

工具栏按钮	功能说明
	Tableau 按钮，导航到开始页面
←	撤销。撤销工作簿中的最新操作，可以无限次撤销当前操作并返回到上次操作，即使是在保存修改之后
→	重做。恢复单击“撤销”按钮撤销的最后一个操作，可以重做无限次
	保存。保存对工作簿进行的更改
	连接。打开“连接”窗格，可以在其中创建新连接，也可以从存储库中打开已保存的连接
	新建工作表。新建空白工作表，通过其下拉列表可创建新工作表、仪表板或故事
	复制工作表。创建与当前工作表视图完全相同的新工作表

续表

工具栏按钮	功能说明
	清除。清除当前工作表，通过其下拉列表可清除视图中的特定部分，如筛选器、格式设置、大小调整和轴范围
	自动更新。控制更改后是否自动更新视图，通过其下拉列表可自动更新整个工作表，或者仅使用“筛选器”
	运行更新。运行手动数据查询，以便在关闭自动更新后根据所做的更改对视图进行更新
	交换。交换“行”和“列”功能区中的字段，单击此按钮会交换“隐藏空行”和“隐藏空列”设置
	升序排序。根据视图中的度量以所选字段的升序应用排序
	降序排序。根据视图中的度量以所选字段的降序应用排序
	成员分组。通过组合所选项创建组，选择多个维度时指定是对特定维度进行分组，还是对所有维度进行分组
Abc	显示标记标签。用于在显示和隐藏当前工作表的标记标签之间切换
	查看卡。显示和隐藏工作表中的特定卡，在其下拉列表可选择要隐藏或显示的卡
Normal	适合选择器。指定在工作界面中调整视图大小的方式，分为普通、适合宽度、适合高度或整个视图
	固定轴。用于在仅显示特定范围的锁定轴和基于视图中的最小值、最大值调整范围的动态轴间的切换
	突出显示。启用所选工作表的突出显示功能，可选择其下拉列表中的选项来定义突出显示值的方式
	演示模式。用于在显示和隐藏视图（即功能区、工具栏、“数据”窗格）之外的所有内容之间进行切换
智能显示	智能显示。显示查看数据的替代方法，可用视图类型取决于视图中已有的字段和“数据”窗格中的选择

3.1.2　“数据”窗格操作

工作区左侧的“数据”窗格用于显示数据源中的已有字段、创建的新字段和参数等，在可视化分析过程中，需要将“数据”窗格中的相关字段拖曳到功能区中，如图 3-1 所示。

图 3-1　“数据”窗格

“数据”窗格分为以下 4 个区域。

（1）维度：包含诸如文本和日期等数据类型的字段。

（2）度量：包含可以聚合的数值字段。

（3）集：定义的数据子集。

（4）参数：可替换计算字段和“筛选器”中常量值的动态占位符。

单击“维度”右侧的“搜索”按钮 ⌕，然

后在文本框中输入关键词，例如“客户”，就可以在“数据”窗格中查看包含“客户”的所有字段，如图 3-2 所示。

此外，单击“维度”右侧的“查看数据”按钮 可以查看基础数据，如图 3-3 所示。

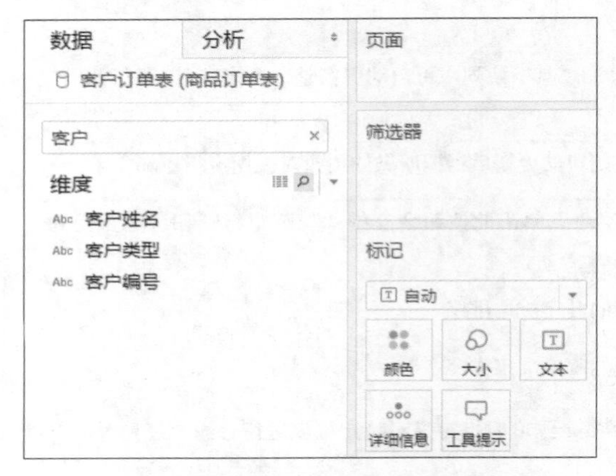

图 3-2　在“数据”窗格中搜索字段

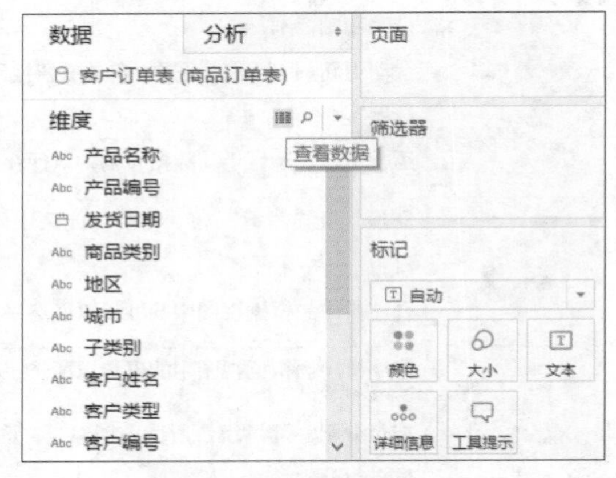

图 3-3　查看基础数据

3.1.3　“分析”窗格操作

根据可视化视图的不同，可以从工作区左侧的“分析”窗格中将常量线、平均线、含四分位点的中值、盒须图（即箱形图）等拖入数据视图中，如图 3-4 所示。

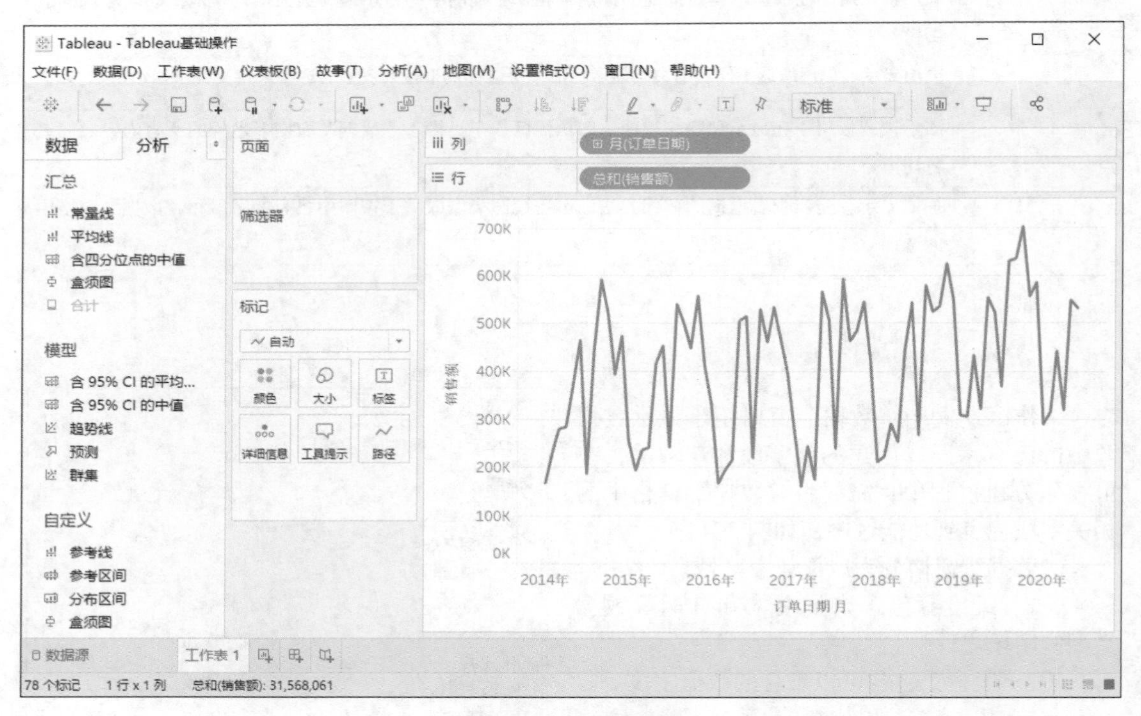

图 3-4　“分析”窗格

如果需要从“分析”窗格中添加某项，就将该项拖入数据视图中。从“分析”窗格中拖曳某项到数据视图中时，Tableau 会在数据视图左上方的目标区域中显示该项可能的目标。例如拖曳平均线，即添加所有月份销售额平均值的参考线，如图 3-5 所示。

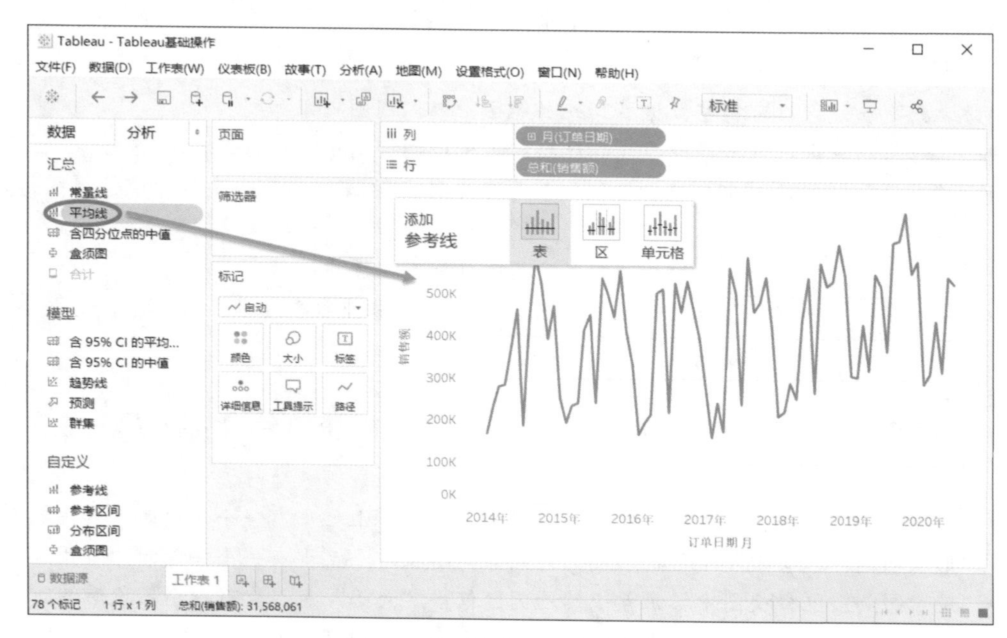

图 3-5 从“分析”窗格中添加项

3.1.4 功能区和卡

Tableau 中的每个工作表都包含功能区和卡。例如，“标记”卡用于控制标记属性的位置，包含“颜色”“大小”“文本”“详细信息”“工具提示”控件，此外，根据分析的具体视图的不同，有时还会出现“形状”和“角度”等控件，如图 3-6 所示。

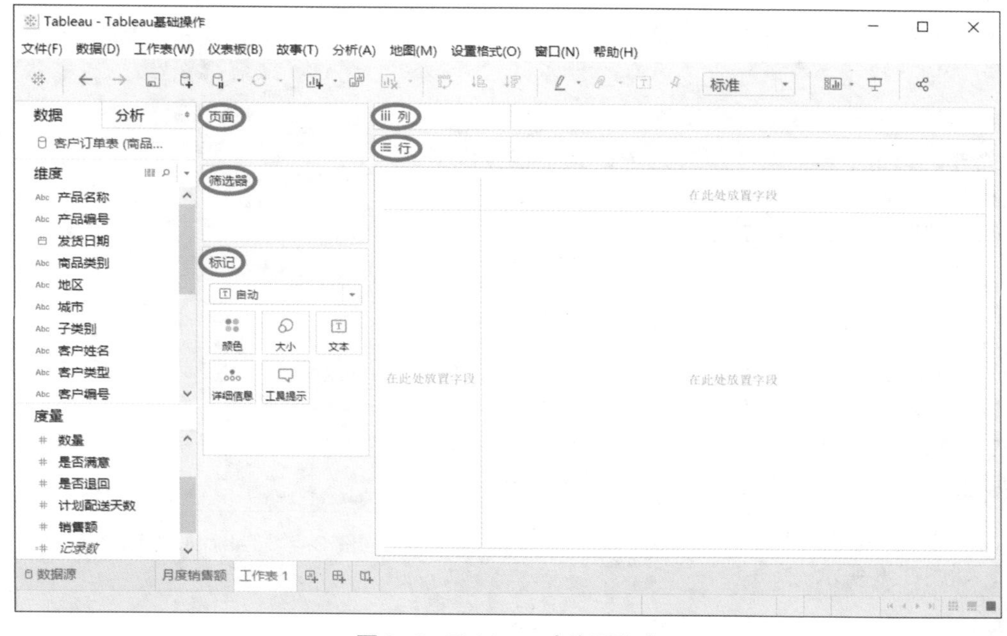

图 3-6 Tableau 功能区和卡

1. 功能区

功能区是根据软件的使用功能而划分的区域，主要包括“列”功能区、“行”功能区、“页面”功能区、“筛选器”功能区和“度量值”功能区等，下面逐一进行说明。

- “列”功能区：可将字段拖曳到此功能区中以向视图中添加列。
- “行”功能区：可将字段拖曳到此功能区中以向视图中添加行。
- “页面”功能区：可在此功能区中基于某个维度的成员或某个度量的值将视图拆分为多个页面。
- “筛选器”功能区：使用此功能区可指定包括在视图中的值。
- “度量值”功能区：使用此功能区可在一个轴上融合多个度量，该功能区仅当视图中有混合轴时才可用。

2. 卡

卡是功能区、图例和其他控件的容器，每个工作表中都包含各种不同的卡，下面逐一进行说明。

- 颜色图例：包含视图中颜色的图例，仅当“颜色”上至少有一个字段时才可用。
- 形状图例：包含视图中形状的图例，仅当“形状”上至少有一个字段时才可用。
- 尺寸图例：包含视图中标记大小的图例，仅当“大小”上至少有一个字段时才可用。
- 地图图例：包含地图上的符号和模式的图例，不是所有地图提供程序都可使用地图图例。
- 筛选器：应用于视图的筛选器，可以轻松地在视图中包含和排除数值。
- 参数：包含用于更改参数值的控件。
- 标题：包含视图的标题，双击此卡可修改标题。
- 说明：包含描述该视图的一段说明，双击此卡可修改说明。
- 摘要：包含视图中每个度量的摘要，如最小值、最大值、中值和平均值等。
- 标记：控制视图中的标记属性，可以在其中指定标记类型（如条、线、区域等）；此外，“标记”卡中还包含“颜色”“大小”“标签”“文本”“详细信息”“工具提示”“形状”“路径”“角度”等控件。

此外，每个卡都有一个下拉列表，其中包含该卡的常见控件，可以通过卡下拉列表显示和隐藏卡，例如隐藏“筛选器”卡，如图 3-7 所示。

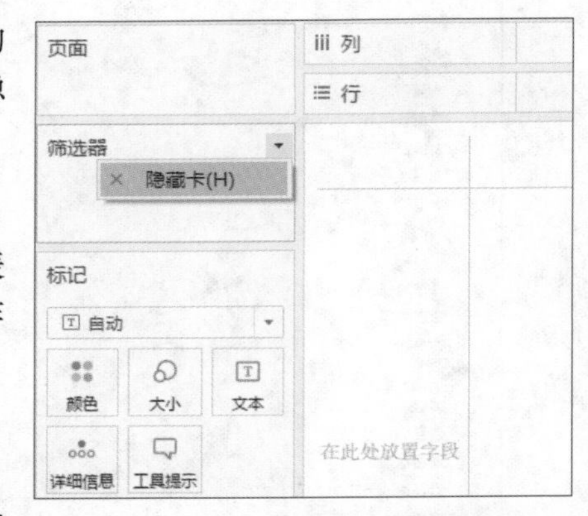

图 3-7　Tableau 隐藏“筛选器”卡

3.1.5 工作表及其操作

工作表是 Tableau 制作可视化视图的区域，在工作表中将字段拖曳到功能区中可以生成数据视图，这些工作表将以标签的形式沿工作簿的底部显示。

1. 创建工作表

我们可以使用以下任意一种方法创建一个新工作表。

方法 1：在菜单栏中执行“工作表”→“新建工作表”命令，如图 3-8 所示。

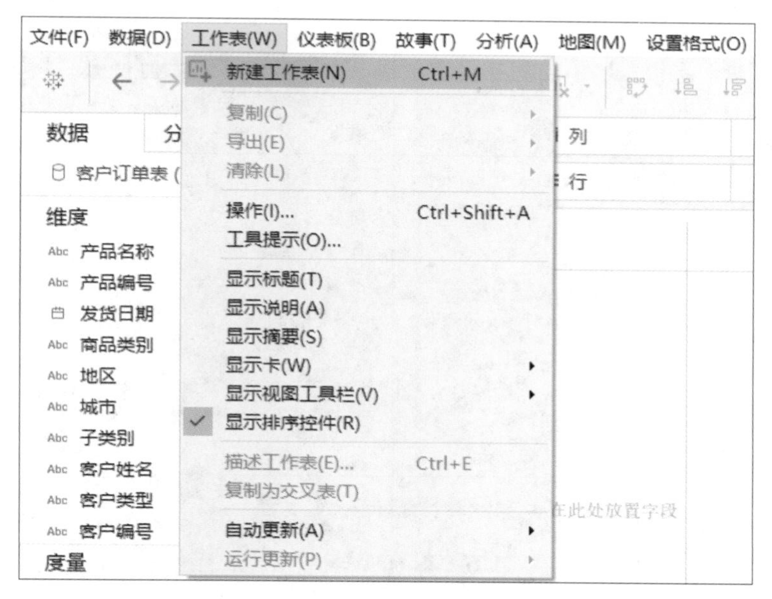

图 3–8　通过菜单栏新建工作表

方法 2：单击工作簿底部的“新建工作表”按钮，或者右击空白处，在弹出的快捷菜单中选择“新建工作表”选项，如图 3–9 所示。

方法 3：单击工具栏中的“新建工作表”按钮，如图 3–10 所示。

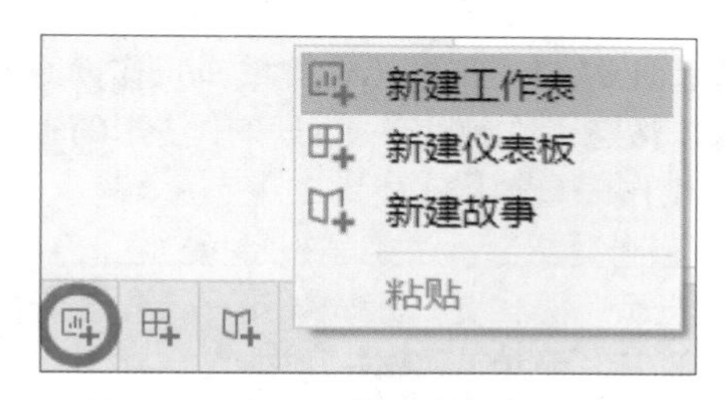

图 3–9　在工作簿底部新建工作表

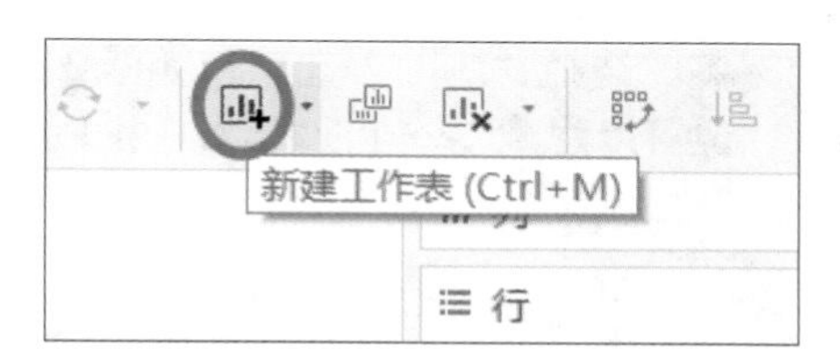

图 3–10　通过工具栏新建工作表

方法 4：通过快捷键创建，即按 Ctrl+M 组合键。

2. 复制工作表

复制工作表可以快速得到工作表、仪表板或故事的副本，还可以在不丢失原始视图的情况下修改工作表。例如要复制“工作表 1”，右击“工作表 1”标签，选择“复制”选项，在工作簿底部将会出现与“工作表 1”内容一样的“工作表 2”，如图 3–11 所示。

如果选择“拷贝”选项，那么还需要再右击“工作表 1”标签，选择“粘贴”选项才会出现与“工作表 1”内容一样的“工作表 1(2)”。

注意：“拷贝”选项可以在不同的 Tableau 页面中使用，而“复制”选项仅能用于同一个 Tableau 页面中。

交叉表是一个以文本行和列的形式汇总数据的表。如果要在视图中快速创建交叉表，可以右击“工作表 1”标签，选择“复制为交叉表”选项。还可以在菜单栏中执行“工作表”→“复制为交叉表”命令，如图 3–12 所示，执行此命令后会向工作簿中插入一个新的数据交叉表。

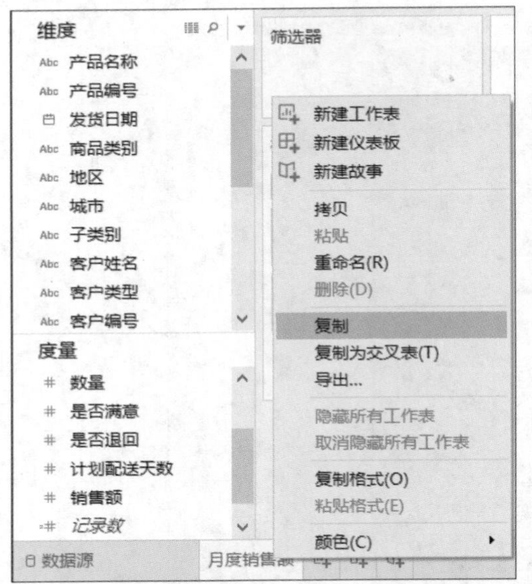

图 3-11　复制工作表

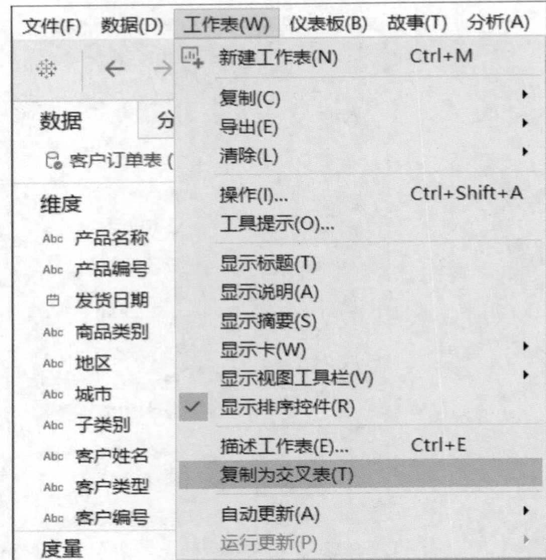

图 3-12　创建交叉表

3. 导出工作表

如果需要导出保存的工作表，可以鼠标右键单击该工作表标签，选择“导出”选项，将会出现导出工作表的保存路径，文件格式是 .twb，如图 3-13 所示。

4. 删除工作表

删除工作表会将工作表从工作簿中移除。若要删除工作表，则鼠标右键单击工作簿底部该工作表的标签，选择“删除”选项，如图 3-14 所示。注意：在仪表板或故事中使用的工作表无法删除，但可以隐藏，一个工作簿中至少要有一个工作表。

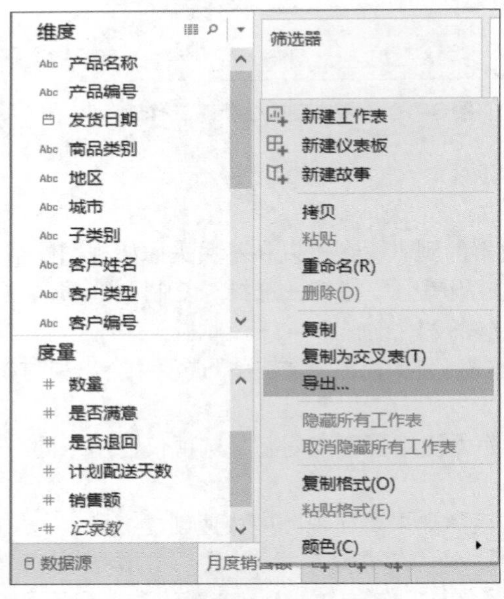

图 3-13　导出工作表

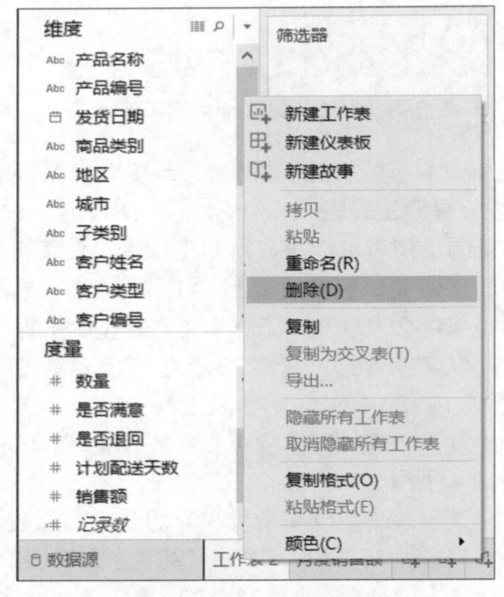

图 3-14　删除工作表

3.2　维度和度量及相关操作

3.2.1　维度及其操作

维度就是指分类数据，例如城市名称、用户性别、商品名称等。

当第一次连接数据源时，Tableau 会将包含离散分类信息的字段（如字符串或日期字段）分配给“数据”窗格中的“维度”。当字段从“维度”区域被拖曳到“行”或“列”功能区中时，Tableau 将创建列或行标题，例如将“支付方式”拖曳到“行”功能区中时会出现 4 种支付类型，如图 3-15 所示。

列
行　支付方式
支付方式
其它　Abc
微信　Abc
信用卡　Abc
支付宝　Abc

图 3-15　维度字段的可视化

3.2.2　度量及其操作

度量就是指定量数据，例如客户的年龄、商品的销量额和利润额等。

第一次连接数据源时，Tableau 会将包含数值信息的字段分配给“数据”窗格中的“度量”。将字段从“度量”区域拖曳到“行”或“列”功能区中时，Tableau 将创建连续轴，并创建一个默认的数据展示样式，我们可以根据需要进行修改，如图 3-16 所示。

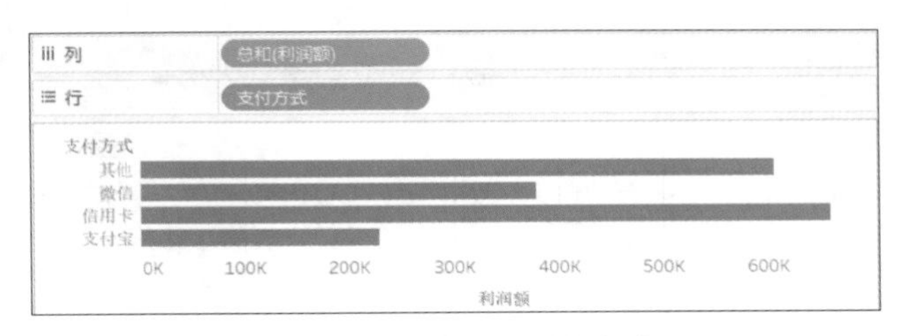

图 3-16　度量字段的可视化

注意：Tableau 会始终对度量类型的字段进行聚合，无论该字段为连续型，还是离散型。

微课视频

3.2.3　维度字段和度量字段的转换及案例

在 Tableau 中，可以根据数据可视化分析的需要对维度或度量字段进行类型的相互转换。下面结合案例对该操作进行详细的介绍，例如对“数量”和“折扣”字段进行类型转换。

1. 将“数据”窗格中的度量字段转换为维度字段

在“数据”窗格中可以将度量字段转换为维度字段，例如将“商品订单表”中的“数量”字段从度量字段转换为维度字段，可以使用的方法如下。

方法 1：选择该字段并将其从“数据”窗格的“度量”区域拖曳到“维度”区域，如图 3-17 所示。

方法 2：在“数据”窗格中右击该字段，选择“转换为维度”选项，如图 3-18 所示。

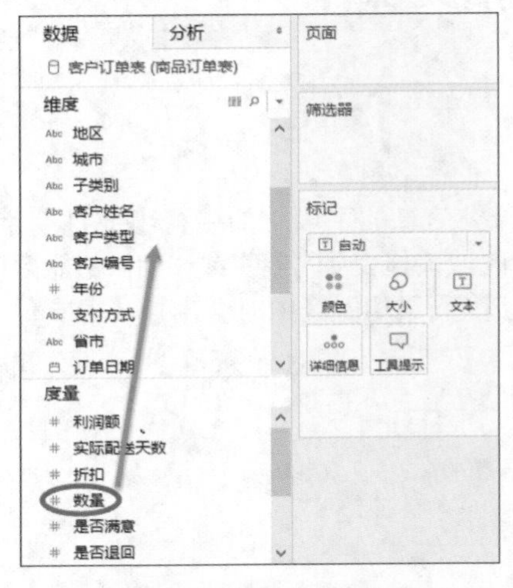

图 3-17　拖曳到“维度”区域

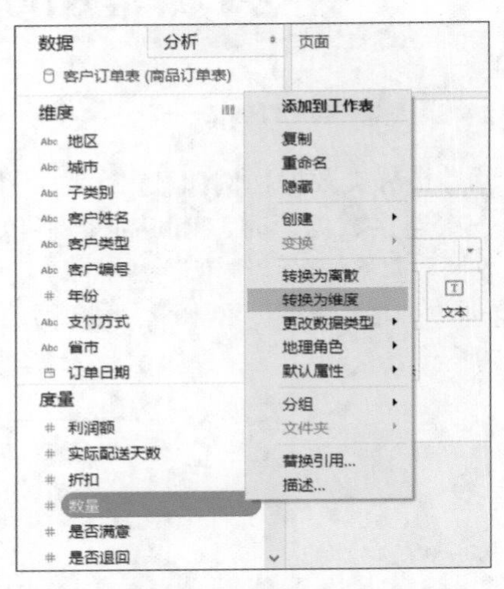

图 3-18　选择“转换为维度”选项

2. 将可视化视图中的度量字段转换为离散维度字段

现在，我们需要了解商品在每种折扣情况下的总销售额。由于“折扣”字段是数值型数据，因此当连接数据源时，Tableau 会将其分配给“数据”窗格中的“度量”。将其转换为维度字段的具体操作步骤如下。

步骤 01 将“销售额”拖曳到“行”功能区中，将“折扣”拖曳到“列”功能区中，Tableau 将默认显示一个散点图，以总和形式聚合“折扣”和“销售额”，如图 3-19 所示。

步骤 02 若要将“折扣”视为维度字段，需要单击其右侧的下拉按钮，并从下拉列表中选择“维度”选项，如图 3-20 所示。这样 Tableau 将不会聚合“折扣”字段，现在将看到一条线，但“折扣”的值仍然是连续的，如图 3-21 所示。

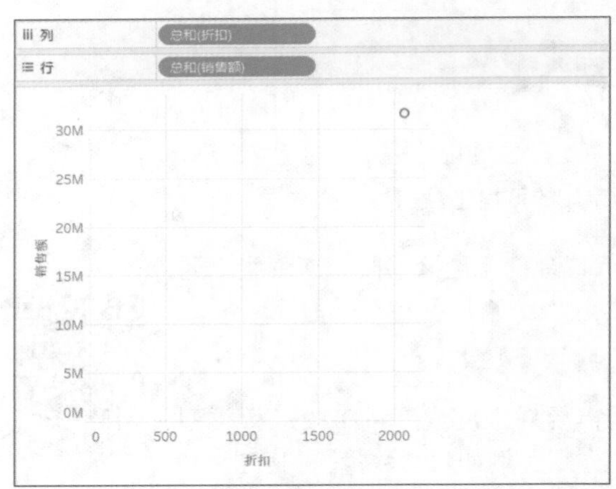

图 3-19　将字段拖曳到功能区中

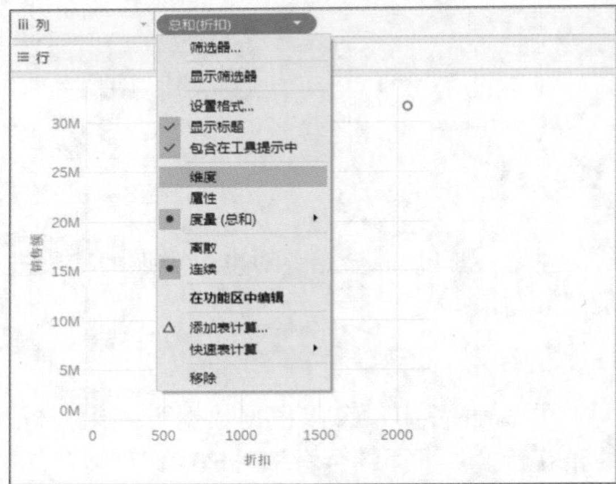

图 3-20　转换为维度

步骤 03 单击“折扣”右侧下拉按钮并从下拉列表中选择“离散”选项，如图 3-22 所示。“折扣”的转换现已完成，现在将在视图底部显示列标题（0、0.1、0.2 等），如图 3-23 所示。

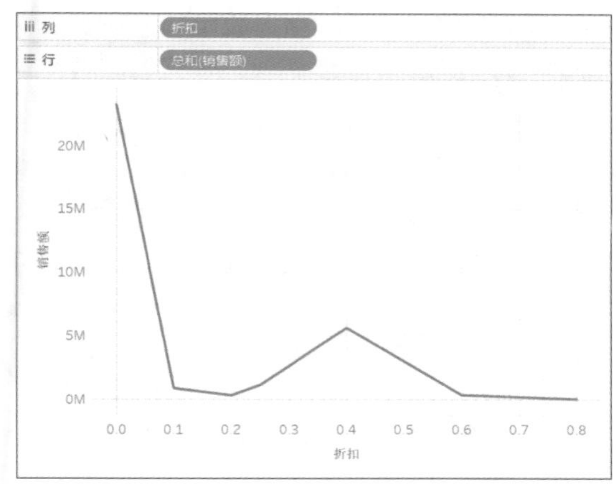

图 3-21　解聚字段

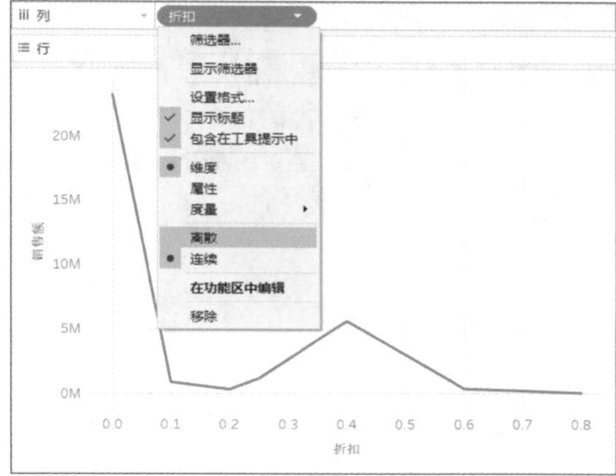

图 3-22　转换为离散

步骤 04 美化一下视图，如隐藏视图标题等，如图 3-24 所示。

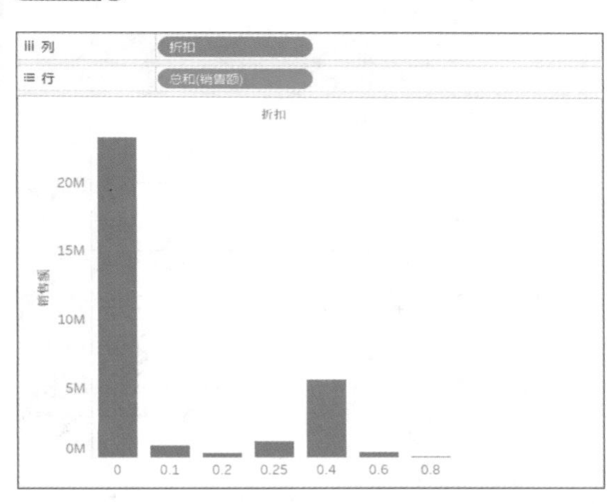

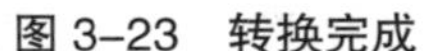
图 3-23　转换完成

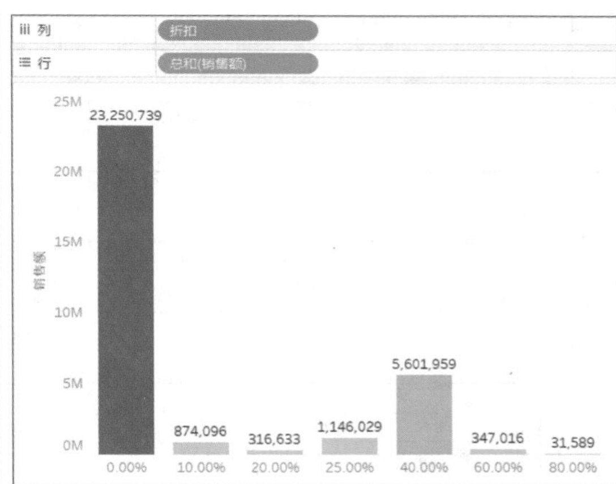

图 3-24　美化视图

3.3　连续和离散及相关操作

3.3.1　连续及其操作

连续是指可以包含无限数量的值，例如商品的销售额可以是一个数字区间内的任何值。

如果字段中包含加总、求平均值或其他方式聚合的数字，在第一次连接数据源时，Tableau 会假定这些值是连续的，并将该字段分配给“数据”窗格的“度量”区域。

当字段从“度量”区域被拖曳到“行”或“列”功能区中时，会显示一系列实际值。将连续字段拖曳到“行”或“列”功能区后，Tableau 会显示一个轴，这个轴是最小值和最大值之间的度量线，如将“实际配送天数”拖曳到“列”功能区上，如图 3-25 所示。

3.3.2 离散及其操作

离散是指包含有限数量的值，例如地区包含华东、华北和东北等 6 个。

如果某个字段中包含的值是名称、日期或地理位置，那么 Tableau 会在第一次连接数据源时将该字段分配给“数据”窗格的“维度”区域，并假定这些值是离散的。当把离散字段拖曳到“列”或“行”功能区中时，Tableau 会创建标题，如将“门店名称”拖曳到“行”功能区中，如图 3-26 所示。

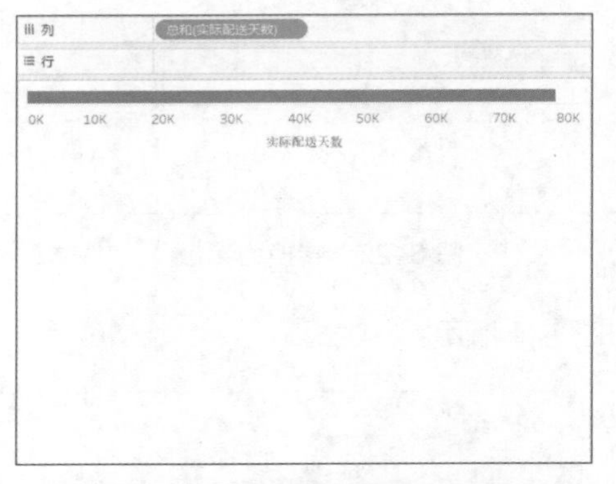

图 3-25 将连续字段拖曳到功能区中

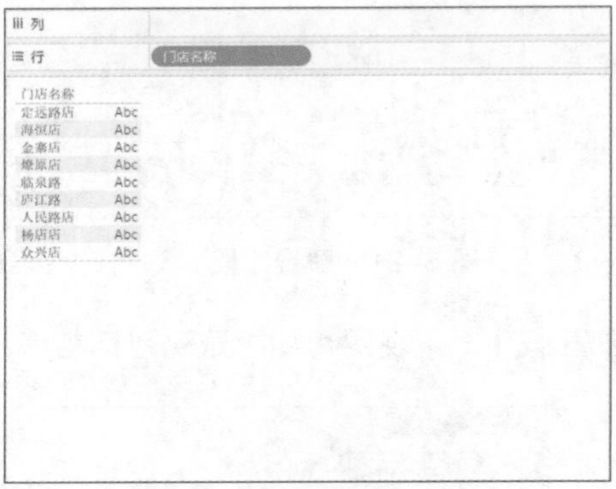

图 3-26 将离散字段拖曳到功能区中

3.3.3 连续字段和离散字段的转换及案例

在 Tableau 中，可以根据数据可视化分析的需要对连续或离散字段进行类型的相互转换。下面结合案例对该操作进行详细的介绍，例如对日期字段进行类型转换。

微课视频

1. 字段类型在“数据”窗格中的转换

如果要转换“数据”窗格中的字段类型，可以鼠标右键单击该字段，然后选择“转换为离散”或“转换为连续”选项。

例如，如果需要将“年份”字段的类型修改为离散型，鼠标右键单击“年份”字段并选择“转换为离散”选项即可，如图 3-27 所示。如果需要将“订单日期”字段的类型修改为连续型，鼠标右键单击“订单日期”字段选择“转换为连续”选项即可，如图 3-28 所示。

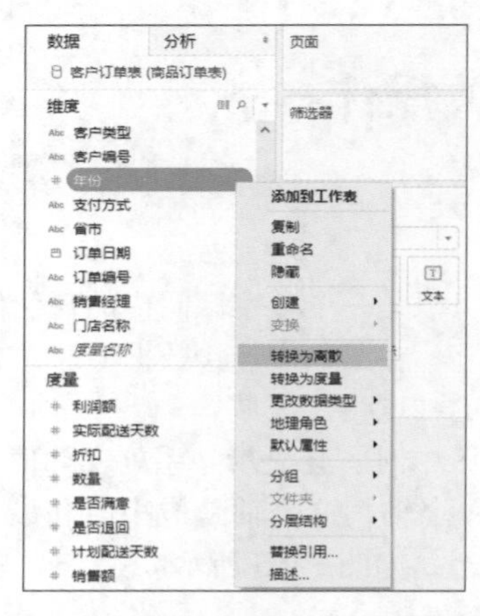

图 3-27 选择“转换为离散”选项

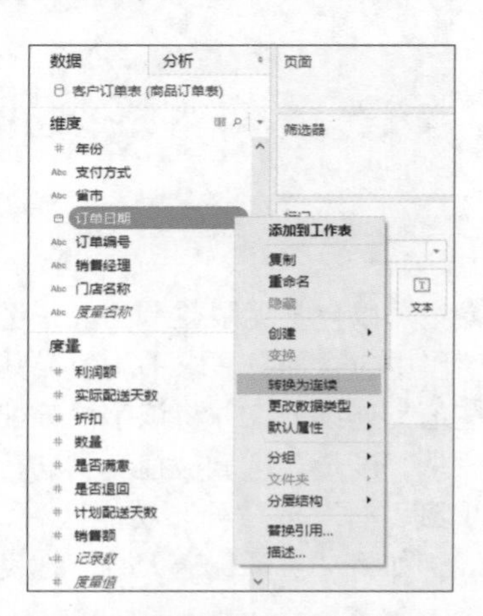

图 3-28 选择“转换为连续”选项

2. 字段类型在可视化视图中的转换

单击视图中需要转换类型的字段右侧的下拉按钮，在打开的下拉列表中如果选择“离散”，即将字段类型转换为“离散”；选择“连续”，即将字段类型转换为“连续”，如图 3-29 所示。

图 3-29　选择“离散”选项

3.4　数据及视图的导出

3.4.1　导出数据文件

微课视频

在工作中经常需要导出视图中的数据，该操作可以通过“查看数据”选项实现。在 Tableau Desktop 视图上单击鼠标右键，选择“查看数据”选项，如图 3-30 所示。

“查看数据”界面分为“摘要”和“完整数据”两个部分。

（1）“摘要”是数据源数据的概况，是图形主要点上的数据，如果要导出相应数据，单击右上方的“全部导出”按钮即可，导出的数据文件的格式是文本文件（以逗号分隔），如图 3-31 所示。

（2）“完整数据”是 Tableau 连接数据源的全部数据，同时添加了“记录数”字段。如果要导出相应数据，单击右上方的“全部导出”按钮即可，导出的数据文件的格式也是文本文件（以逗号分隔），如图 3-32 所示。

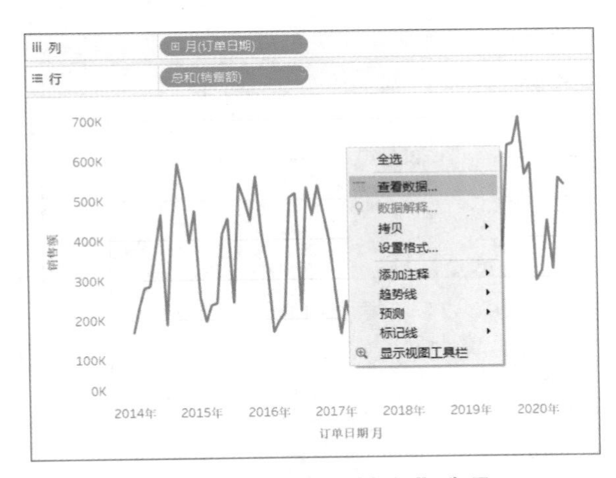

图 3-30　选择“查看数据”选项

查看数据: 月度...

显示别名(S)　复制(C)　全部导出(E)

订单日期 月	销售额
2019年4月	322,656.68
2019年5月	554,886.91
2019年6月	522,090.68
2019年7月	369,494.45
2019年8月	630,758.76
2019年9月	635,716.96
2019年10月	702,275.91
2019年11月	556,703.74
2019年12月	586,051.87
2020年1月	290,862.33
2020年2月	316,261.36
2020年3月	442,593.39
2020年4月	320,044.78
2020年5月	548,764.31
2020年6月	531,413.27

摘要　完整数据　78 行

图 3-31　全部导出摘要数据

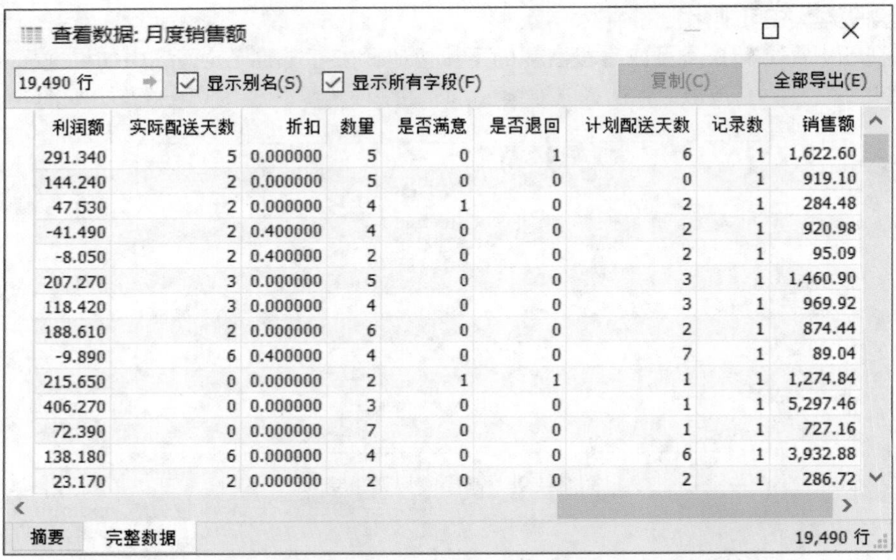

查看数据: 月度销售额

19,490 行 ☑ 显示别名(S) ☑ 显示所有字段(F) 复制(C) 全部导出(E)

利润额	实际配送天数	折扣	数量	是否满意	是否退回	计划配送天数	记录数	销售额
291.340	5	0.000000	5	0	1	6	1	1,622.60
144.240	2	0.000000	5	0	0	0	1	919.10
47.530	2	0.000000	4	1	0	2	1	284.48
-41.490	2	0.400000	4	0	0	2	1	920.98
-8.050	2	0.400000	2	0	0	2	1	95.09
207.270	3	0.000000	5	0	0	3	1	1,460.90
118.420	3	0.000000	4	0	0	3	1	969.92
188.610	2	0.000000	6	0	0	2	1	874.44
-9.890	6	0.400000	4	0	0	7	1	89.04
215.650	0	0.000000	2	1	1	1	1	1,274.84
406.270	0	0.000000	3	0	0	1	1	5,297.46
72.390	0	0.000000	7	0	0	1	1	727.16
138.180	6	0.000000	4	0	0	6	1	3,932.88
23.170	2	0.000000	2	0	0	2	1	286.72

摘要 完整数据 19,490 行

图 3-32 全部导出完整数据

单击“全部导出”按钮后，设置导出数据的路径和名称（默认路径是计算机的“文档”文件夹），即可导出所需数据。

3.4.2 导出图形文件

我们可以直接导出 Tableau Desktop 图像，在菜单栏中执行“工作表”→“导出”→“图像”命令，如图 3-33 所示。

弹出“导出图像”对话框，在“显示”选项组中选择需要显示的信息，在“图像选项”选项组中选择需要显示的样式，如图 3-34 所示。

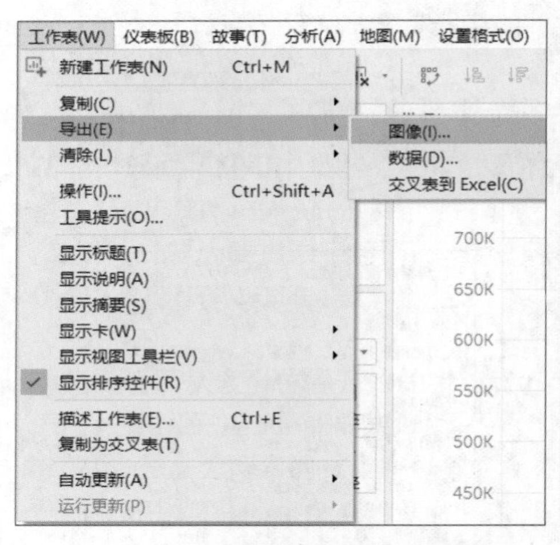

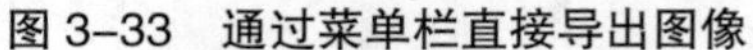

图 3-33 通过菜单栏直接导出图像

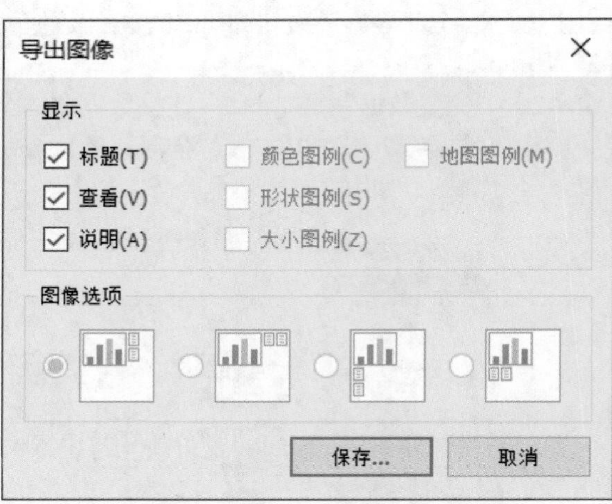

图 3-34 “导出图像”对话框

单击“保存”按钮，在弹出的“保存图像”对话框中指定文件名、存放格式和保存路径，如图 3-35 所示。Tableau 支持 4 种图像格式，即可移植网络图形（.png）、Windows 位图（.bmp）、增强图元文件（.emf）和 JPEG 图像（.jpg、.jpeg、.jpe、.jfif）。

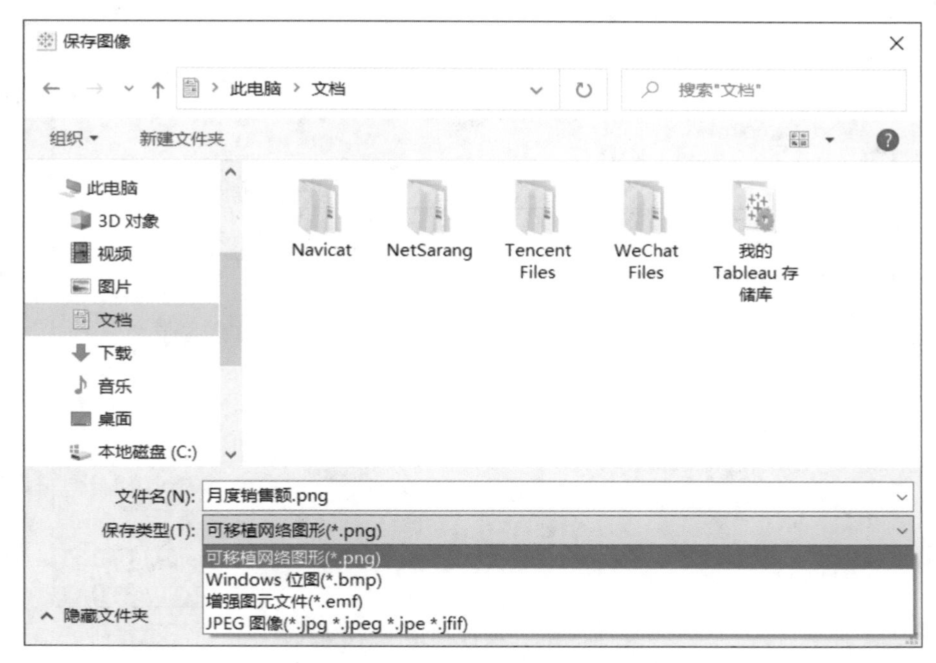

图 3–35 “保存图像”对话框

3.4.3 导出 PDF 文件

如果要将 Tableau Desktop 生成的各类图表导出为 PDF 文件，就可以在菜单栏中执行“文件”→“打印为 PDF”命令，如图 3–36 所示。

弹出“打印为 PDF”对话框，设置打印的“范围”“纸张尺寸”及其他选项，如图 3–37 所示。

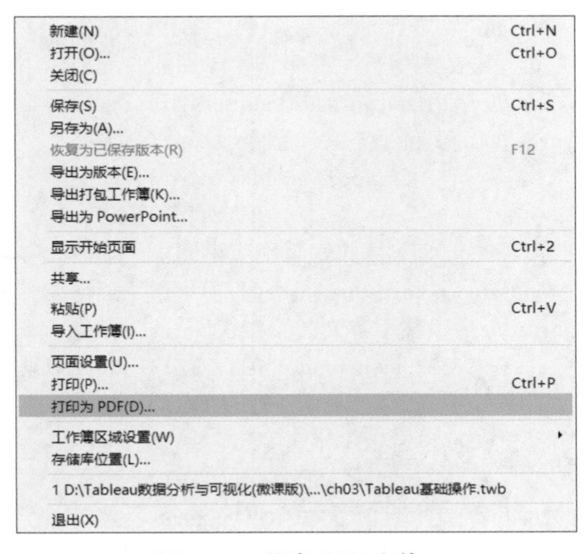

图 3–36 导出 PDF 文件

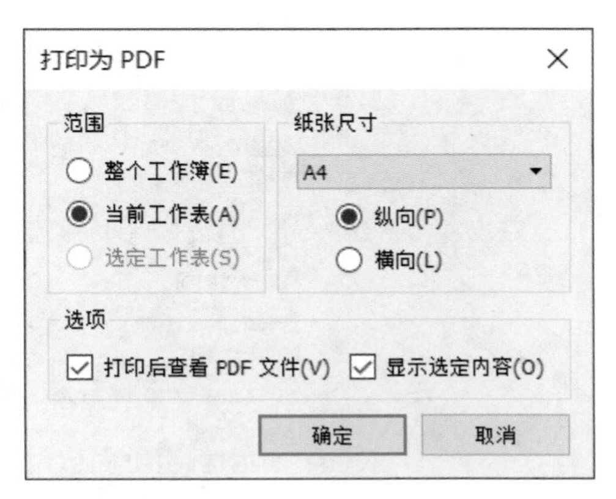

图 3–37 “打印为 PDF”对话框

单击“确定”按钮，在弹出的“保存 PDF”对话框中指定 PDF 的文件名和保存类型，单击“保存”按钮即可将图表导出为 PDF 文件，如图 3–38 所示。

图 3-38 "保存 PDF"对话框

3.4.4 导出 PowerPoint 文件

如果要将 Tableau Desktop 生成的各类图表导出为 PowerPoint 文件，可以在菜单栏中执行"文件"→"导出为 PowerPoint"命令，如图 3-39 所示。

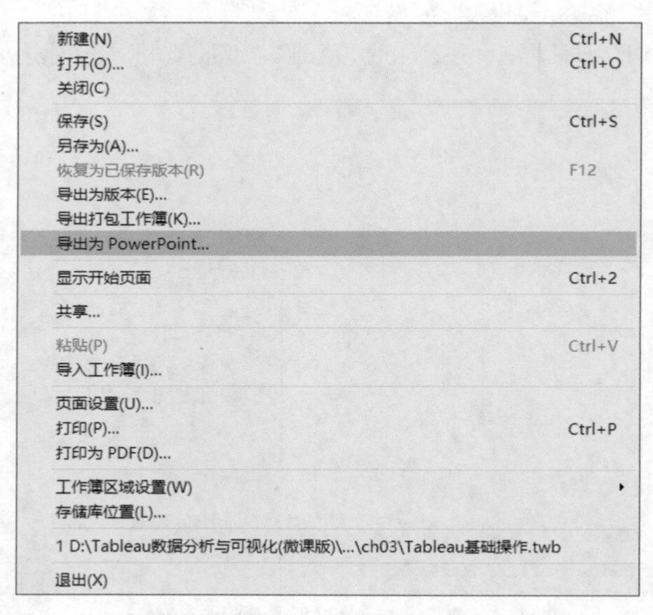

图 3-39 导出 PowerPoint 文件

在弹出的"导出 PowerPoint"对话框中设置需要导出的视图或工作表等，然后单击"导出"按钮，如图 3-40 所示。

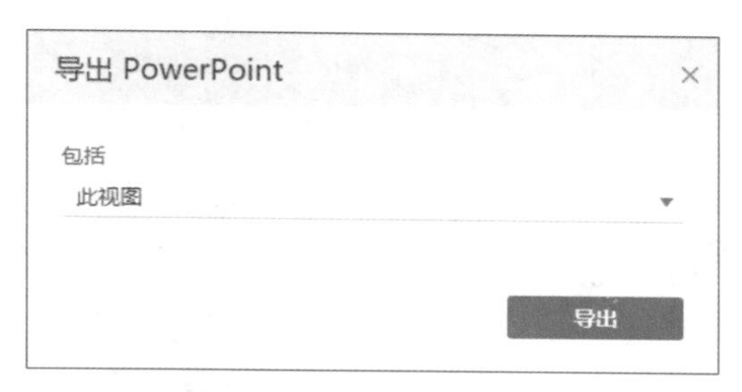

图 3–40 “导出 PowerPoint”对话框

在弹出的“保存 PowerPoint”对话框中指定 PowerPoint 的文件名和保存类型，如图 3–41 所示。

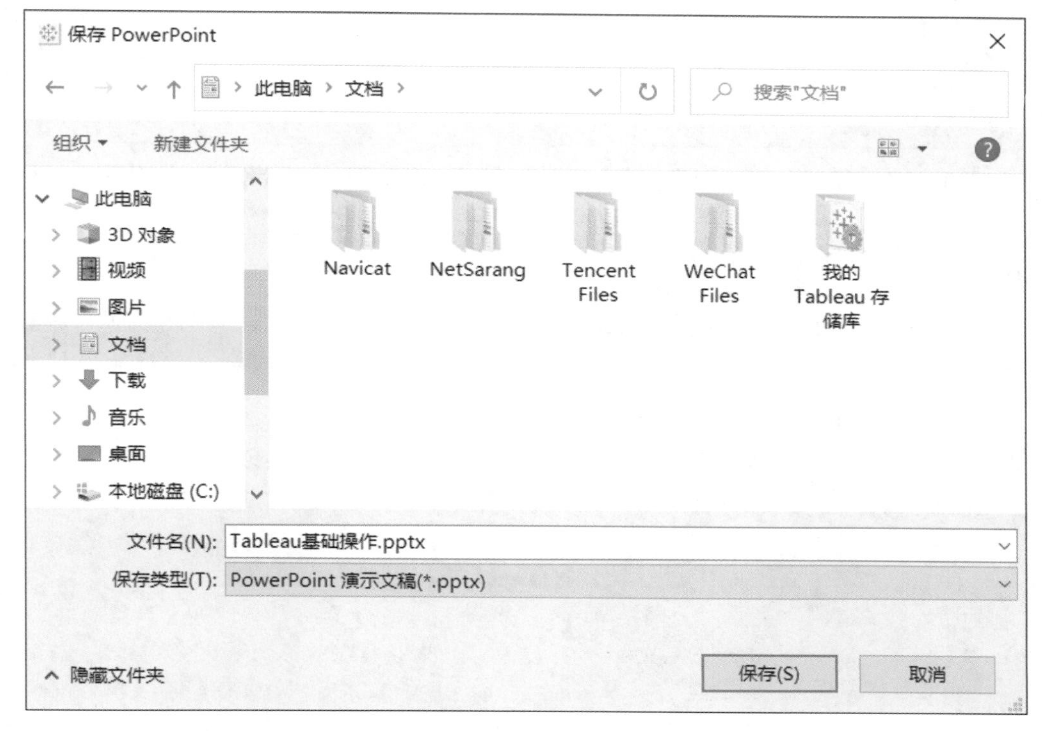

图 3–41 “保存 PowerPoint”对话框

3.4.5 导出低版本文件

在工作中，数据可视化视图一般都需要与同事共享，但是 Tableau Desktop 的版本升级速度较快，各版本之间仅向下兼容，不向上兼容。如果我们使用的是较高的版本，而同事们使用的是较低的版本，那么共享的数据可视化视图同事们可能无法正常打开。

Tableau 可以将较高版本的数据可视化视图导出为较低版本，在菜单栏中执行“文件”→“导出为版本”命令，如图 3–42 所示。注意：如果版本差距较大，某些功能和可视化特征可能会丢失。

在弹出的“导出为版本”对话框中设置需要导出的版本，然后单击“导出”按钮即可，如图 3–43 所示。

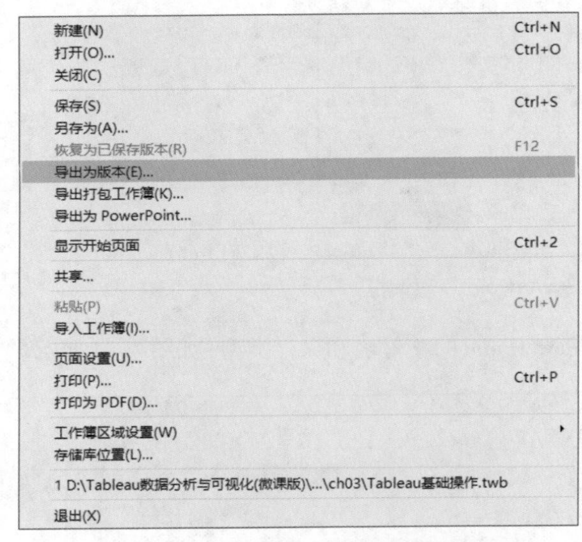

图 3-42　执行“导出为版本”命令

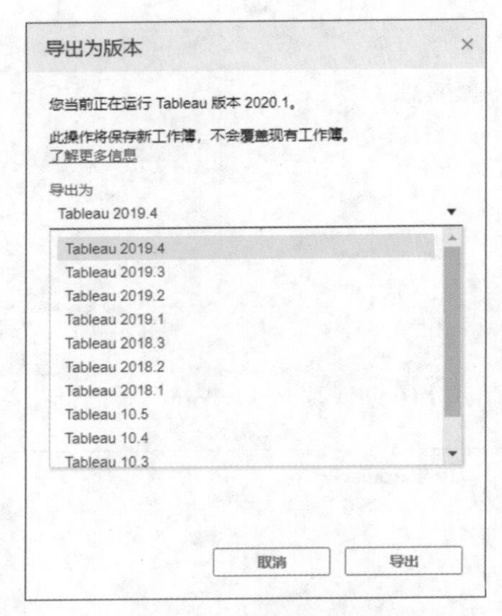

图 3-43　“导出为版本”对话框

3.5　练习题

（1）理解维度和度量的概念，简述如何将度量字段转换为维度字段。

（2）理解连续和离散的概念，简述如何将连续字段转换为离散字段。

（3）列举 3 种将可视化视图放到 PowerPoint 中的方法。

CHAPTER 04

第 4 章 Tableau 高级操作

前面我们学习了 Tableau 可视化分析的基本知识，包括连接各类数据源、工作区的基础操作、数据及视图的导出等。

本章将介绍 Tableau 常用的一些高级操作，如创建字段、表计算、创建参数、函数等，使用的数据源是“商品订单表 .xlsx”。

4.1 创建字段及其案例

4.1.1 创建字段简介

微课视频

在日常的数据分析过程中，一般我们收集整理的数据不完全包含分析所需要的所有字段。

例如，数据源可能包含“销售额”和“利润额”两个字段，但不包括“利润率”这个字段。如果需要明确每种类型商品的利润率情况，就可以使用“销售额”和“利润额”两个字段来创建一个新的“利润率”字段。

4.1.2 创建字段案例

在数据分析过程中，我们往往需要通过“计算字段”对话框创建新字段，或者基于所选字段创建新字段，操作步骤如下。

打开创建字段的编辑器。单击“数据”窗格“维度”右侧的下拉按钮，并选择“创建计算字段”选项，如图 4-1 所示。也可以在菜单栏中执行“分析”→“创建计算字段”命令，如图 4-2 所示。

维度和度量字段都可以直接拖曳到编辑器中。这里我们将“实际配送天数”和“计划配送天数”字段拖曳到编辑器中，并命名为“商品延迟天数”，编辑器右侧是可以使用的函数列表，如图 4-3 所示。

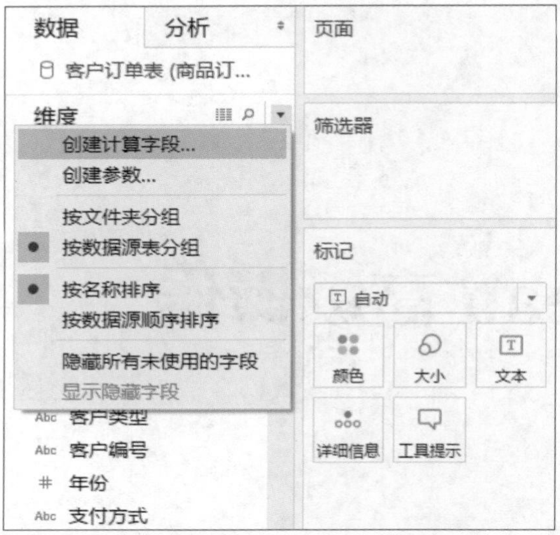

数据 分析 页面 客户订单表 (商品订... 维度 筛选器 创建计算字段... 创建参数... 按文件夹分组 按数据源表分组 标记 按名称排序 按数据源顺序排序 自动 颜色 大小 文本 隐藏所有未使用的字段 显示隐藏字段 客户类型 详细信息 工具提示 客户编号 年份 支付方式

图 4-1 通过“数据”窗格创建计算字段

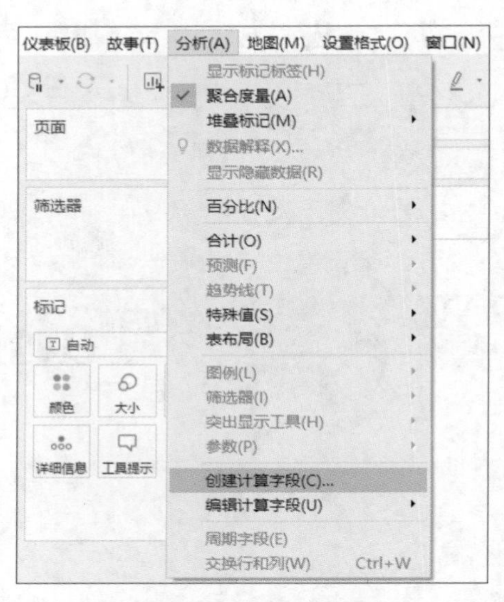

图 4-2 通过菜单栏创建计算字段

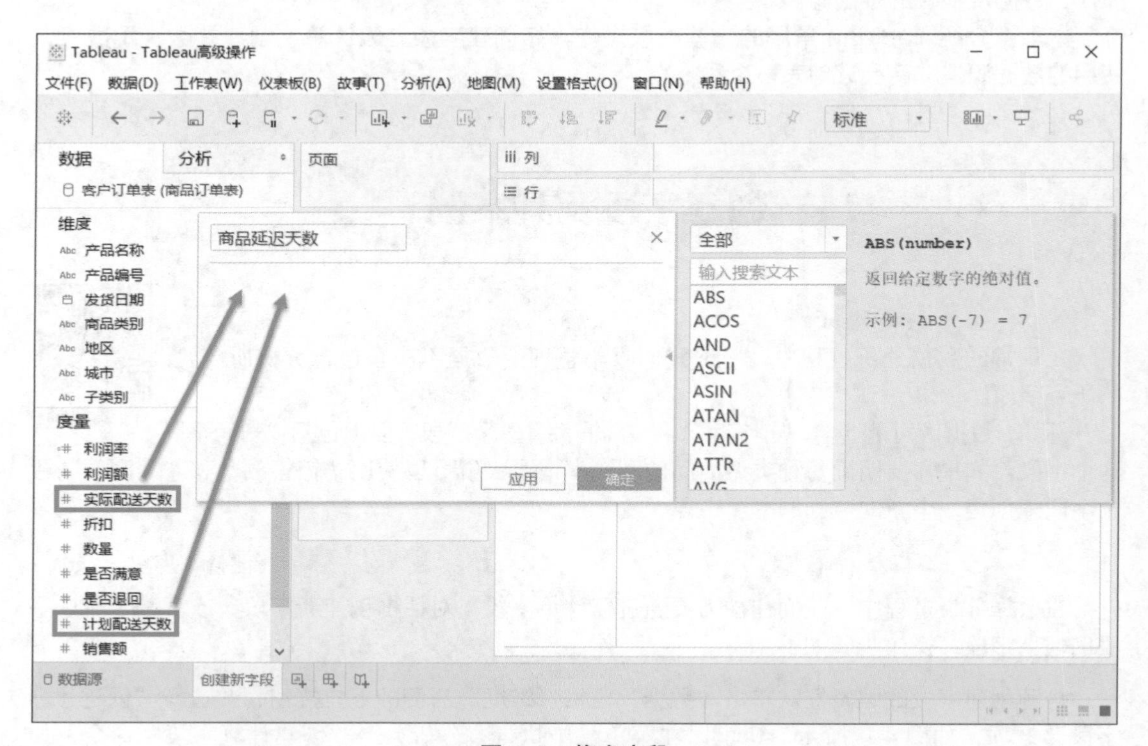

图 4-3 拖曳字段

在编辑器中，如果单击“应用”按钮可保存新创建的字段，并将其添加到“数据”窗格中，且不关闭编辑器；如果单击“确定”按钮，则会保存新创建的字段并关闭编辑器，如图 4-4 所示。其中，Tableau 会将返回字符串或日期类型的新字段保存为维度字段，将返回数值类型的新字段保存为度量字段。

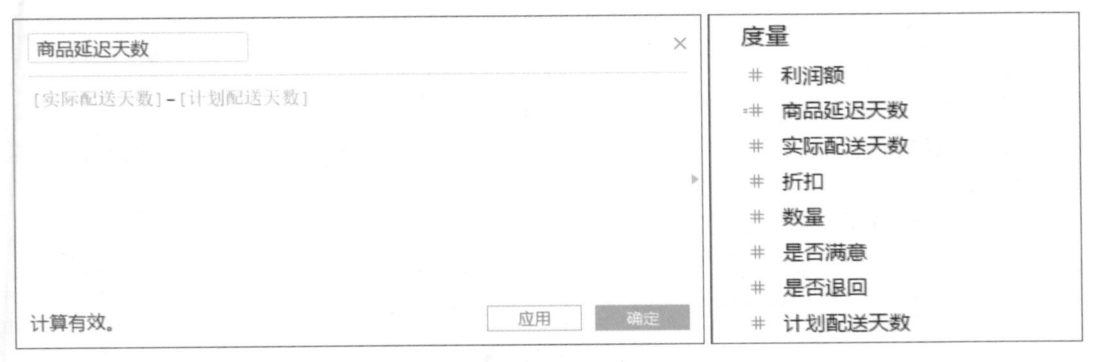

图 4-4　成功创建新字段

此外，在处理比较复杂的公式时，计算编辑器中可能会显示“计算包含错误”。Tableau 允许保存无效的新字段，但是在“数据”窗格中该新字段的右侧会出现一个红色感叹号，在更正无效的新字段之前，该新字段将无法被拖曳到视图中，如图 4-5 所示。

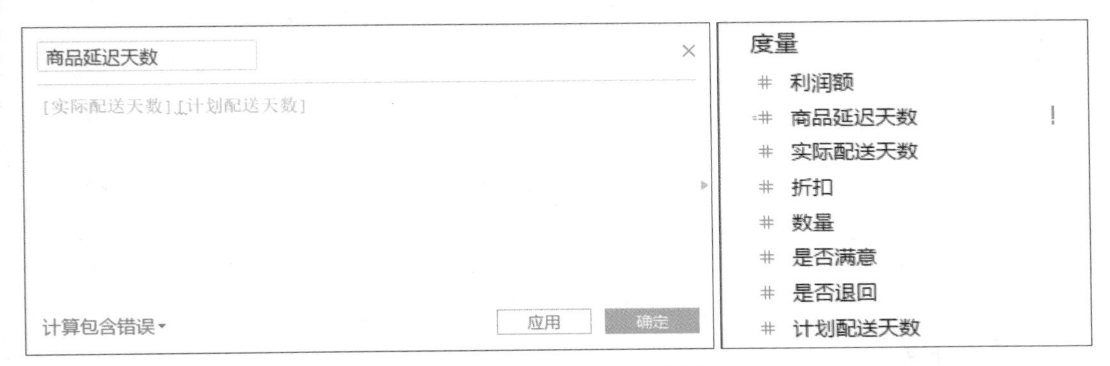

图 4-5　计算包含错误时的显示

4.2　表计算及其案例

4.2.1　表计算简介

微课视频

表计算是指应用于整个表中数据的计算，通常依赖于表结构本身，这些计算的独特之处在于使用数据中的多行数据计算一个值。要创建表计算，需要定义计算目标值和计算对象值，可在“表计算”窗格中通过“计算类型”和“计算对象”下拉列表定义这些值。

在 Tableau 中，表计算的类型主要有以下 8 种。

- 差异：显示绝对变化。
- 百分比差异：显示变化率。
- 百分比：显示为指定数值的百分比。
- 合计百分比：以总额百分比的形式显示值。
- 排序：对数值进行排序。

- 百分位：计算百分位值。
- 汇总：显示累积总额。
- 移动计算：消除短期波动以确定长期趋势。

例如，在包含销售数据的表格中，可以使用“表计算”计算指定日期范围内的销售额汇总值，或者计算一个季度中每种产品对销售总额的贡献等。

1. 打开“表计算”窗格

单击“列”功能区上的“总和(销售额)”字段右侧的下拉按钮，在下拉列表中选择“添加表计算”选项，如图 4-6 所示。

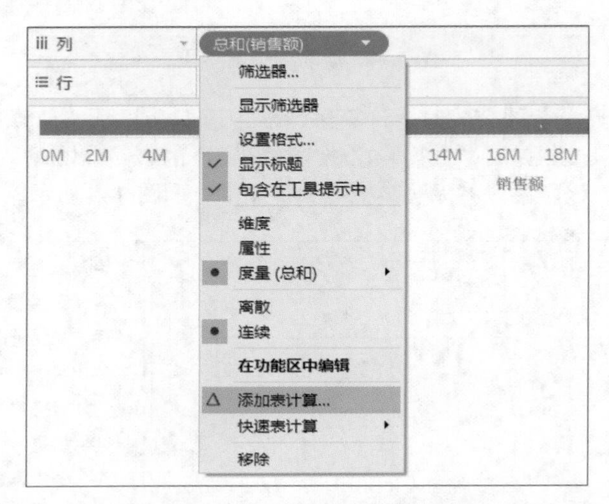

图 4-6　选择“添加表计算”选项

2. 定义计算

在“表计算”窗格中选择要应用的计算类型，这里选择“合计百分比”，如图 4-7 所示。在“表计算”窗格的下半部分定义计算依据，这里选择“表”，如图 4-8 所示。

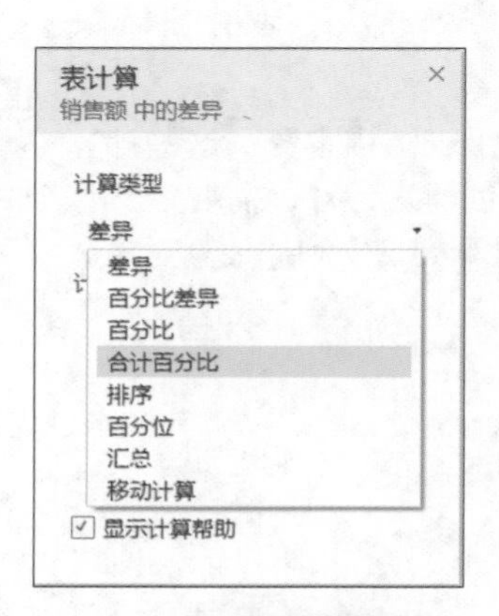

图 4-7　选择计算类型

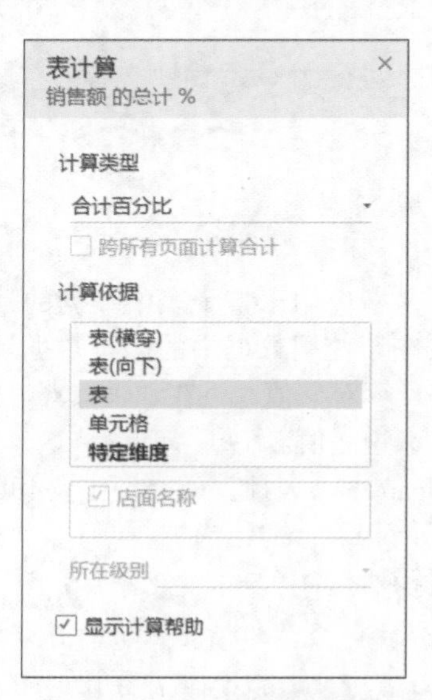

图 4-8　定义计算依据

3. 查看表计算结果

将“门店名称”拖曳到“行”功能区中，原始度量字段现在标记为表计算，还可以对视图进行适当调整和美化，如图 4-9 所示。

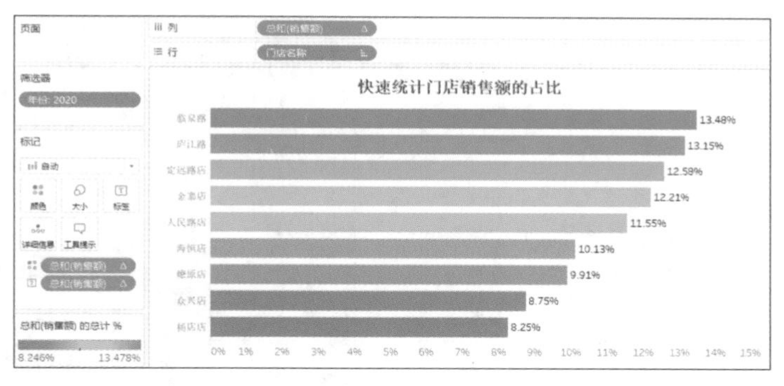

图 4-9　查看表计算结果

4.2.2　表计算案例

假设需要分析 2020 年 6 月不同类型商品的地区利润率，具体步骤如下。

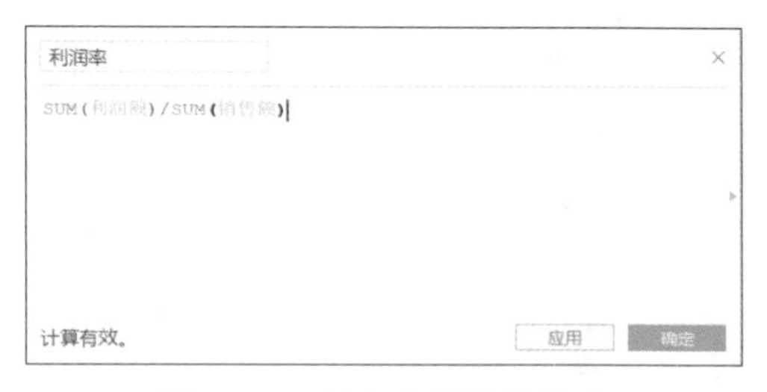

图 4-10　输入变量计算公式

步骤 01 通过计算编辑器创建一个名为“利润率”的新计算字段。利润率等于利润额除以销售额，公式为利润率 =SUM(利润)/SUM(销售额)，如图 4-10 所示。

步骤 02 将“订单日期”拖曳到“筛选器”功能区中，筛选方法主要有“相对日期”“日期范围”和“计数”等类型，这里我们选择“日期范围”下的“年 / 月”选项，如图 4-11 所示。

单击“下一步”按钮，会出现“筛选器”的具体选项，包括“常规”“条件”“顶部”选项卡。其中，“常规”选项卡包括“从列表中选择”“自定义值列表”“使用全部”选项，这里我们选择列表中的“2020 年 6 月”，如图 4-12 所示。

图 4-11　选择“年 / 月”选项

图 4-12　“筛选器”的具体选项

步骤 03 将“地区”拖曳到“列”功能区中，将“利润率”拖曳到“列”功能区中，它的名称将自动更改为“聚合(利润率)”。使用预定义求和聚合，表示聚合计算，将“子类别”拖曳到“行”功能区中。还可以添加“颜色”标记对视图进行适当的美化，效果如图 4-13 所示。

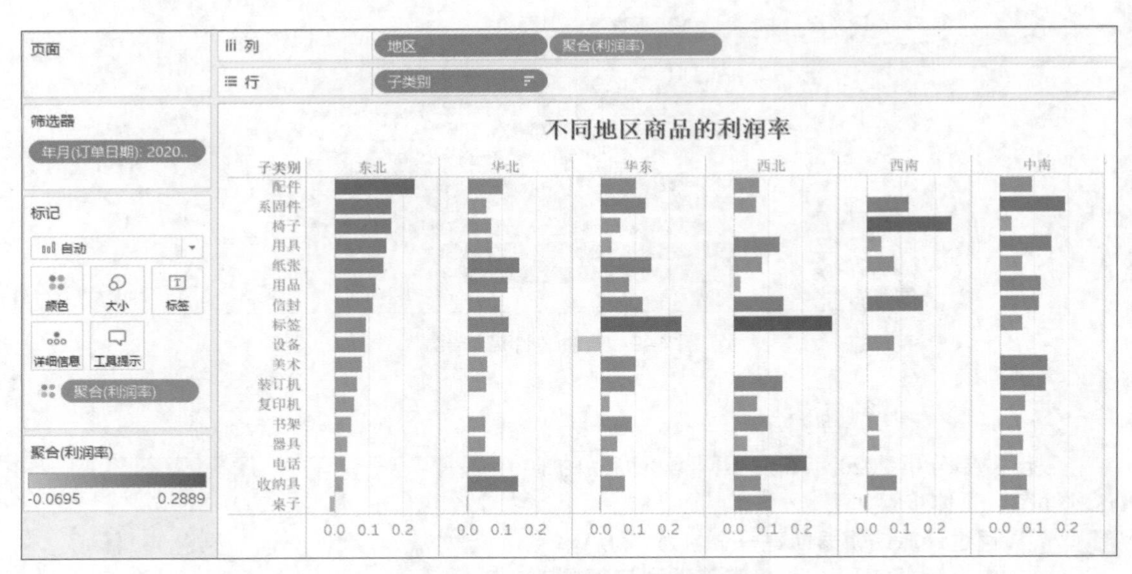

图 4-13　不同地区商品的利润率

4.3　创建参数及其案例

4.3.1　创建参数简介

微课视频

在 Tableau Desktop 中，参数是全局占位符值，例如数字、日期或字符串，可以替换计算、“筛选器”功能区或参考行中的常量值。可以使用参数而不是在“筛选器”功能区中手动设置要显示的数值，在需要更改该值时打开参数控件进行更新。

例如，创建一个实习业务员的月度销售额大于 60000 元时返回“达标”，否则返回“不达标”的计算字段时，可以在公式中使用参数来替换常量值“60000”，然后使用参数控件来动态更改计算中的阈值。

4.3.2　创建参数案例

下面结合具体的案例介绍如何在“筛选器”中使用参数。例如，当通过“筛选器”显示销售额排名前 10 名的城市，希望使用参数而不是固定值 10 时，可以快速更新“筛选器”来显示销售额前 10、前 20 或前 30 名的城市。

创建参数的具体操作步骤如下。

单击“数据”窗格中“维度”右侧的下拉按钮打开下拉列表，选择“创建参数”选项，如图 4-14 所示。

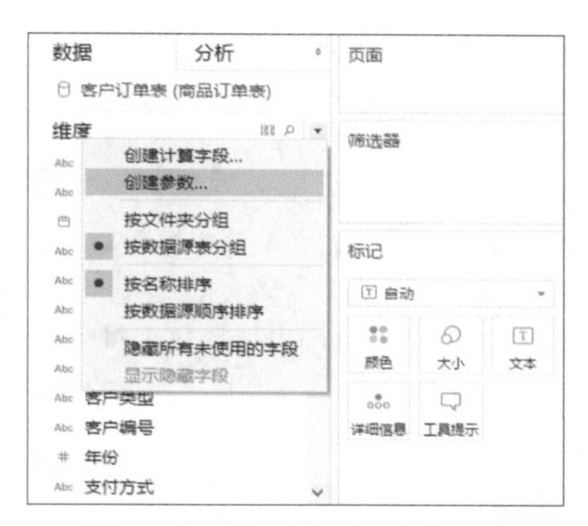

图 4–14　选择“创建参数”选项

在“创建参数”对话框中为字段指定一个名称，这里命名为“前 N 名”，并指定参数的数据类型，如图 4–15 所示。

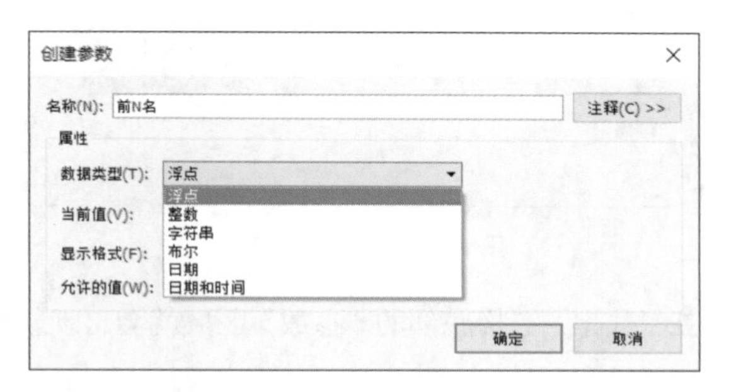

图 4–15　“创建参数”对话框

“当前值”是参数的默认值，对于浮点型的数据，“当前值”的默认值是 1。然后指定要在参数控件中使用的显示格式，由于参数是城市的销售额排名，因此这里选择“显示格式”为“数字（标准）”，如图 4–16 所示。

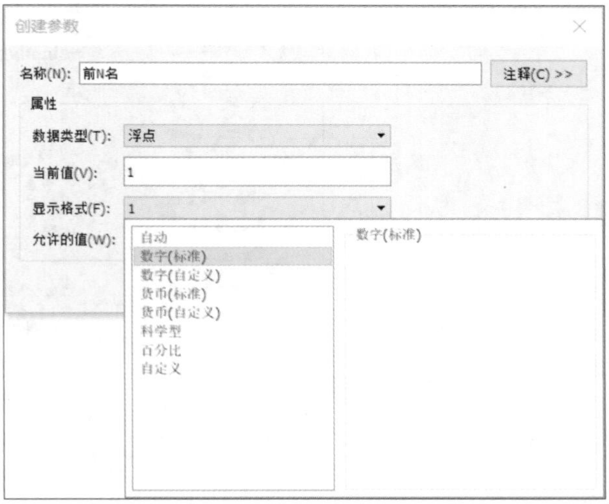

图 4–16　设置“显示格式”

指定参数接收数值的方式有以下 3 种选项。

- 全部：参数控件是一个简单的文本值。
- 列表：参数控件是可选择的数值列表。
- 范围：参数控件是指定范围中的数值。

这些选项的可用性由数据类型确定。例如，字符串参数只能接收“全部”或“列表”方式。

如果选择“范围”，则必须指定“最小值”“最大值”“步长”。例如，可以定义介于 1 ~ 50 的数值，并将“步长”设置为“1”以创建可用来选择每个排名的参数控件，如图 4-17 所示。

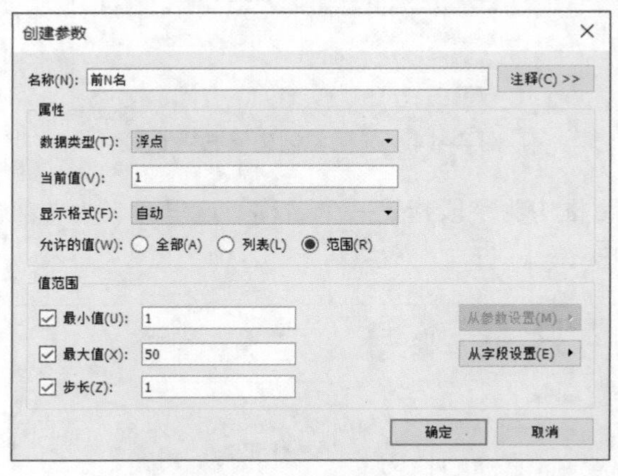

图 4-17　设置值范围

单击“确定”按钮，在“数据”窗格底部的“参数”区域就会出现新创建的参数，如图 4-18 所示。

可以通过“数据”窗格或参数控件来编辑参数。在“数据”窗格中右击该参数，选择“编辑”选项，如图 4-19 所示，并在“编辑参数”对话框中进行必要的修改。

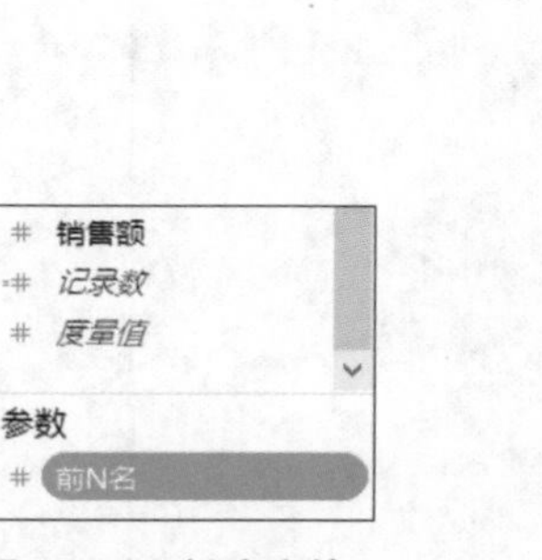

图 4-18　创建完毕

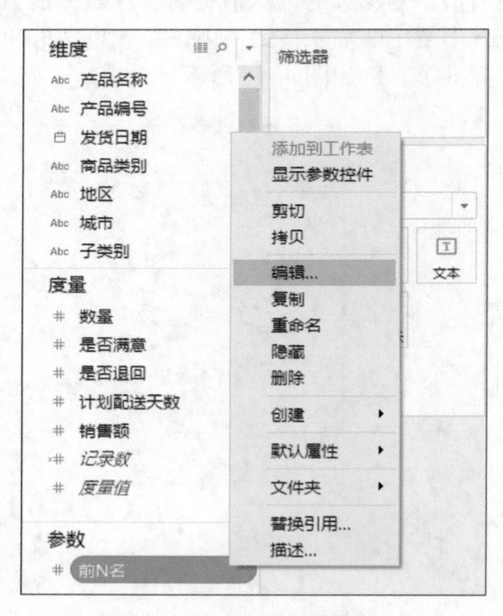

图 4-19　编辑参数

截至目前，“前 N 名”参数已经创建完毕，下面制作各个城市销售额排名的条形图，效果如图 4-20 所示。具体绘制过程可以参考“5.1 节简单视图的可视化”。

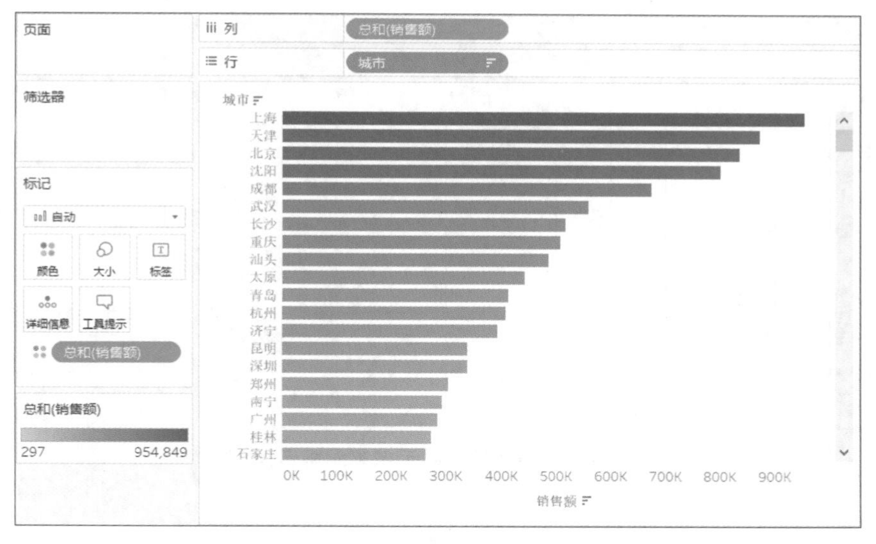

图 4-20 销售额排名条形图

然后将“城市”字段拖曳到“筛选器”中，在弹出的“筛选器 [城市]”对话框中单击“顶部”选项卡，选择“按字段”，并在“顶部”右侧的下拉列表中选择新创建的“前 N 名”参数，“依据”是“销售额”，如图 4-21 所示。

显示参数控件。在“数据”窗格中右击参数并选择“显示参数控件”选项，如图 4-22 所示。使用参数控件就可以修改“筛选器”以显示销售额排名前 10、前 15 或前 20 名的城市，如图 4-23 所示。

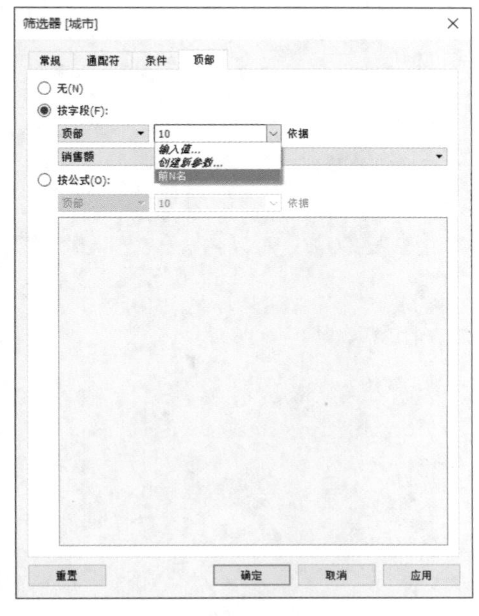

图 4-21 “筛选器 [城市]”对话框

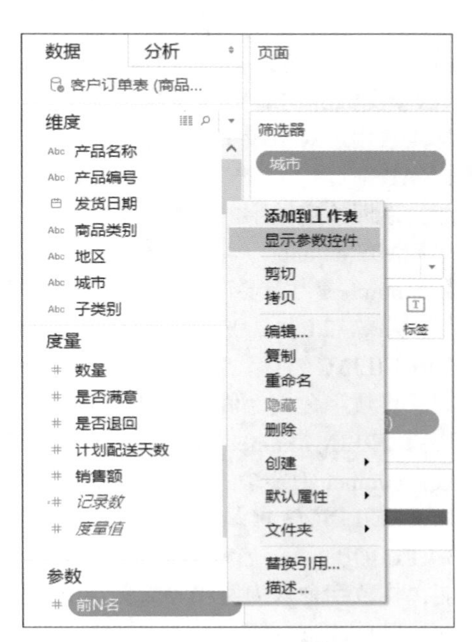

图 4-22 显示参数控件

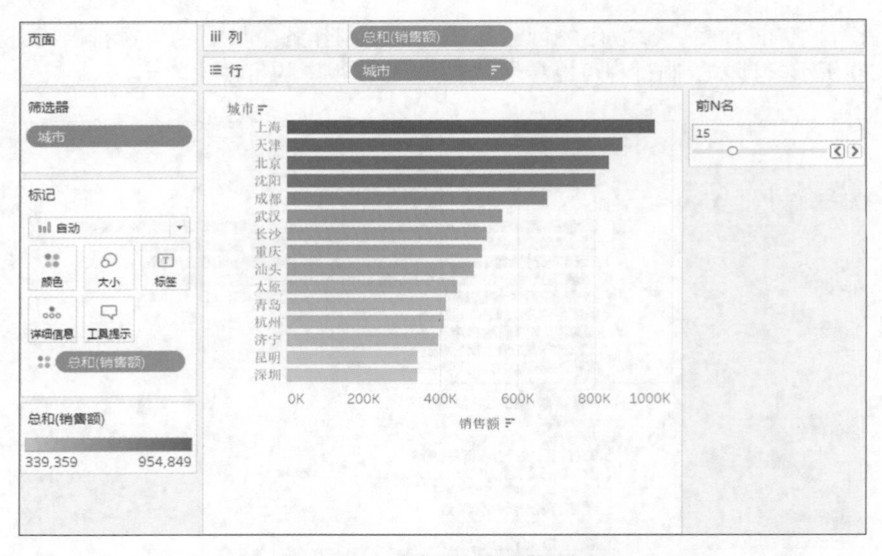

图 4-23　动态显示销售额排名

4.4　函数应用及其案例

4.4.1　常用函数简介

函数是指一段可以直接被另一段程序或代码引用的程序或代码。Tableau 与其他软件一样，也包含丰富的函数，主要包括数学函数、字符串函数、日期函数、数据类型转换函数、逻辑函数、聚合函数等。下面介绍一些比较常用的函数，如果想要深入了解 Tableau 的函数，可以参阅本书的附录部分。

微课视频

1．数学函数的功能和用法

数学函数用于对字段中的数值进行运算，且只能用于包含数值的字段。

（1）ABS

功能：返回给定数字的绝对值。

语法：ABS(number)。

参数：number 为需要计算其绝对值的数值。

例如：ABS(−2.08)=2.08。

（2）CEILING

功能：将数字舍入为值相等或更大的最近整数。

语法：CEILING(number)。

参数：number 为要舍入的数值。

例如：CEILING(3.14)=4。

（3）FLOOR

功能：将数字舍入为值相等或更小的最近整数。

语法：FLOOR(number)。

参数：number 为要舍入的数值。
例如：FLOOR(3.14)=3。
（4）DIV
功能：返回整数 1 除以整数 2 的结果的整数部分。
语法：DIV(number1, number 2)。
参数：number 1 是被除数，number 2 是除数。
例如：DIV(17,2)=8。
（5）EXP
功能：返回 e 的给定数字次幂。
语法：EXP(number)。
参数：number 为底数 e 的指数。
例如：EXP(2)=7.389。
（6）LN
功能：返回数字的自然对数，自然对数以常数 e（2.71828182845904）为底数。
语法：LN(number)。
参数：number 为想要计算其自然对数的实数。
例如：LN(EXP(3))=3。
（7）LOG
功能：返回数字以给定底数为底的对数，如果省略底数值，就使用底数 10。
语法：LOG(number,[base])。
参数：number 为想要计算其对数的正实数；base 为对数的底数，若省略，则其值为 10。
例如：LOG(100,10)=2。
（8）MAX
功能：返回两个参数（必须为相同数据类型）中的较大值，如果有参数为 Null，就返回 Null。
语法：MAX(number,number)。
参数：number 为需要比较大小的数值或文本。
例如：MAX(806.16,869.92)=869.92。
（9）MIN
功能：返回两个参数（必须为相同数据类型）中的较小值，如果有参数为 Null，就返回 Null。
语法：MIN(number,number)。
参数：number 为需要比较大小的数值或文本。
例如：MIN(Null,869.92)=Null。
（10）POWER
功能：返回计算数字的指定次幂。
语法：POWER(number,power)。
参数：number 为基数，可以为任意实数；power 为基数乘幂运算的指数。
例如：POWER(5,2)=25，也可以使用“^”符号，如 5^2=POWER(5,2)=25。
（11）ROUND
功能：将数字舍入为指定位数。
语法：ROUND(number,[decimals])。
参数：number 为要四舍五入的数字，decimals 为数字舍入后指定的位数。
例如： ROUND([销售额],2) 表示将“销售额”的值四舍五入为两位小数。

（12）SIGN

功能：返回数字的符号，当数字为负时返回 -1，数字为零时返回 0，数字为正时返回 1。

语法：SIGN(number)。

参数：number 为任意实数。

例如：若“利润额”字段的平均值为负值，则 SIGN(AVG([利润额]))=-1。

（13）SQRT

功能：返回数值的平方根。

语法：SQRT(number)。

参数：number 为要计算其平方根的数字。

例如：SQRT(36)=6。

（14）SQUARE

功能：返回数值的平方。

语法：SQUARE(number)。

参数：number 为要计算其平方的数字。

例如：SQUARE(7)=49。

（15）PI

功能：返回数值常量。

语法：PI()。

参数：无。

例如：PI()=3.14159。

2. 字符串函数的功能和用法

字符串函数也叫字符串处理函数，指的是用来进行字符串数据处理的函数。

（1）LEFT

功能：返回字符串中最左侧一定数量的字符。

语法：LEFT(string,number)。

参数：string 为要提取字符的文本字符串，number 为提取的字符数量。

例如：LEFT("Tableau",2)="Ta"。

（2）RIGHT

功能：返回字符串中最右侧一定数量的字符。

语法：RIGHT(string,number)。

参数：string 为要提取字符的文本字符串，number 为提取的字符数量。

例如：RIGHT("Tableau",2)="au"。

（3）MID

功能：返回从索引位置开始的字符串，字符串中第一个字符的位置为 1。

语法：MID(string,start,[length])。

参数：string 为搜索的文本字符串，start 为索引的开始位置，length 为提取的字符长度。

例如：MID("Tableau",2,4)="able"。

（4）LEN

功能：返回字符串的长度。

语法：LEN(string)。

参数：string 为要统计长度的文本字符串。

例如：LEN("Tableau")=7。

（5）LTRIM
功能：返回移除所有左侧空格后的字符串。
语法：LTRIM(string)。
参数：string 为要移除左侧空格的文本字符串。
例如：LTRIM("Tableau")="Tableau"。
（6）RTRIM
功能：返回移除所有右侧空格后的字符串。
语法：RTRIM(string)。
参数：string 为要移除右侧空格的文本字符串。
例如：RTRIM("Tableau")="Tableau"。
（7）TRIM
功能：返回移除左侧和右侧空格后的字符串。
语法：TRIM(string)。
参数：string 为要移除左侧和右侧空格的文本字符串。
例如：TRIM("Tableau")="Tableau"。
（8）STARTSWITH
功能：如果给定字符串以指定的子字符串开头，就返回 true，此时会忽略前导空格。
语法：STARTSWITH(string,substring)。
例如：STARTSWITH ("Joker","Jo")=true。
（9）ENDSWITH
功能：如果给定字符串以指定的子字符串结尾，就返回 true，此时会忽略尾随空格。
语法：ENDSWITH(string,substring)。
参数：string 为给定的文本字符串，substring 为指定的子文本字符串。
例如：ENDSWITH("Tableau","leau")=true。
（10）FIND
功能：返回子字符串在字符串中的索引位置，如果未找到子字符串，就返回 0。
语法：FIND(string,substring,[start])。
参数：string 为给定的文本字符串，substring 为指定的子字符串，start 为开始位置。
例如：FIND("Tableau","ab")=2。
（11）FINDNTH
功能：返回指定字符串内第 *n* 个子字符串的位置，其中 *n* 由 occurrence 参数定义。
语法：FINDNTH(string,substring,occurrence)。
参数：string 为给定的文本字符串，substring 为指定的子字符串，occurrence 为次数。
例如：FINDNTH("Calculation","a", 2)=7。
（12）CONTAINS
功能：如果给定字符串中包含指定的子字符串，就返回 true。
语法：CONTAINS(string, substring)。
参数：string 为给定的文本字符串，substring 为指定的子字符串。
例如：CONTAINS("Calculation","alcu")=true。
（13）REPLACE
功能：在给定的字符串中搜索子字符串，并将其替换为指定的字符串，若未找到就保持不变。
语法：REPLACE(string,substring,replacement)。

参数 string 为给定的文本字符串，substring 为要搜索的字符串，replacement 为要替换为的字符串。

例如：REPLACE("Tableau 2019","2019","2020")="Tableau 2020"。

（14）LOWER

功能：返回字符串，其所有字符为小写。

语法：LOWER(string)。

参数：string 为需要转换为小写的字符串。

例如：LOWER("Tableau")="tableau"。

（15）UPPER

功能：返回字符串，其所有字符为大写。

语法：UPPER(string)。

参数：string 为需要转换为大写的字符串。

例如：UPPER("Calculation")="CALCULATION"。

3. 日期函数的功能和用法

日期函数用于对数据源中的日期进行操作。Tableau 提供了多种日期函数，许多日期函数使用时间间隔（date_part）作为一个常量字符串参数，日期函数中可以使用的有效 date_part 参数值如表 4-1 所示。

表 4-1　日期函数中可以使用的有效 date_part 参数值

date_part	参数值
'year'	4 位数年份
'quarter'	1 ~ 4 季度
'month'	1 ~ 12 月或 January、February 等月份
'dayofyear'	一年中的第几天；1 月 1 日为 1、2 月 1 日为 32，以此类推
'day'	1 ~ 31 天
'weekday'	星期 1 ~ 7 或 Sunday、Monday 等
'week'	1 ~ 52 周
'hour'	0 ~ 23 小时
'minute'	0 ~ 59 分钟
'second'	0 ~ 60 秒

（1）NOW

功能：返回当前日期和时间。

语法：NOW()。

参数：无。

例如：NOW()=2020-10-15 10:10:21PM。

（2）TODAY

功能：返回当前日期。

语法：TODAY()。

参数：无。

例如：TODAY()=2020-10-15。

（3）DAY

功能：以整数形式返回给定日期中的天数。

语法：DAY(date)。

参数：date 为日期格式的数据。

例如：DAY(#2020-11-12#)=12。

（4）MONTH

功能：以整数形式返回给定日期中的月份。

语法：MONTH(date)。

参数：date 为日期格式的数据。

例如：MONTH(#2020-10-15#)=10。

（5）YEAR

功能：以整数形式返回给定日期中的年份。

语法：YEAR(date)。

参数：date 为日期格式的数据。

例如：YEAR(#2020-10-15#)=2020。

（6）DATEDIFF

功能：返回两个日期的差，以时间间隔的单位表示。

语法：DATEDIFF(date_part,date1,date2,[start_of_week])。

参数：date_part 为日期频率，date1 和 date2 为日期格式数据，start_of_week 为开始周数。

例如：DATEDIFF('day',[订单日期],[发货日期]) 将返回“发货日期”与“订单日期”的天数之差。

（7）DATENAME

功能：以字符串的形式返回日期的时间间隔。

语法：DATENAME(date_part,date,[start_of_week])。

参数：date_part 为日期频率，date 为日期格式数据，start_of_week 为开始周数。

例如：DATENAME('month',#2020-04-15#)="April"。

（8）DATEPART

功能：以整数的形式返回日期的时间间隔。

语法：DATEPART(date_part,date,[start_of_week])。

参数：date_part 为日期频率，date 为日期格式数据，start_of_week 为开始周数。

例如：DATEPART ('month',#2020-04-15#)=4。

4. 数据类型转换函数的功能和用法

数据类型转换函数用于将字段从一种数据类型转换为另一种数据类型。例如，STR([折扣]) 表示将数值类型的“折扣”转换为字符串值，Tableau 将不能对其进行聚合。

（1）DATE

功能：在给定数字、字符串或日期表达式的情况下返回日期。

语法：DATE(expression)。

参数：expression 为给定的数字、字符串或日期表达式。

例如：DATE("April15, 2020")=#April15,2020#，引号不可省略。

（2）DATETIME

功能：在给定数字、字符串或日期表达式的情况下返回日期时间。

语法：DATETIME(expression)。

参数：expression 为给定的数字、字符串或日期表达式。

例如：DATETIME("April15, 2020 07:59:00")=April15,2020 07:59:00。

（3）FLOAT

功能：将参数转换为浮点数。

语法：FLOAT(expression)。

参数：expression 为给定的数字或字符串表达式。

例如：FLOAT(3)=3.000,FLOAT([Age]) 已将“Age”字段中的每个值转换为浮点数。

（4）INT

功能：将参数转换为整数；如果参数为表达式，此函数会将结果截断为最接近于 0 的整数。

语法：INT(expression)。

参数：expression 为给定的数字或字符串表达式。

例如：INT(8.0/3.0)=2、INT(4.0/1.5)=2、INT(0.50/1.0)=0、INT(−9.7)=−9，字符串转换为整数时会先转换为浮点数，然后舍入。

（5）STR

功能：将参数转换为字符串。

语法：STR(expression)。

参数：expression 为给定的数字、字符串或日期表达式。

例如：STR([Age]) 会提取名为“Age”的度量字段中的所有值，并将这些值转换为字符串。

5. 逻辑函数的功能和用法

逻辑函数用于确定某个特定条件为真还是假。例如，SUM([利润额]) > 500 将确定订单利润额是否大于 500 元，如果大于就返回真，否则返回假。

（1）CASE … WHEN … THEN … ELSE … END

功能：使用 CASE 函数执行逻辑测试并返回指定的值。

语法：CASE expression WHEN value1 THEN return1 WHEN value2 THEN return2…ELSE default return END。

参数：expression 为给定的数字、字符串或日期表达式。

例如：CASE [Region] WHEN"West"THEN 1 WHEN"East"THEN 2 ELSE 3 END。

（2）IIF

功能：使用 IIF 函数执行逻辑测试并返回指定的值，其功能类似 Excel 中的 IF 函数。

语法：IIF(test,then,else,[unknown])。

参数：test 为判断条件，当结果为真时就取 then 部分，否则取 else 部分。

例如：IIF(7>5,"Seven is greater than five","Seven is less than five")。

（3）IF … THEN … END/IF … THEN … ELSE … END

功能：使用 IF … THEN … ELSE 函数执行逻辑测试并返回指定的值。

语法：IF test THEN value END/IF test THEN value ELSE else END。

参数：test 为判断条件，当结果为真时就取 value 部分，否则取 else 部分。

例如：IF [利润额]>[成本] THEN" 有利润 "ELSE" 亏损 "END。

（4）IF … THEN … ELSEIF … THEN … ELSE … END

功能：使用 IF … THEN … ELSEIF 函数递归执行逻辑测试并返回合适的值。

语法：IF test1 THEN value1 ELSEIF test2 THEN value2 ELSE else END。

参数：test1 为判断条件 1，当结果为真时取 value1 部分，否则 test2 为真取 value2 部分，否则取 else 部分。

例如：IF [地区]=" 华东 "THEN 1 ELSEIF [地区]=" 华北 "THEN 2 ELSE 3 END。

（5）IFNULL

功能：如果结果不为 Null，IFNULL 函数就返回第一个表达式，否则返回第二个表达式。

语法：IFNULL(expression1, expression2)。

参数：expression1 和 expression2 为数据表达式。

例如：IFNULL([Proft],0)=[Profit]。

6. 聚合函数的功能和用法

聚合函数用于进行汇总或更改数据的粒度，它用于对一组数据进行计算并返回单个值，也被称为组函数。

（1）AVG

功能：返回给定表达式中所有值的平均值，且只能用于数字字段并忽略 Null 值。

语法：AVG(expression)。

参数：expression 为给定的数值表达式。

例如：AVG([销售额])=586.09。

（2）COUNT

功能：返回给定组中的项目数，不对 Null 值计数。

语法：COUNT(expression)。

参数：expression 为给定的数字、字符串或日期表达式。

例如：COUNT([支付方式])=19490。

（3）COUNTD

功能：返回给定组中不同项目的数量，不对 Null 值计数。

语法：COUNTD(expression)。

参数：expression 为给定的数字、字符串或日期表达式。

例如：COUNTD([支付方式])=4。

（4）VAR

功能：基于样本返回给定表达式中所有值的统计方差。

语法：VAR(expression)。

参数：expression 为给定的数值表达式。

例如：VAR([利润额])=1.7161。

（5）STDEV

功能：基于样本返回给定表达式中所有值的统计标准差。

语法：STDEV(expression)。

参数：expression 为给定的数值表达式。

例如：STDEV([利润额])=1.31。

（6）PERCENTILE

功能：从给定表达式中返回与指定数字对应的百分位处的值，指定数字介于 0 ~ 1。

语法：PERCENTILE(expression,number)。

参数：expression 为给定的数值表达式，number 为介于 0 ~ 1 的数值。

例如：PERCENTILE([利润额],0.25)=0.586。

4.4.2 函数应用案例

下面结合具体的案例介绍如何应用函数，例如绘制不同类型商品的销售额散点图。通常，散点图需要多个度量字段来实现，但是需求中只有一个“销售额”度量字段，其他都是维度字段，那么一个度量字段与多个维度字段的散点图应该如何绘制呢？

上述情况相对比较复杂，下面详细介绍其绘制过程，具体步骤如下。

导入数据后，将“商品类别”和“销售额”字段分别拖曳到“列”功能区和“行”功能区中，并将“子类别”拖曳到“颜色”标记上，生成如图 4-24 所示的条形图。

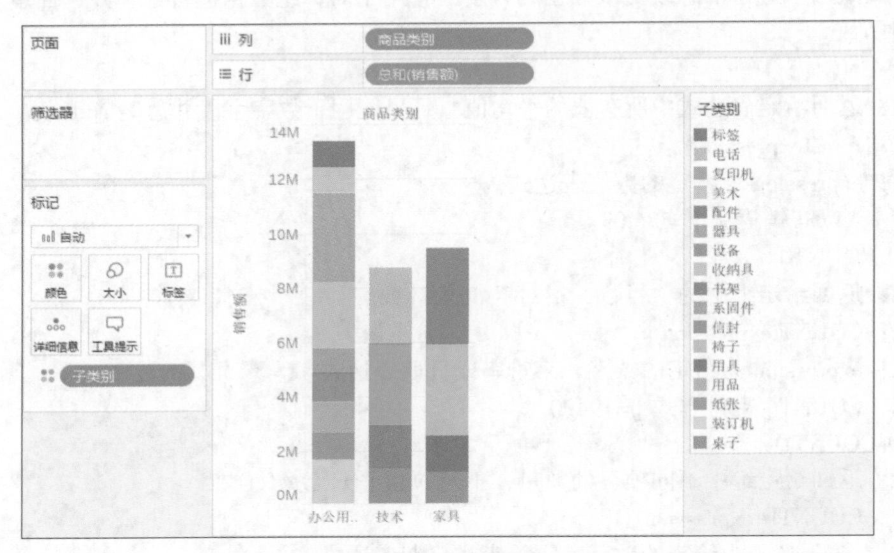

图 4-24　绘制条形图

将视图显示设置为“整个视图”，在“标记”卡中把条形图调整为圆，如图 4-25 所示。

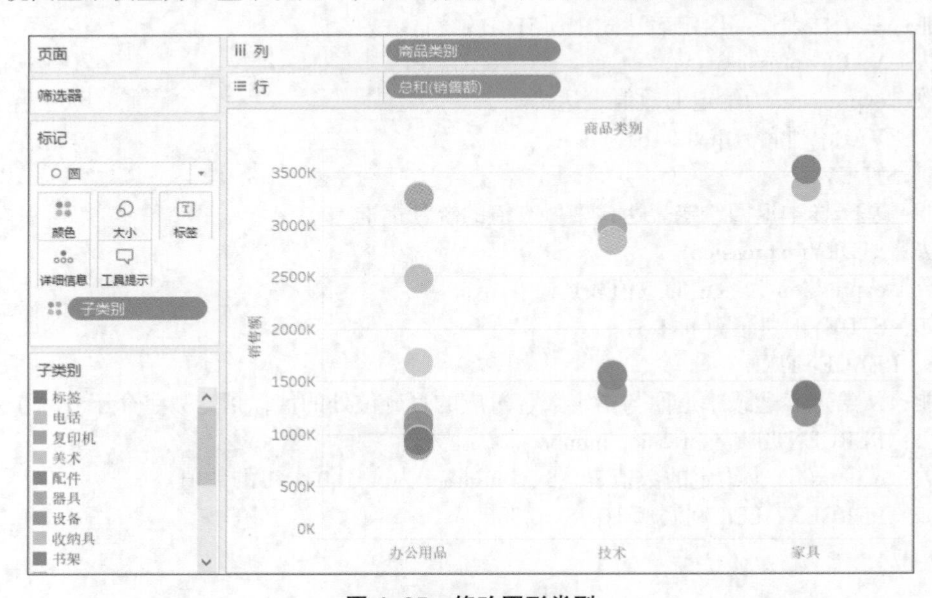

图 4-25　修改图形类型

接下来，用 INDEX 函数创建一个计算字段，公式中的数字代表散点的列数。本例希望呈现出来的散点能排列得密集一点，所以设置为 50，如图 4-26 所示。

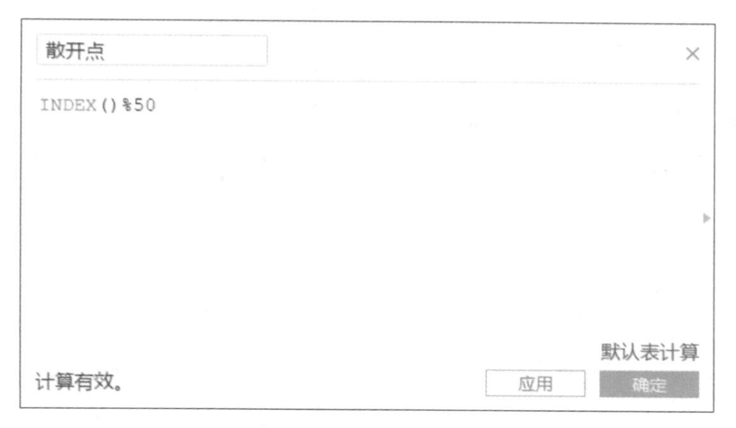

图 4-26　创建散点字段

将创建好的字段拖曳到“列”功能区中，并设置计算字段的“计算依据”，这是为了使点按照设定的子类别散开，如图 4-27 所示。否则，这些点会在同一条直线上。

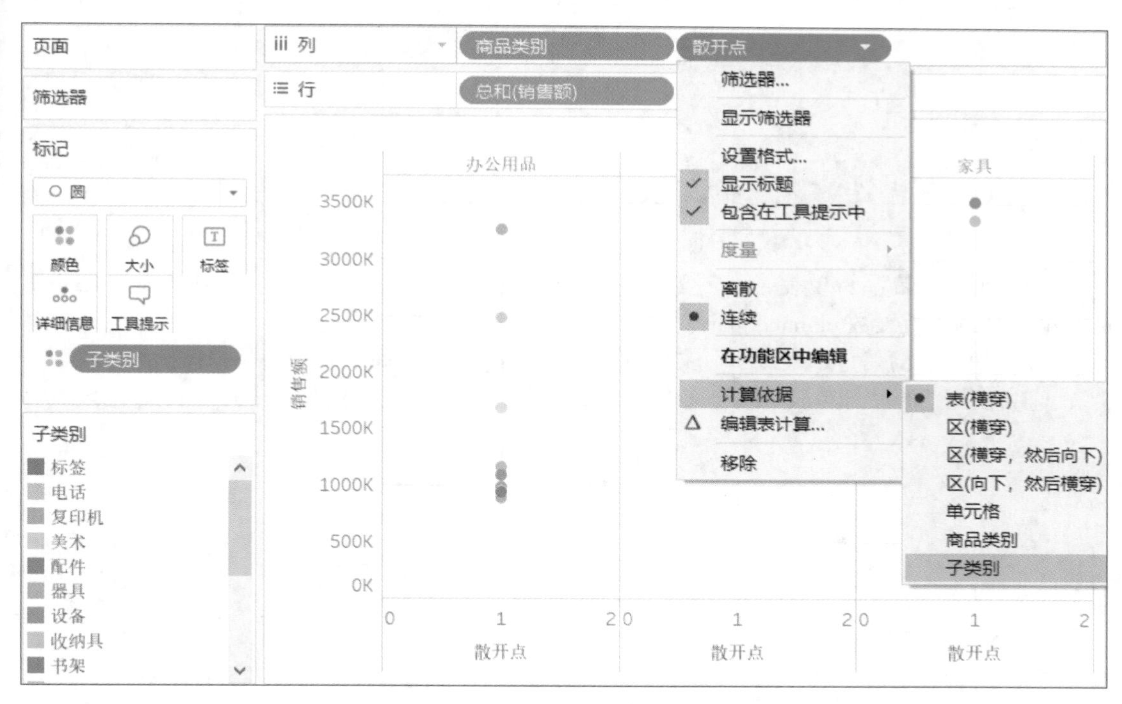

图 4-27　设置“计算依据”

至此，我们通过 INDEX 函数得到了可以直观查看类别详情的散点图，如图 4-28 所示。如果不喜欢圆点，可以在“标记”卡中将圆点改为其他类型。

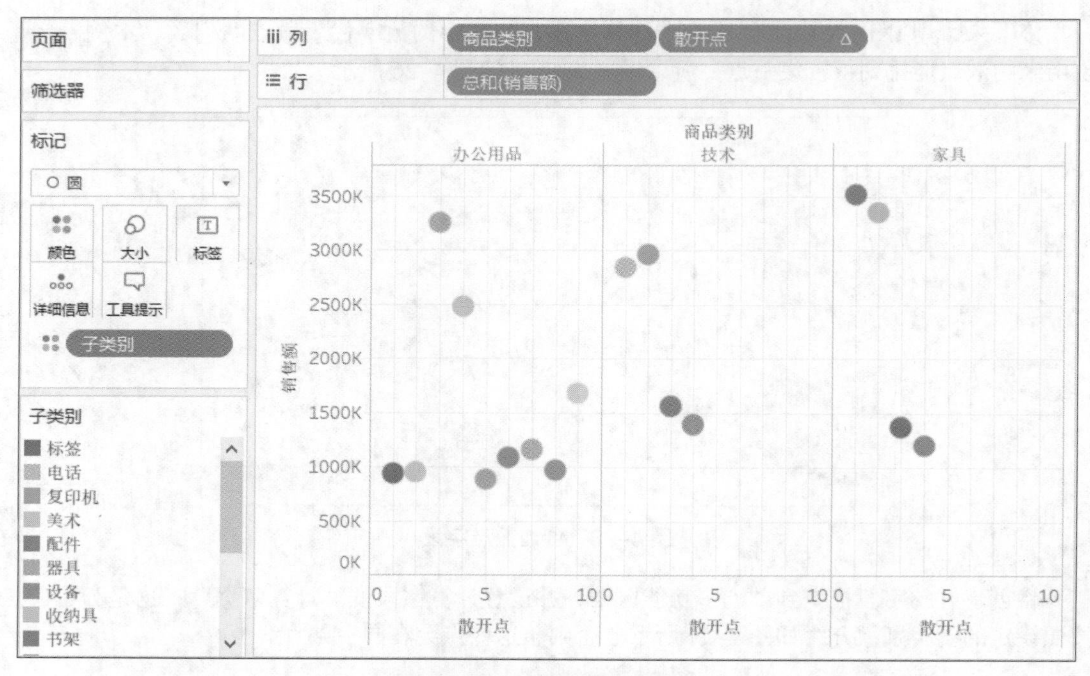

图 4-28　商品类型的散点图

4.5　练习题

（1）使用“商品订单表.xlsx”文件创建“延迟到货天数”字段（即实际到货天数 landed_days 减去计划到货天数 planned_days）。

（2）使用“商品订单表.xlsx”文件统计2020年该企业在每个省份商品销售额的中位数。

（3）使用“商品订单表.xlsx”文件创建2020年该企业各类型商品每个月的利润率条形图。

CHAPTER 05

第5章 Tableau数据可视化

与其他可视化软件相比，Tableau通过简单的拖曳就可以生成比较美观的图形，为我们的工作节约了大量的人力成本和时间成本，尤其是对于一些重复的工作。

本章将通过实例详细介绍如何使用Tableau创建一些常用的视图，如条形图、饼图、直方图、折线图、气泡图、树状图、散点图、箱形图、环形图、倾斜图等。除此之外，其他视图都位于Tableau界面右上方的“智能显示”区域。本章还介绍了使用Tableau进行统计分析的可视化、地理数据的可视化等内容。本章使用的数据源主要是“商品订单表.xlsx”。

5.1 简单视图的可视化

5.1.1 条形图

条形图是一种把连续数据绘制成数据条的表现形式，通过比较条形的长度，从而比较不同组的数据量大小，例如客户的性别、受教育程度、购买方式等。绘制条形图时，不同的数据组之间是有空隙的，如果没有空隙就是直方图，数据条可分为垂直条和水平条。

微课视频

条形图的主要类型如下。

（1）簇状条形图和三维簇状条形图：簇状条形图用于比较各个类别的值，通常用垂直轴显示类别；三维簇状条形图以三维格式显示水平矩形。

（2）堆积条形图和三维堆积条形图：堆积条形图用于显示单个项目与整体之间的关系；三维堆积条形图以三维格式显示水平矩形，而不以三维格式显示数据。

（3）百分比堆积条形图和三维百分比堆积条形图：两者通常用于比较各个类别的每一个数值所占总数值的百分比大小。

例如，要创建一个不同子类别商品的利润额条形图，具体步骤如下。

连接“商品订单表.xlsx”数据源后，将“度量”区域中的“利润额”字段拖曳到“列”功能区中，将“维度”区域中的“子类别”字段拖曳到“行”功能区中，Tableau会自动生成条形图以显示不同商品在各个子类别上的利润额，如图5-1所示。

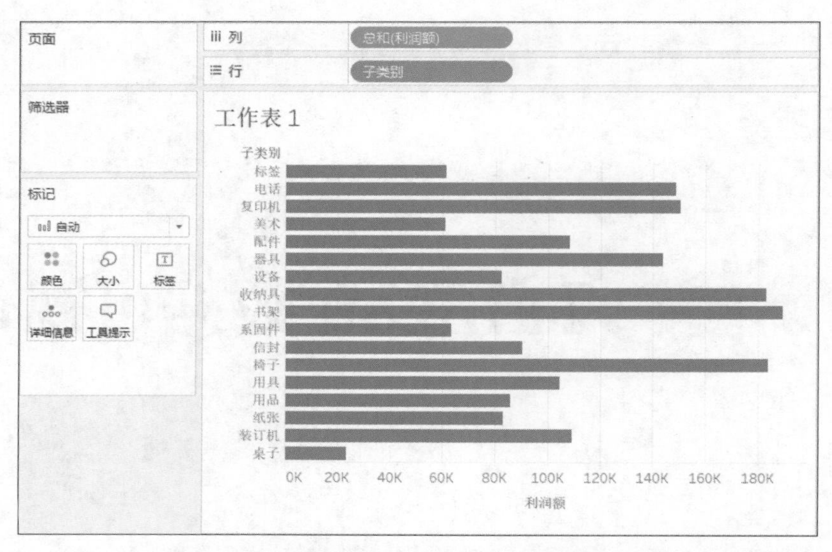

图 5-1　将变量拖曳到“行”和“列”功能区中

然后将“利润额”字段拖曳到“颜色”和“标签”标记上，设置图形颜色并添加视图标题等，调整后的效果如图 5-2 所示。

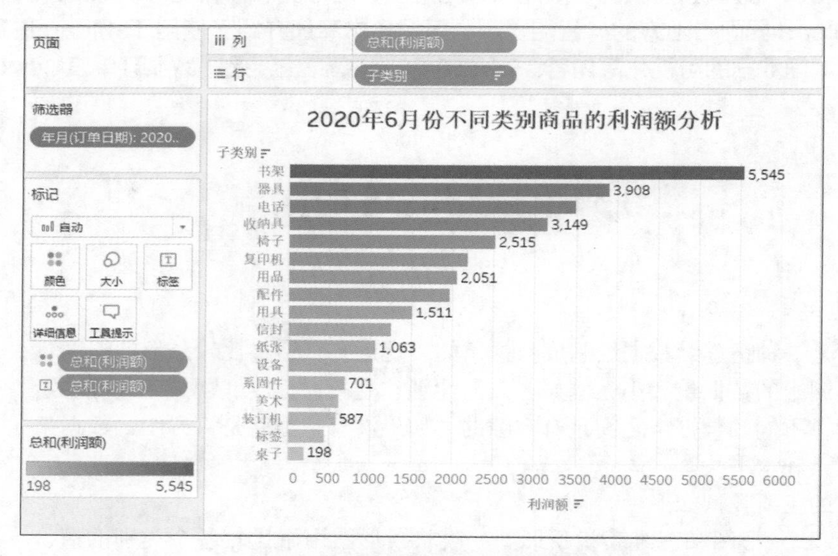

图 5-2　调整图形样式后的效果

5.1.2　饼图

微课视频

饼图用于展示数据系列中各项与总和的比例，图中的数据点显示为占总体的百分比；每个数据系列具有唯一的颜色或图案，并且用图例表示。

饼图的主要类型如下。

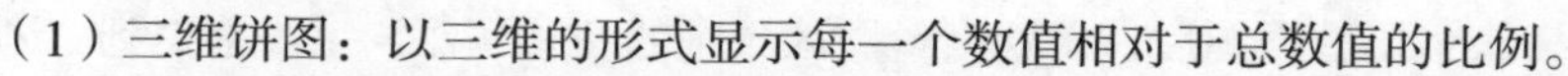

（1）三维饼图：以三维的形式显示每一个数值相对于总数值的比例。

（2）复合饼图：将数值从主饼图中提取出来并组合到第二个饼图或堆积条形图的饼图。

（3）分离型饼图：显示每一个数值相对于总数值的比例，同时强调每个数值。

例如，要创建一个不同地区的销售额饼图，具体步骤如下。

将“度量”区域中的“销售额”字段拖曳到“行”功能区中，将“地区”字段拖曳到“列”功能区中，Tableau 会自动生成柱形图，如图 5-3 所示。

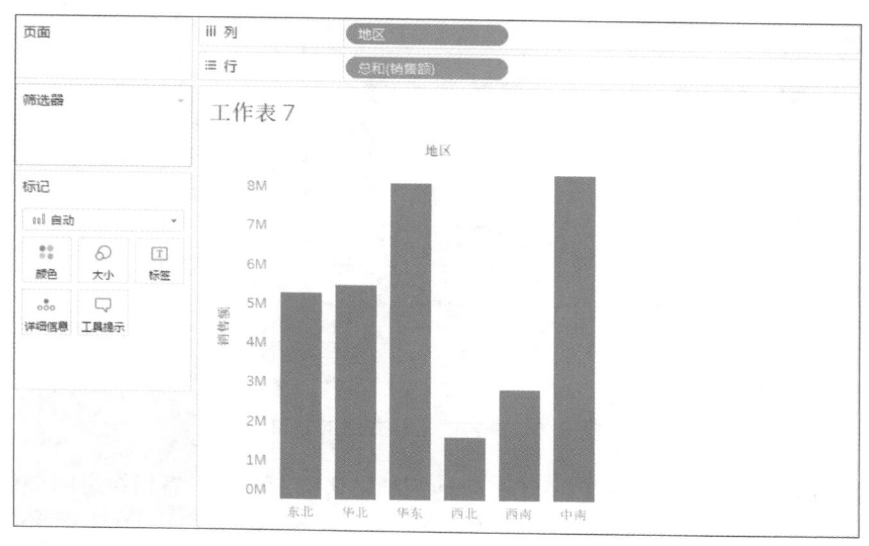

图 5-3 将变量拖曳到“行”和“列”功能区中

单击“智能显示”中的饼图视图，出现如图 5-4 所示的饼图，它显示了每个地区销售额在总销售额中的占比。

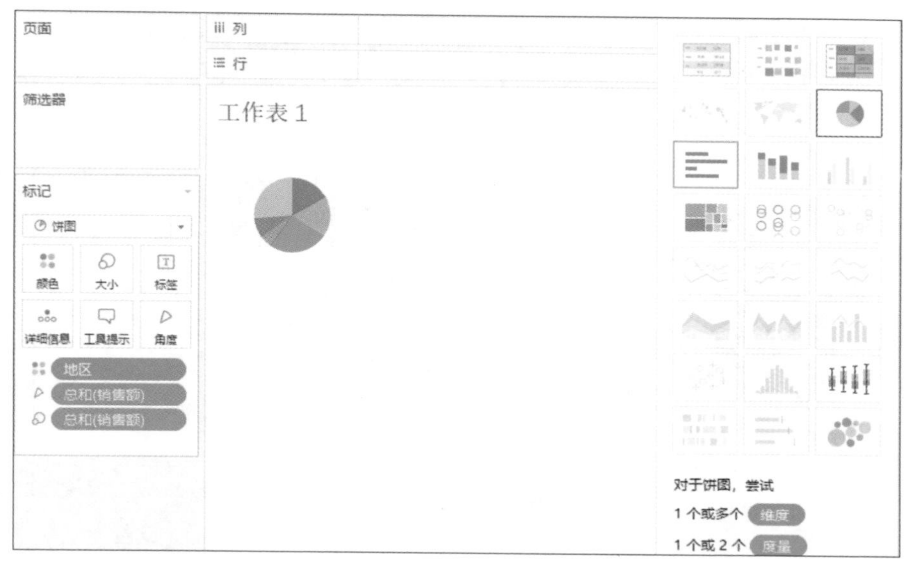

图 5-4 调整图形样式为饼图

为了使图形更加直观，我们还需要进一步美化。单击“颜色”按钮对各个地区的颜色进行编辑。单击“大小”标记后，拖动滑块可以放大或缩小饼图，还可以将“地区”和“销售额”字段拖曳到“标签”标记上给每组加上标签等，效果如图 5-5 所示。

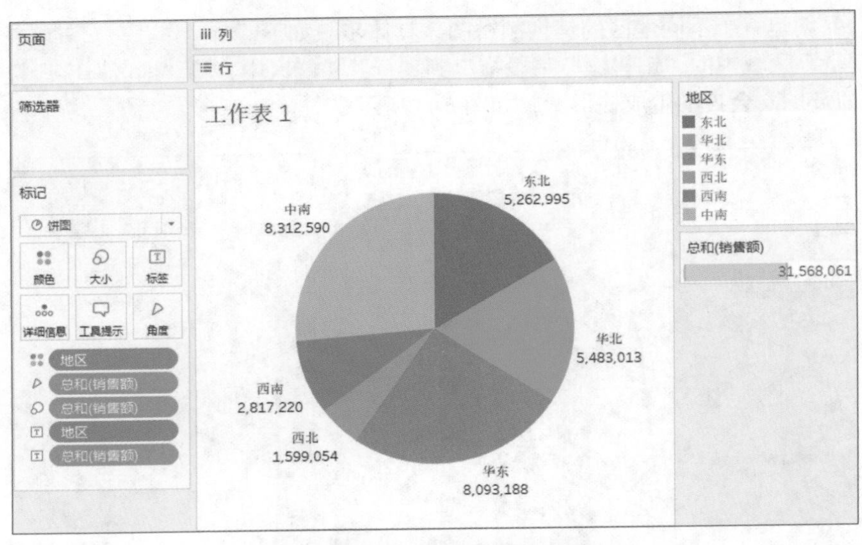

图 5-5　调整图形样式后的效果

为了使我们能够直观地了解 2020 年每个地区的销售额百分比，需要在饼图上添加每个部分的占比。为“总和 .(销售额)”字段添加表计算，设置类型为“合计百分比”；还需要将“年份”字段拖曳到“筛选器”功能区中，并选择“2020”，最后为视图添加标题等，效果如图 5-6 所示。

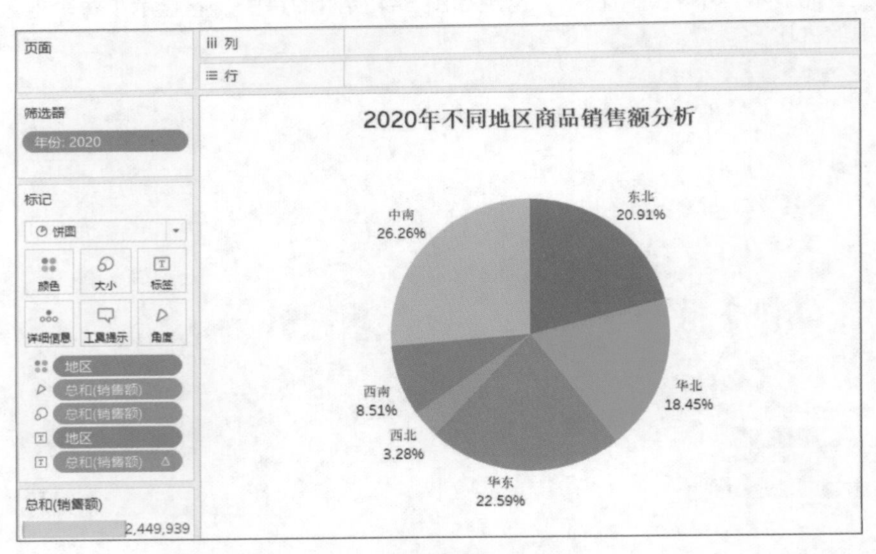

图 5-6　最终效果

5.1.3　直方图

直方图是一种统计报告图，由一系列高度不等的垂直条或线段来表示数据分布的情况，一般用横轴表示数据类型，纵轴表示分布情况。

直方图的主要类型如下。

（1）标准型直方图：图形呈现为中间高、两边低，左右近似对称。

（2）孤岛型直方图：图形的左侧或右侧呈现出孤立的小岛。
（3）双峰型直方图：图形中呈现出两个山峰。
（4）折齿型直方图：图形呈现为凹凸不平的形状。
（5）陡壁型直方图：图形陡峭并向一边倾斜。
（6）偏态型直方图：图形的顶峰有时偏向左侧、有时偏向右侧。
（7）平顶型直方图：图形没有突出的顶峰，呈平顶形。

例如，要创建一个显示不同支付方式的销售额的直方图，具体步骤如下。

在“度量”区域中选择“销售额”字段，将其拖曳到“行”功能区中，还需要单击“智能显示”中的直方图视图，创建的直方图显示企业在各个销售额区间的订单次数，如图 5–7 所示。

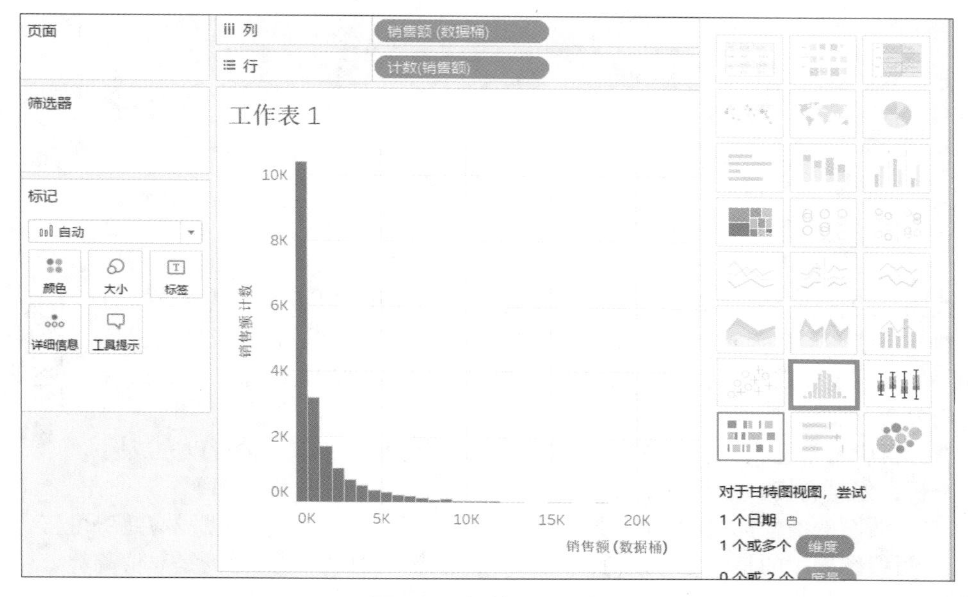

图 5–7 调整图形样式

将“支付方式”字段拖曳到“筛选器”功能区中，例如选择子类别类型为“支付宝”，如图 5–8 所示。

将“销售额”字段拖曳到“颜色”和“标签”标记上，并为视图添加标题等，现在可以看出使用支付宝这种支付方式的订单销售额分布情况。

为了能够更清晰地查看销售额分布情况，还可以对横轴的坐标刻度进行固定，这里设置为 0 ~ 15000（即 0K ~ 15K），效果如图 5–9 所示。

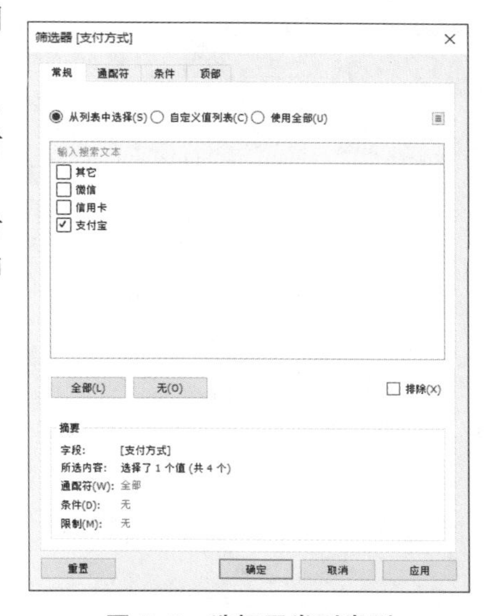

图 5–8 选择子类别类型

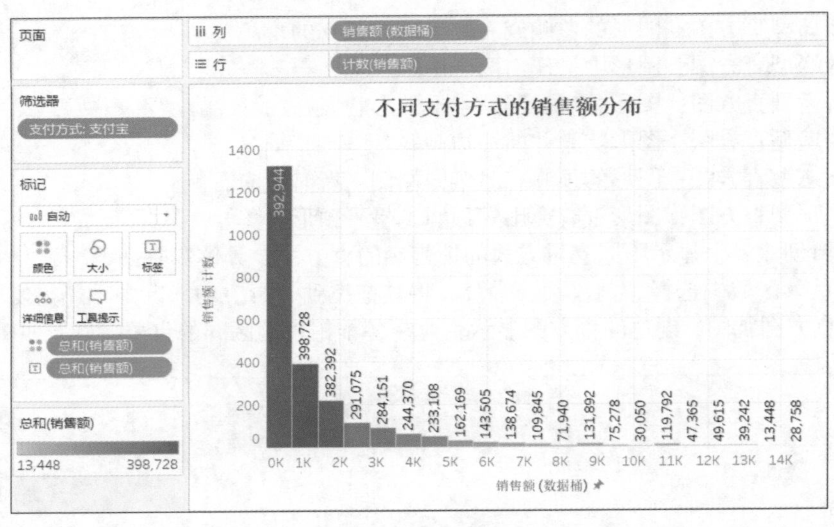

图 5-9　最终效果

5.1.4　折线图

折线图是用直线将各个数据点连接起来而组成的图形，以折线来显示数据的变化趋势。折线图可以显示随时间变化的连续数据，因此非常适合用于显示相等时间间隔的数据变化趋势。在折线图中，类别数据沿水平轴均匀分布，值数据沿纵轴均匀分布。

数据分析中常常会用到折线图和面积图，二者看起来很相似，都可以完成同一类的分析，但是它们却是不能互换的，使用折线图的几点注意事项如下。

（1）折线图的横坐标只能是时间，如果变成了省份等分类变量，就没有趋势可言。

（2）折线图展示的是一定日期范围内的数值趋势，而面积图展示的是总值趋势。

例如，要创建一个显示不同订单日期的销售额折线图，具体步骤如下。

将“订单日期”字段拖曳到“列”功能区中，将“销售额”字段拖曳到“行”功能区中，效果如图 5-10 所示。

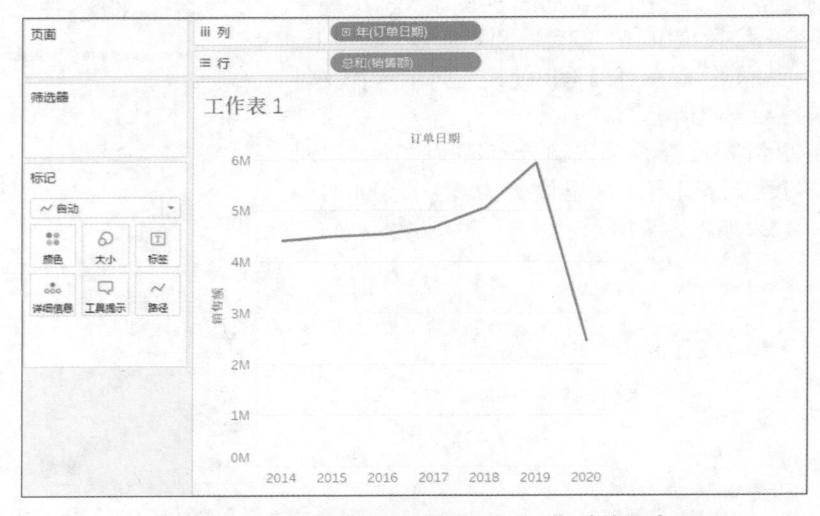

图 5-10　将变量拖曳到“行”和“列”功能区中

为了按月份观察订单的趋势，可以单击打开“列”功能区中的“年（订单日期）”下拉列表，然后选择“月 2015 年 5 月”选项，如图 5-11 所示。

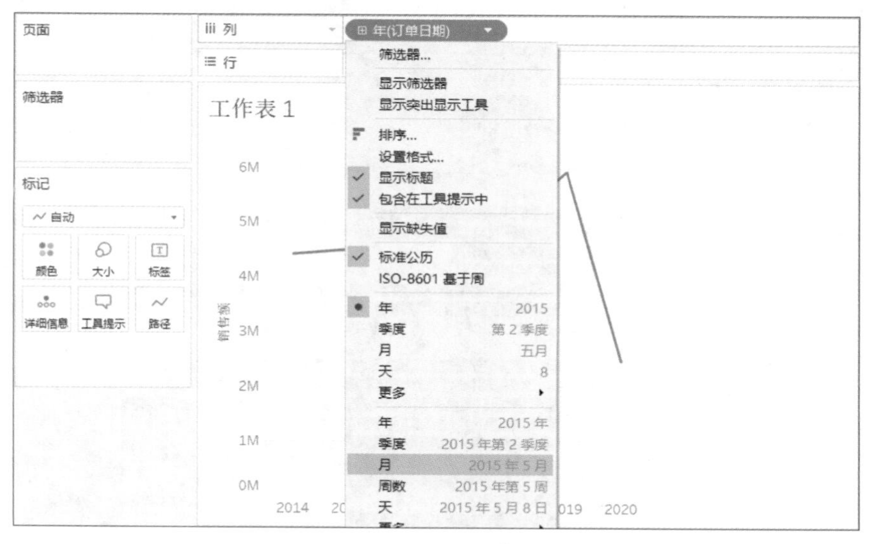

图 5-11　调整日期的频率

我们还可以通过“标记”卡下的“颜色”“大小”“标签”等标注对视图进行美化，并给视图添加标题，效果如图 5-12 所示。

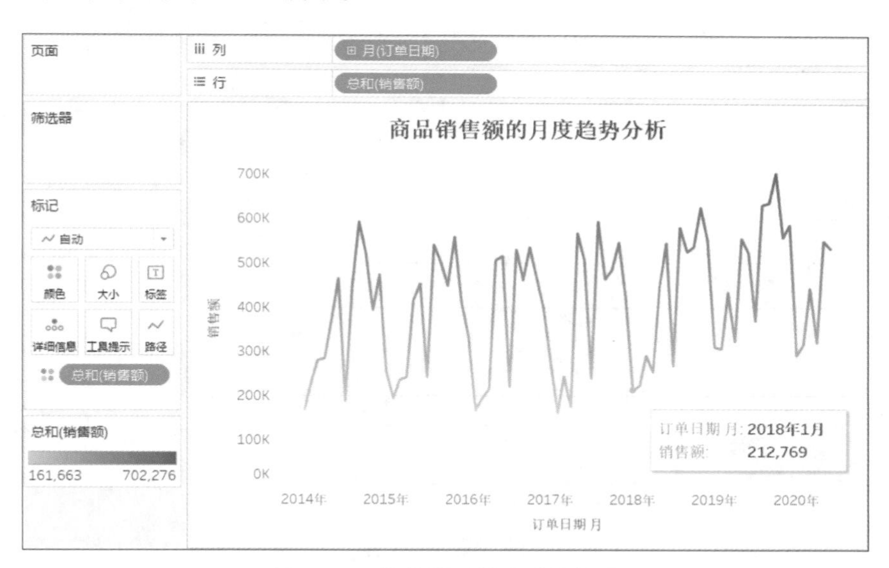

图 5-12　调整图形样式后的效果

5.1.5　气泡图

气泡图可用于展示 3 个变量之间的关系，绘制时将一个变量放在横轴，另一个变量放在纵轴，而第三个变量则用气泡的大小来表示。

气泡图与散点图类似，不同之处在于气泡图允许在图中额外加入一个用气泡大小表示的变量。

例如，要创建一个不同省市销售额大小的气泡图，具体步骤如下。

将“度量”区域中的“销售额”字段拖曳到“列”功能区中，将“维度”区域中的“省市”字段拖曳到“行”功能区中，拖曳完成后，Tableau 会自动生成条形图，如图 5-13 所示。

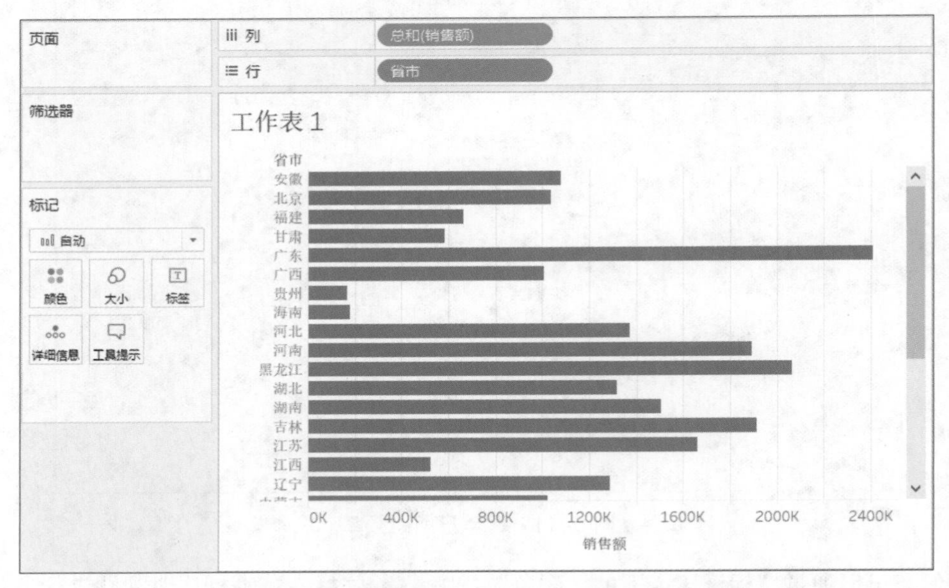

图 5-13　将变量拖曳到“行”和“列”功能区中

单击 Tableau 右上方的“智能显示”来调整样式，选择“气泡图”选项，效果如图 5-14 所示。

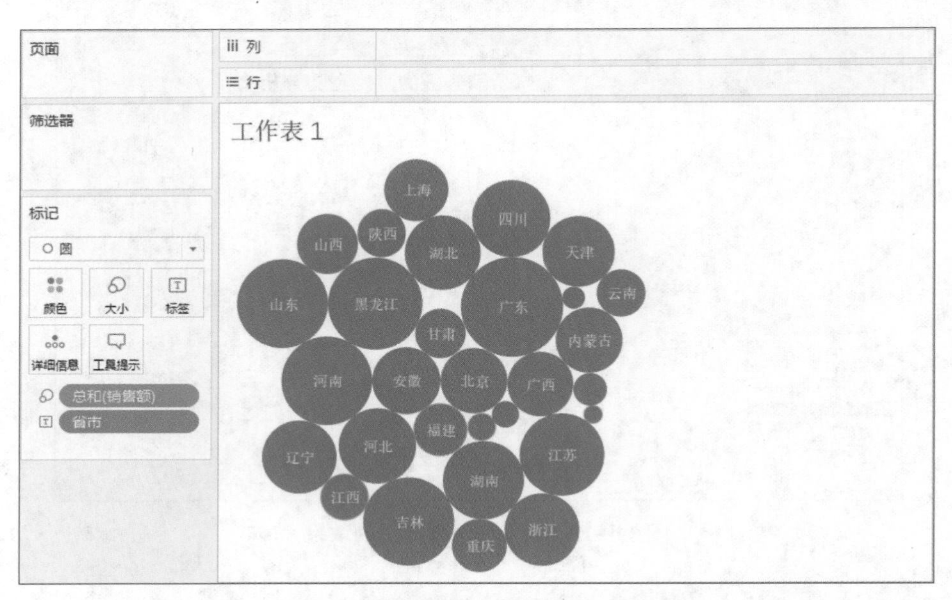

图 5-14　调整气泡图形样式后的效果

然后将“销售额”字段拖曳到“颜色”标记上，为视图添加标题，进一步编辑颜色和美化视图，效果如图 5-15 所示。

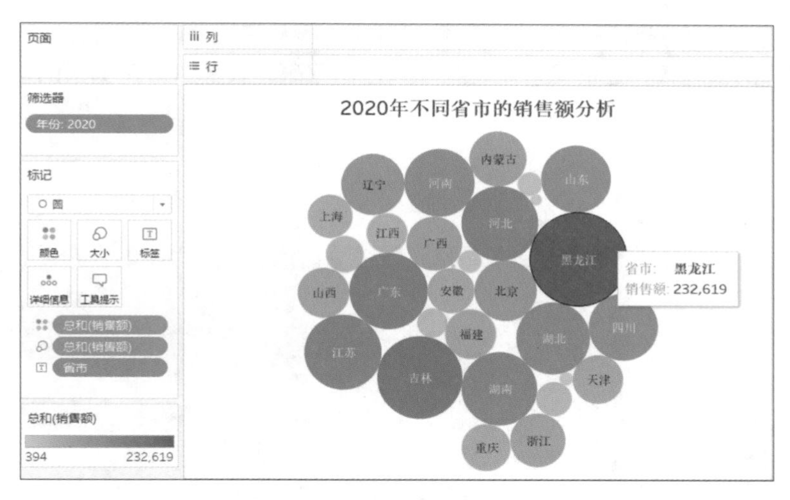

图 5–15 最终效果

5.2 复杂视图的可视化

5.2.1 树状图

微课视频

树状图通过在嵌套的矩形中显示数据，使用维度字段定义树状图的结构，使用度量字段定义各个矩形的大小或颜色。可以将度量字段放在“大小”和“颜色”标记上，在“颜色”标记上可以包括多个维度字段，添加维度字段只会将视图分为更多较小的矩形。

例如，要创建不同类型商品的利润额树状图，具体步骤如下。

将“子类别”字段拖曳到“列”功能区，将“利润额”字段拖曳到“行”功能区中。当“列”功能区上有一个维度字段且“行”功能区上有一个度量字段时，Tableau 会显示一个默认图表，单击工具栏中的“智能显示”按钮，然后选择“树状图”视图类型，如图 5-16 所示。

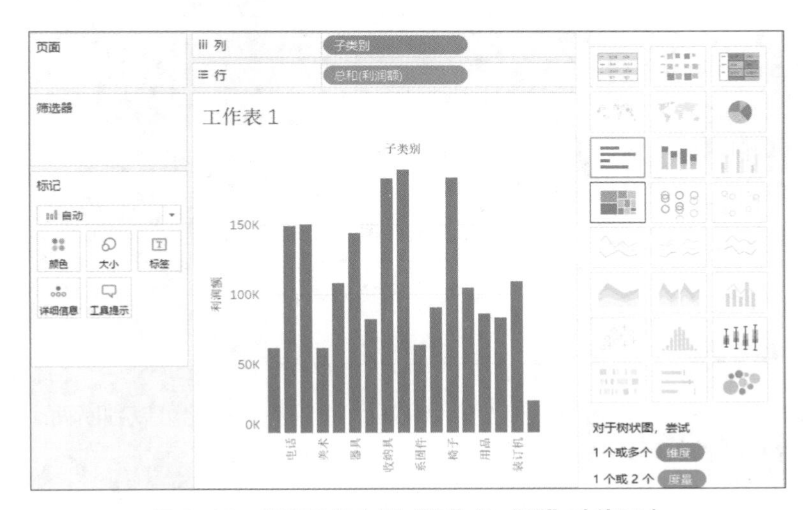

图 5–16 将变量拖曳到“行”和“列”功能区中

Tableau会显示一个树状图，在树状图中，矩形的大小及其颜色均由“利润额”字段的值决定，某类别的利润额的值越大，它的矩形就越大，颜色也越深，效果如图 5-17 所示。

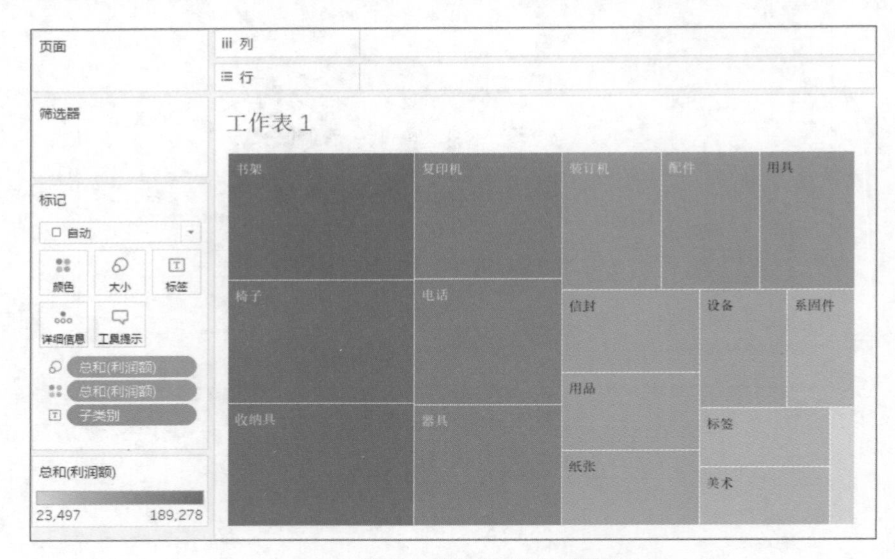

图 5-17　调整树状图形样式后的效果

将“商品类别”字段拖曳到“标记”卡的“颜色”上，视图将被分为 3 个独立的区域，“商品类别”字段将确定矩形的颜色。将“销售额”字段拖曳到“标签”标记上，并为视图添加标题等，最终效果如图 5-18 所示。

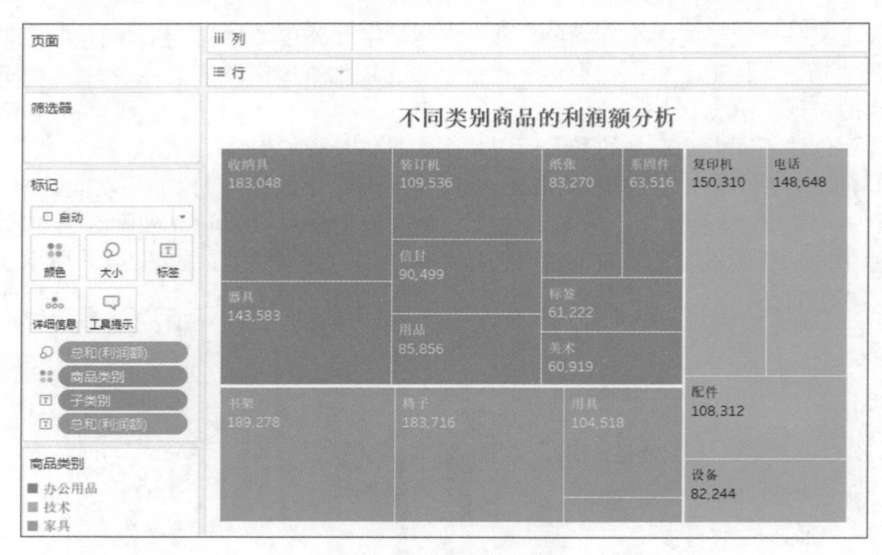

图 5-18　最终效果

5.2.2　散点图

散点图用于表示一个变量随另一个变量变化的大致趋势，据此可以判断两个变量之间是否存在某种关联，从而选择合适的函数对数据进行拟合。

散点图的主要类型如下。

（1）散点图矩阵：用于同时绘制多个变量之间两两相关性的散点图。

（2）三维散点图：用于研究由 3 个变量确定的三维空间中变量之间的关系。

例如，要创建订单的实际配送天数和计划配送天数的散点图，具体步骤如下。

将“实际配送天数”字段拖曳到“行”功能区中，将“计划配送天数”字段拖曳到“列”功能区中，同时取消勾选“分析”菜单下的“聚合度量”选项，如图 5-19 所示。

图 5-19 将变量拖曳到“行”和“列”功能区中

将“配送延迟天数”字段拖曳到“颜色”和“形状”标记上，并为视图添加标题等，从视图中可以看出商品配送延迟天数的分布情况，最终效果如图 5-20 所示。

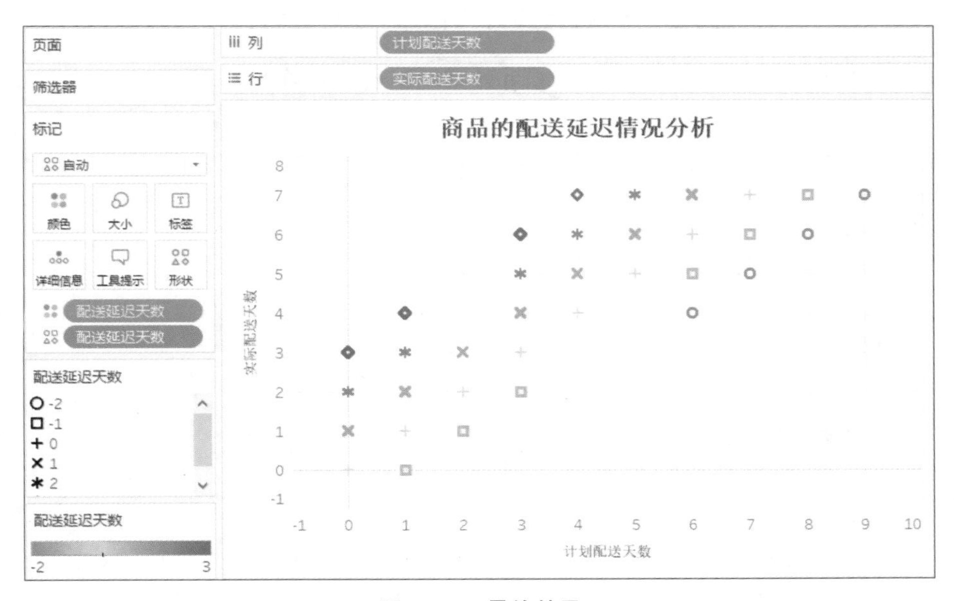

图 5-20 最终效果

5.2.3 箱形图

微课视频

箱形图又称为箱线图或盒须图，是一种用于显示一组数据分散情况的统计图。箱形图主要用于反映原始数据分布的特征，还可以用于多组数据分布特征的比较等。

箱线图的绘制方法是：先将数据进行排序，找出一组数据的上边缘、下边缘、中位数和两个四分位数，然后连接两个四分位数画出箱体，再将上边缘和下边缘与箱体相连接，中位数在箱体中间。

例如，要创建不同类型商品的折扣箱形图，具体步骤如下。

将“商品类别”字段和“地区”字段拖曳到“列”功能区中，将“折扣”字段拖曳到“行”功能区中，Tableau 将创建一个条形图，如图 5-21 所示。单击工具栏中的“智能显示”按钮，然后选择“盒须图”视图类型。

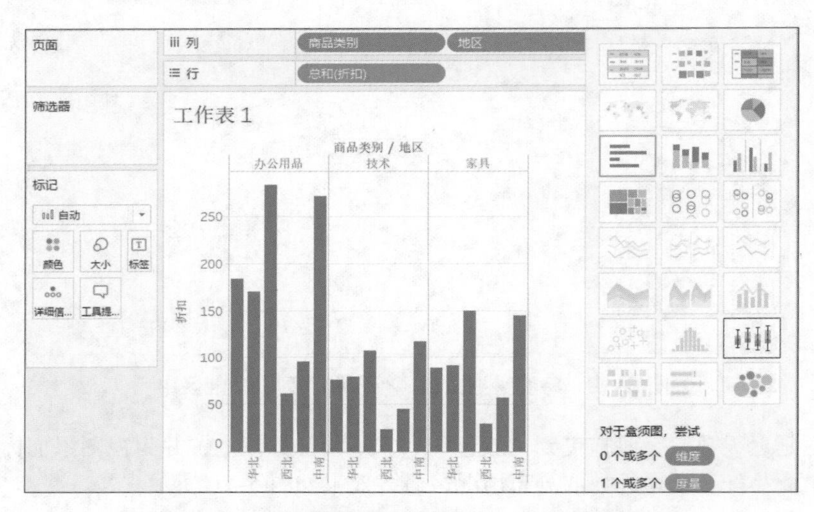

图 5-21　将变量拖曳到“行”和“列”功能区中

调整图形样式，选择以商品类别显示折扣箱形图，效果如图 5-22 所示。

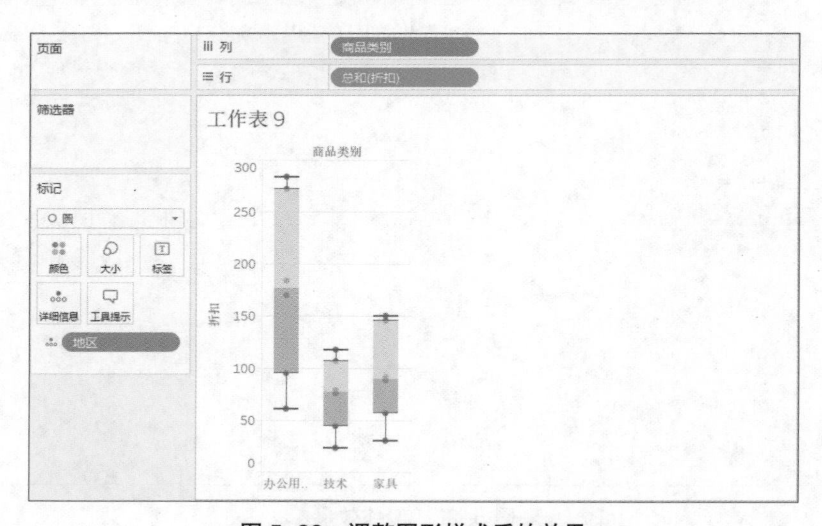

图 5-22　调整图形样式后的效果

将“折扣”字段拖曳到“标签”标记上，并为视图添加标题等，从视图中可以看出不同类型商品的折扣分布情况，效果如图 5-23 所示。

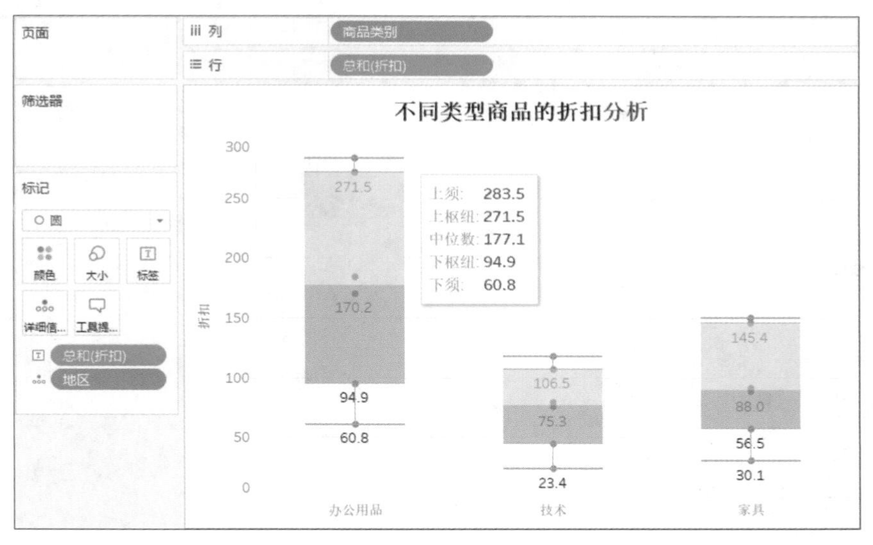

图 5-23　最终效果

5.2.4　环形图

环形图是由两个及以上大小不一的饼图叠加而成，并挖去中间的部分所构成的图形。环形图的功能与饼图类似，但环形图中间有一个“空洞”。

微课视频

例如，要创建不同地区退单量的环形图，具体步骤如下。

将“度量”区域中的“记录数”字段拖曳到“行”功能区中，重复两次该操作，并在“标记”卡中选择“饼图”，如图 5-24 所示。

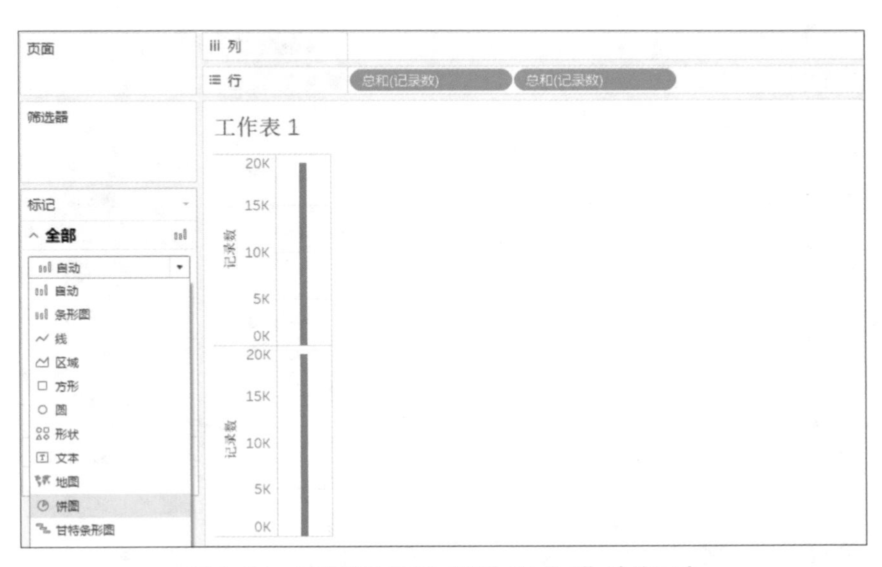

图 5-24　将变量拖曳到“行”和“列”功能区中

将视图显示方式调整为“整个视图”，选择第一个饼图样式，单击“大小”标记修改饼图的大小，效果如图 5-25 所示。

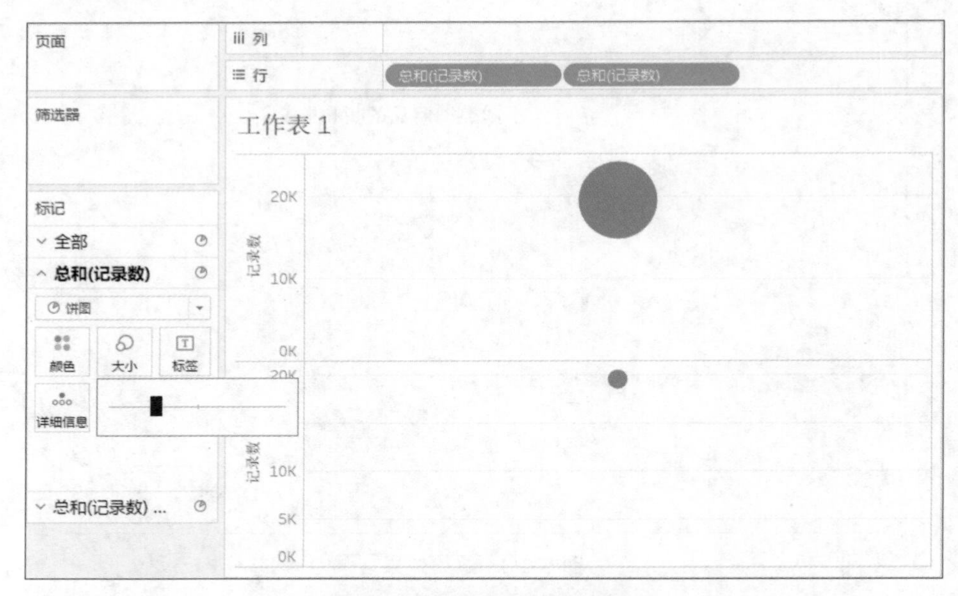

图 5-25　调整图形样式后的效果

在“行”功能区中将两个记录数的聚合计算类型由“总和”修改为“平均值”，如图 5-26 所示。

图 5-26　选择“平均值”选项

在第一个度量上，将“地区”字段拖曳到“颜色”标记上，将“利润额”字段拖曳到“角度”标记上，并设置快速表计算类型为“合计百分比”，如图 5-27 所示。

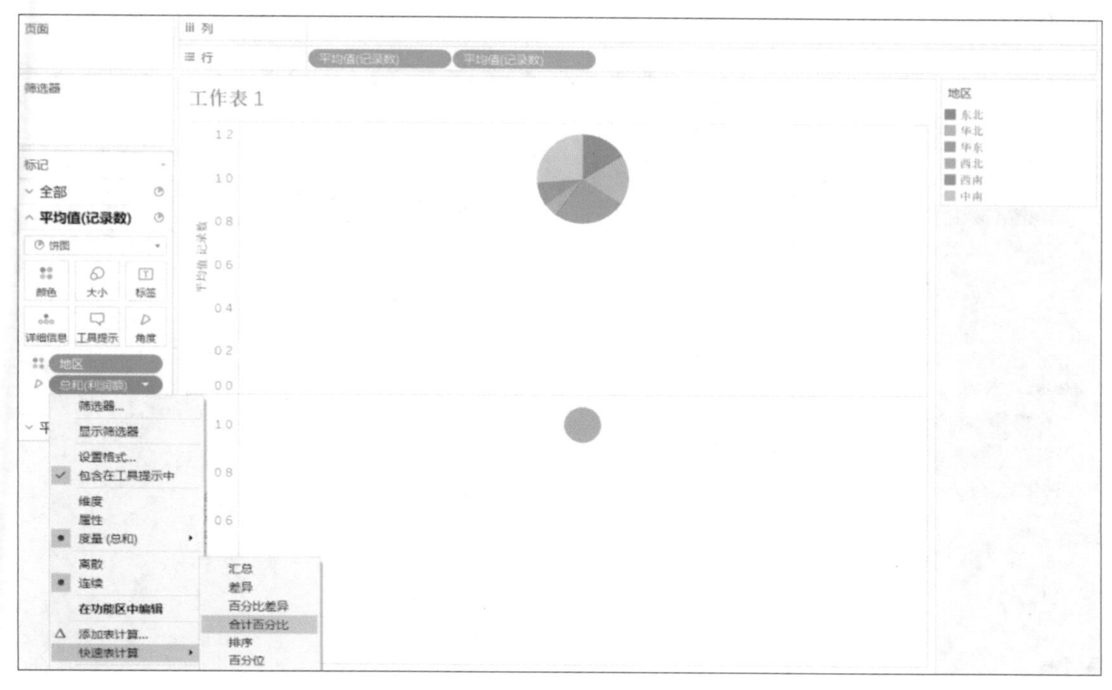

图 5-27　调整图形样式

在第二个度量上鼠标右键单击纵坐标轴，选择“双轴”选项，如图 5-28 所示。

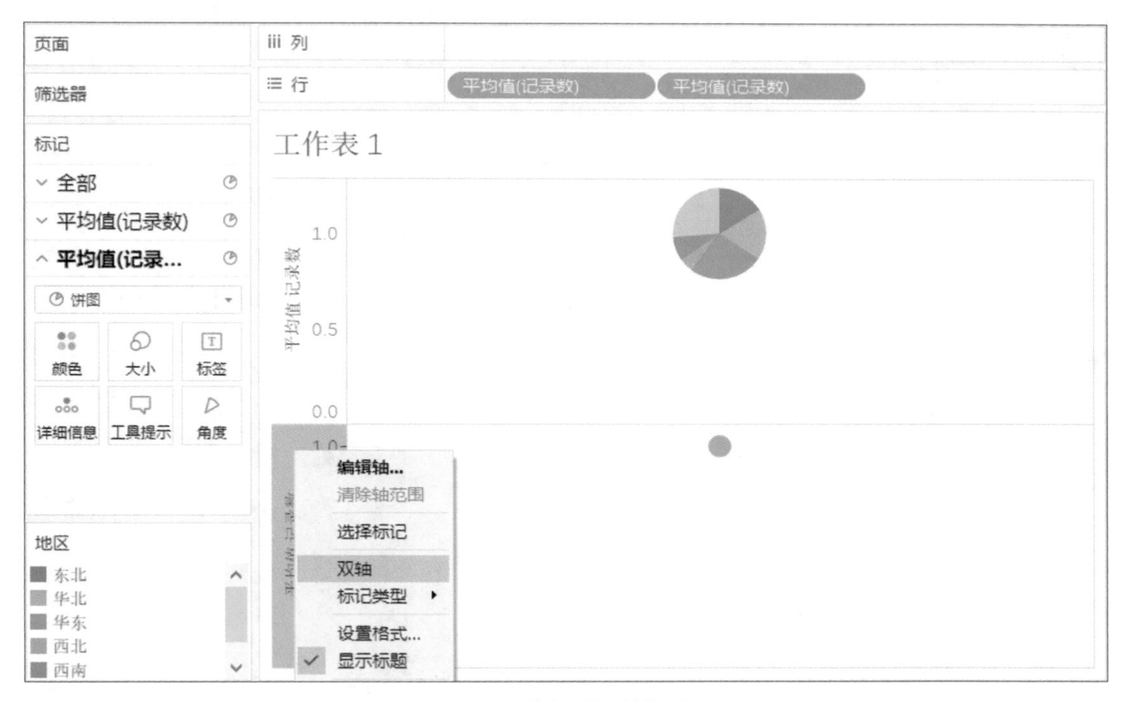

图 5-28　选择“双轴”选项

然后鼠标右键单击纵坐标轴，选择“同步轴”选项，如图 5-29 所示。

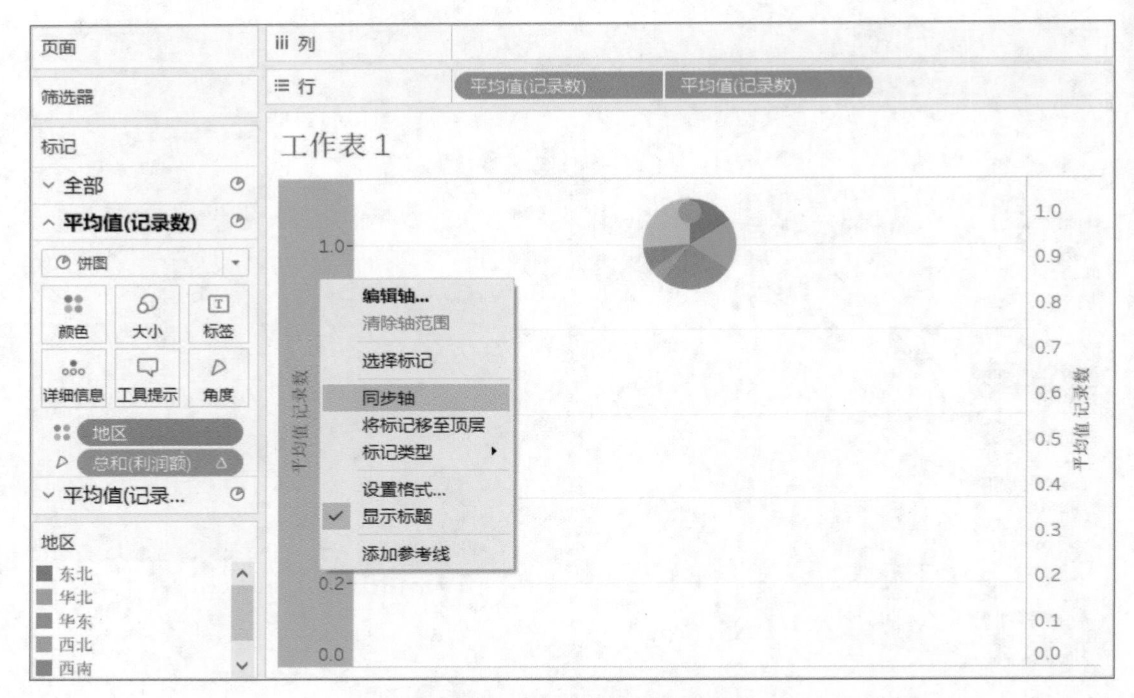

图 5-29　选择“同步轴”选项

再鼠标右键单击纵坐标轴，选择“编辑轴”选项。设置轴的范围使得圆环位于视图的中间位置，选择“固定”选项，并输入初始值，“固定开始”设为“0.8”，“固定结束”设为“1.2”，如图 5-30 所示。

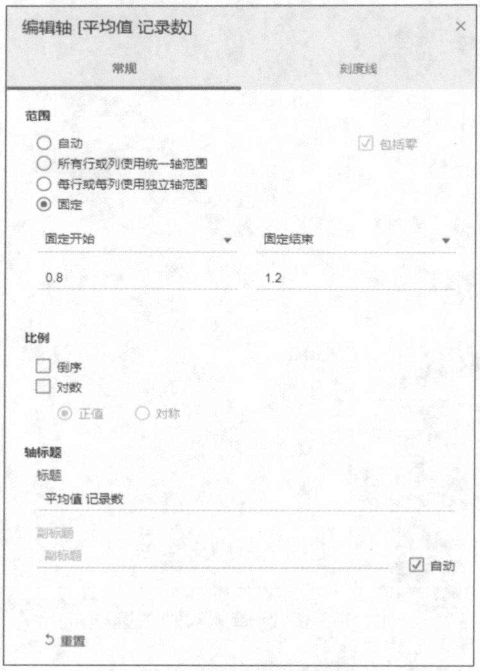

编辑轴 [平均值 记录数]
常规　刻度线
范围
自动
所有行或列使用统一轴范围
每行或每列使用独立轴范围
固定
包括零
固定开始　0.8
固定结束　1.2
比例
倒序
对数
正值　对称
轴标题
标题
平均值 记录数
副标题
副标题
自动
重置

图 5-30　编辑轴的范围

然后使用“大小”标记适当调整两个饼图的大小，使其更加美观，如图 5-31 所示。

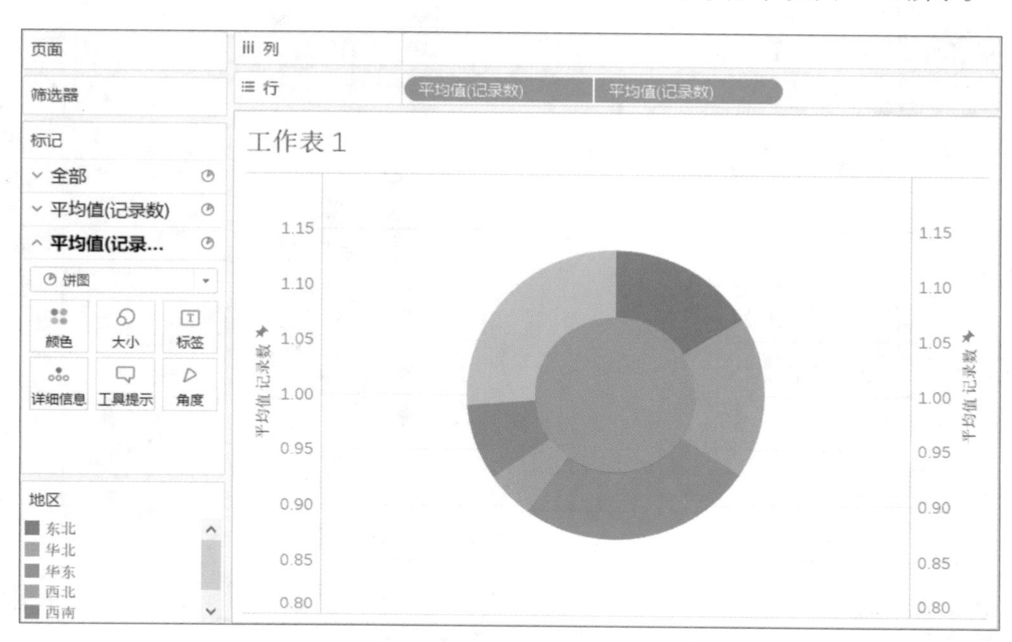

图 5-31　调整饼图的大小

设置标签。在第一个度量上将“地区”和“是否退单”字段拖曳到“标签”标记上，并设置“是否退单”字段的快速表计算类型为“合计百分比”，如图 5-32 所示。

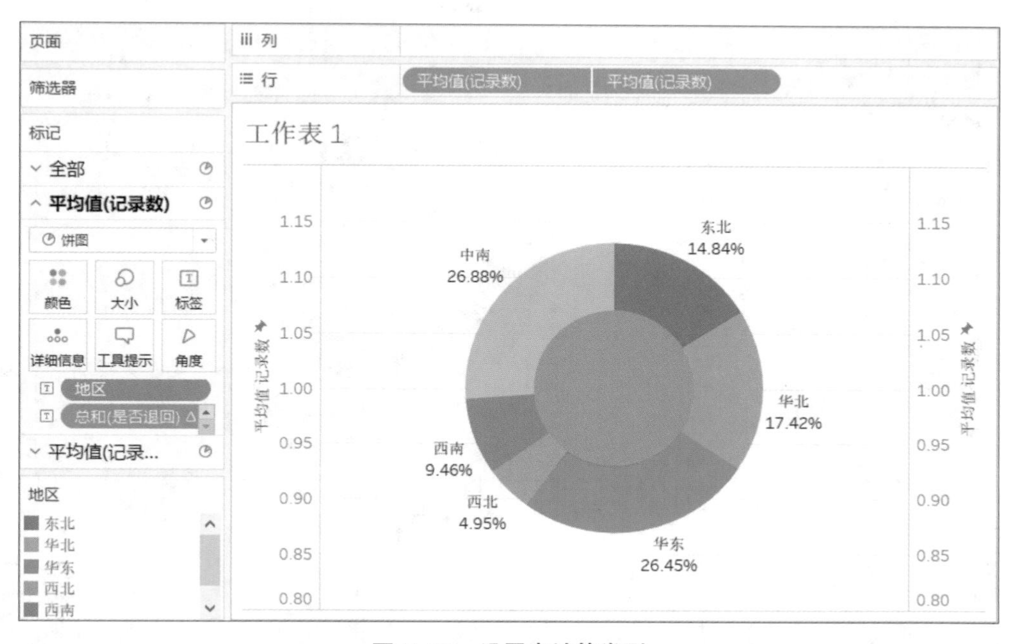

图 5-32　设置表计算类型

设置第二个饼图（内部小的饼图）的颜色。选择第二个饼图，然后选择“颜色”标记，选择颜色类型为“无”，如图 5-33 所示。

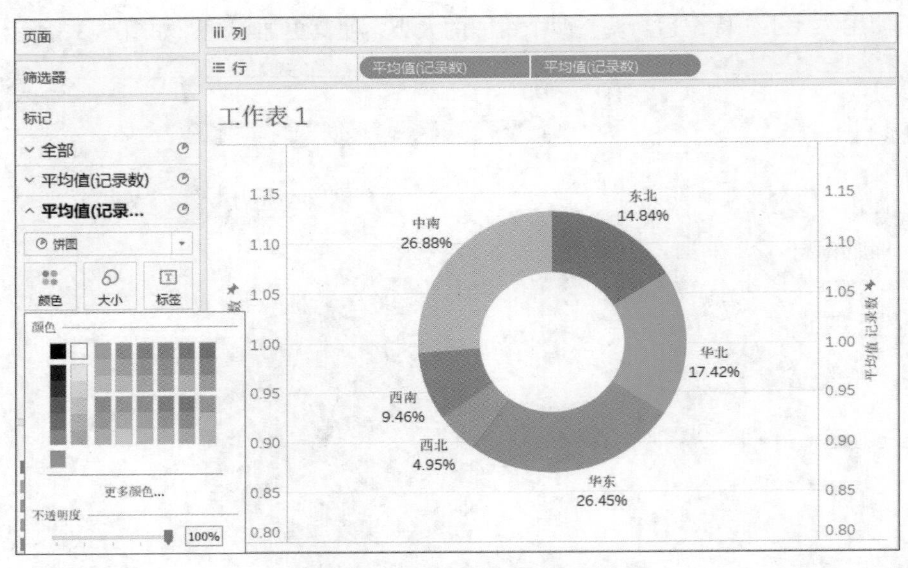

图 5-33　调整饼图的颜色

最后，为视图添加标题等使其更加美观，效果如图 5-34 所示。从视图可以看出中南地区的退单量最多，占总退单量的 26.88%；其次是华东地区，占比为 26.45%。

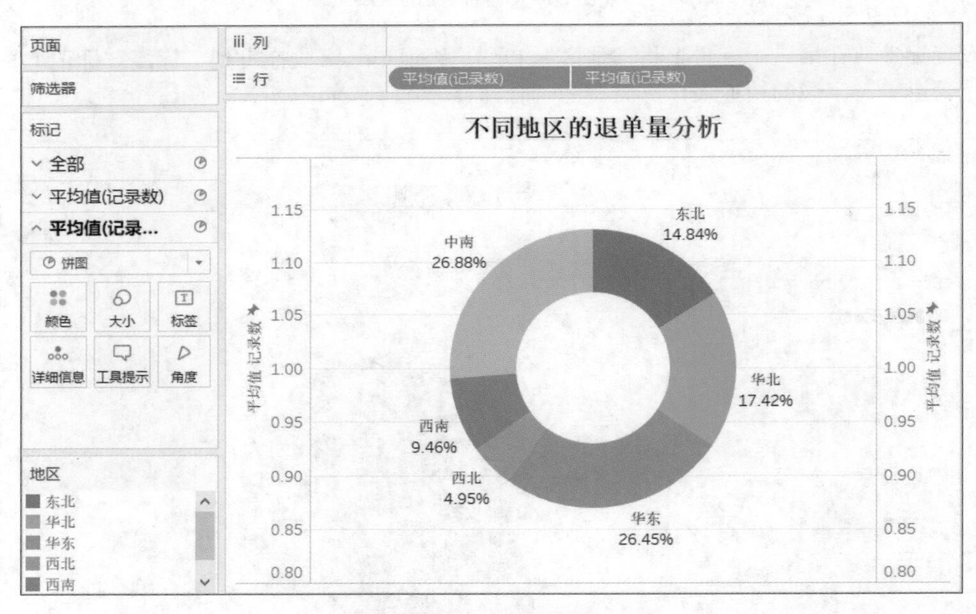

图 5-34　最终效果

5.2.5　倾斜图

倾斜图又名斜线图、斜率图，可以展示单个指标在不同时期的变化情况，既能展示值的大小变化，又能展示值的排名变化等。

例如，我们需要绘制企业各个门店在 2018 年和 2019 年间销售业绩排名的倾斜图。基础数据包含“门店名称”“2018 年排名”“2019 年排名”3 个字段，如表 5-1 所示。

表 5-1　门店销售业绩排名

门店名称	2018 年排名	2019 年排名
定远路店	1	5
海恒店	2	6
金寨店	3	8
燎原店	4	1
临泉路	5	2
庐江路	6	9
人民路店	7	4
杨店店	8	7
众兴店	9	3

绘制倾斜图之前，首先需要对基础数据进行整理，创建“排名变化”新字段用于计算“2018 年排名”与“2019 年排名”的差值，如图 5-35 所示。

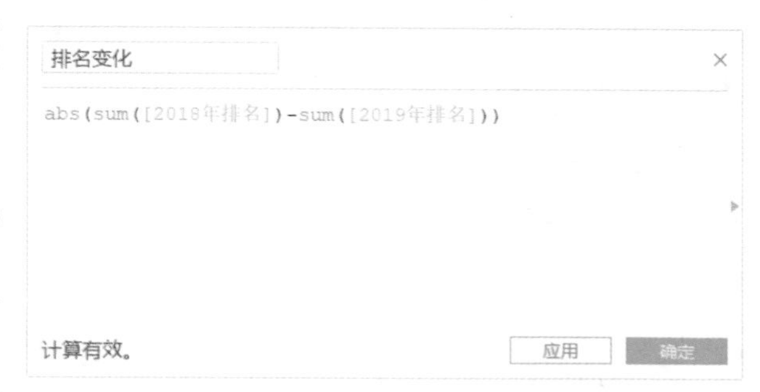

图 5-35　创建“排名变化”计算字段

注意：由于“2018 年排名”和“2019 年排名”都为非聚合字段，因此在公式中需要对这两个字段进行聚合处理，如添加 SUM 函数，这样才能让两个字段参与计算。

要创建的斜线图其横轴是“2018 年排名”和“2019 年排名”两个字段，纵轴是排名。相对前面介绍的视图，该视图的绘制过程比较复杂，具体操作步骤如下。

将“维度”区域中的“度量名称”字段和“度量”区域中的“度量值”字段分别拖曳到“列”功能区和“行”功能区中，如图 5-36 所示。

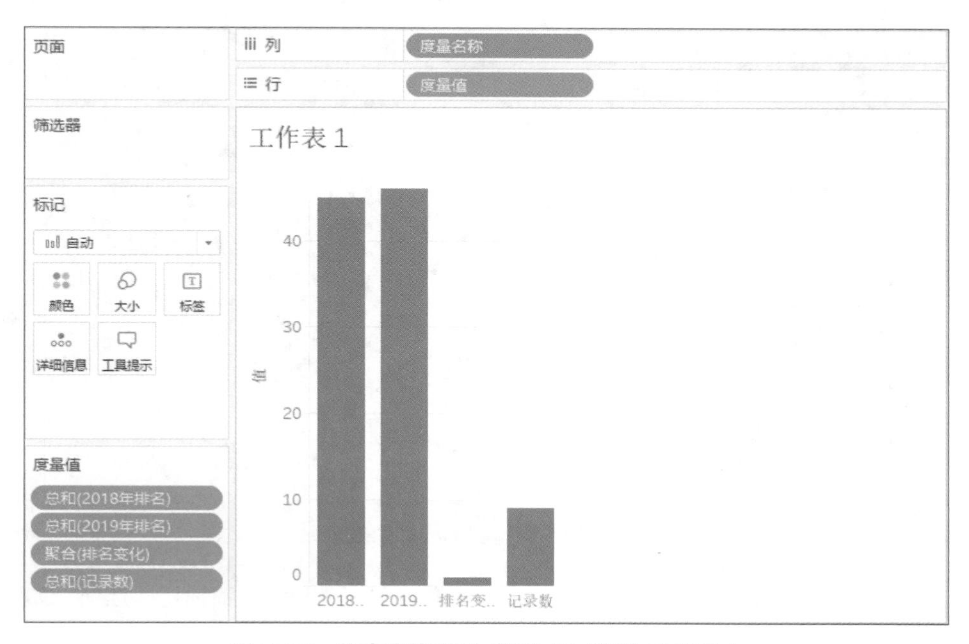

图 5-36　将变量拖曳到“行”和“列”功能区中

在左下角“度量值”区域中保留“2018 年排名”和“2019 年排名”两个度量字段，删除其他选项，选择标记类型为“线”，如图 5-37 所示。

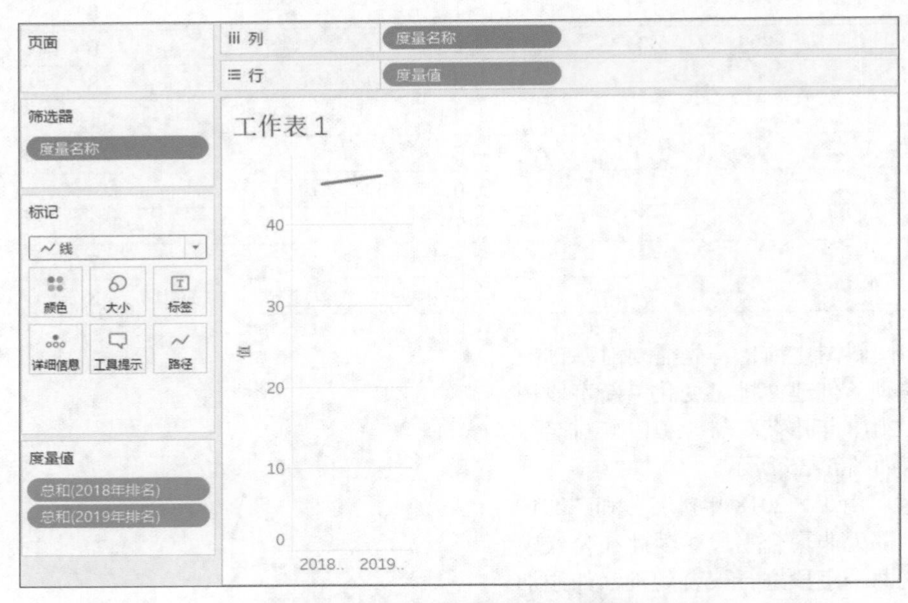

图 5-37 “度量值”区域中的保留字段

将“排名变化”字段拖曳到“大小”标记上，将“门店名称”字段拖曳到“标签”标记上，效果如图 5-38 所示。

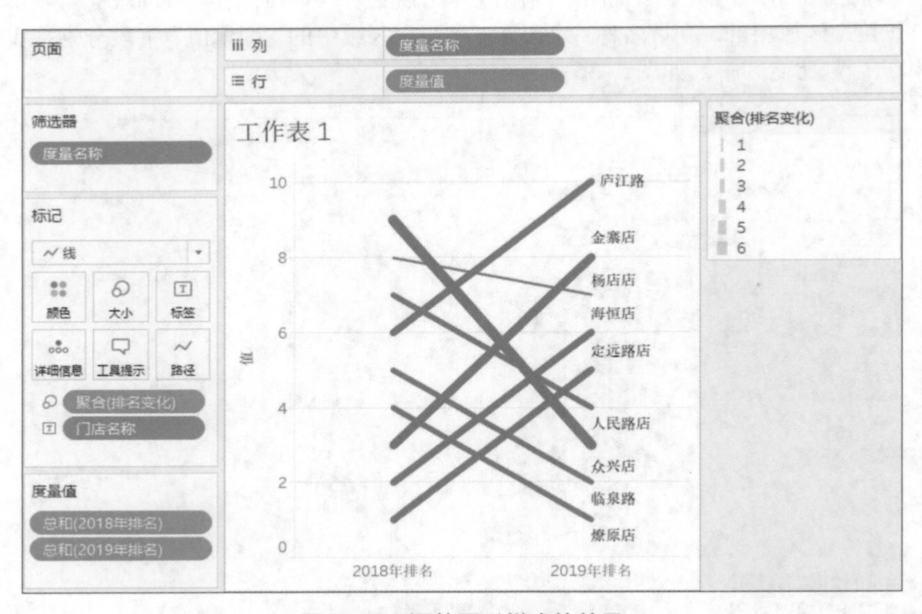

图 5-38 调整图形样式的效果

单击“标记”卡中的“标签”标记，修改标签的“对齐”和“标签标记”选项，如图 5-39 所示。

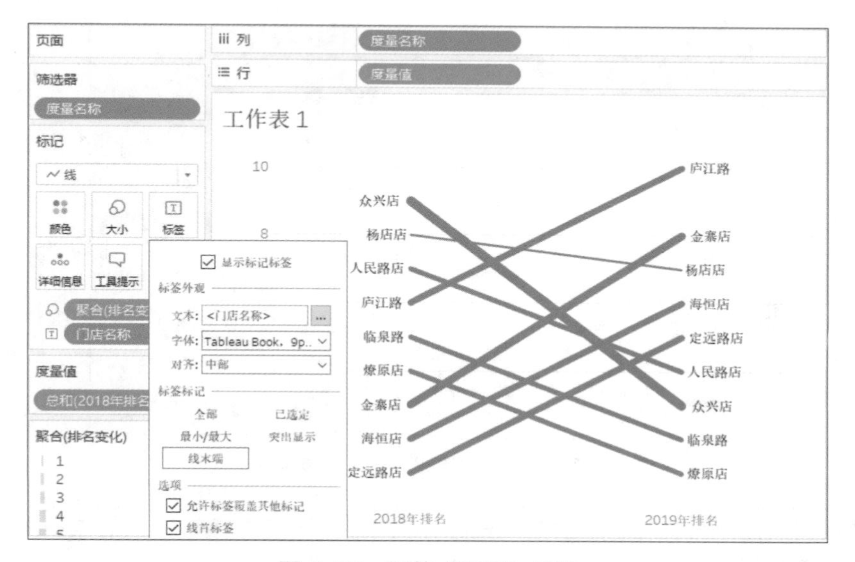

图 5–39　调整“标签”标记

倒转坐标轴。在纵轴上单击鼠标右键并选择“编辑轴”选项，进入“编辑轴”窗格，将纵坐标轴设置为“倒序”，如图 5–40 所示。

图 5–40　“编辑轴”窗格

将“度量值”字段拖曳到“标签”标记上，单击“标签”进入“编辑标签”对话框，将标签设置为“< 度量值 >.< 门店名称 >”，单击“确定”按钮后标签在视图中将按照设置好的格式进行显示，如图 5–41 所示。

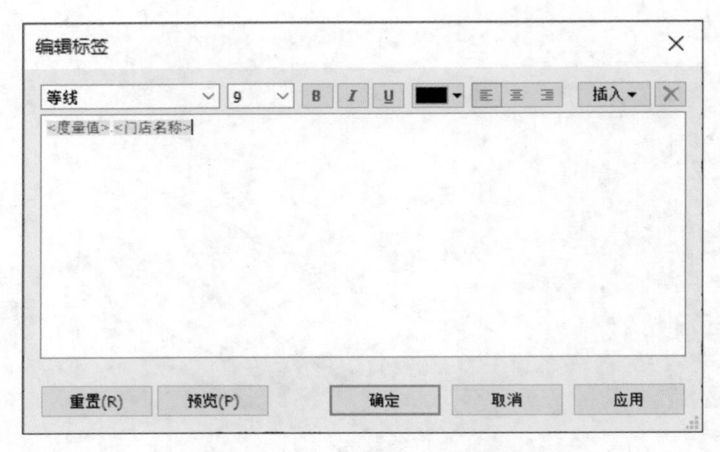

图 5-41　“编辑标签”对话框

对创建的斜线图进行美化，包括添加视图标题、调整“度量值”字段的数字格式、去除纵坐标轴标题、添加线条颜色等，效果如图 5-42 所示。

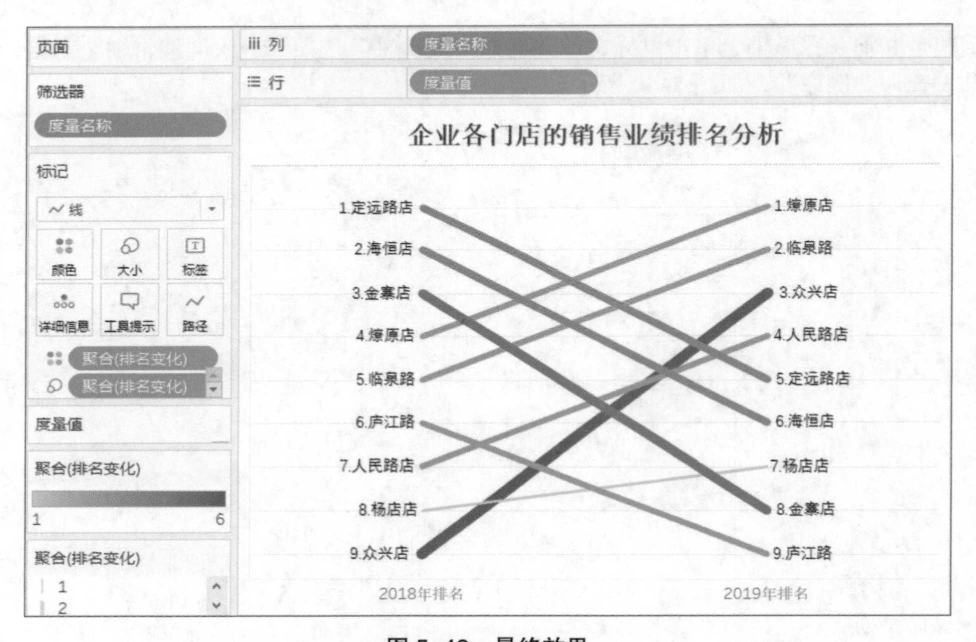

图 5-42　最终效果

5.3　统计分析的可视化

前面讨论了如何利用 Tableau 创建各种视图，本节将介绍如何用 Tableau 进行统计分析的可视化，使用的数据源为“门店运营数据 .xlsx”，它包含某企业 3 家直营门店 2020 年 3 月每一天的销售数据。

5.3.1 相关分析

相关分析是最基本的关系研究方法，也是其他一些分析方法的基础，研究过程中我们经常会使用到相关分析。相关分析用于研究定量数据之间的关系，包括是否有关系及关系紧密程度等，通常用于回归分析过程之前。例如某电商平台需要研究客户满意度和重复购买意愿之间是否有关系及关系紧密程度如何时，就需要进行相关分析。

相关分析使用相关系数表示变量之间的关系。分析时首先判断二者是否有关系，接着判断关系为正相关还是负相关，相关系数大于 0 为正相关，反之为负相关，也可以通过散点图直观地查看变量间的关系；最后判断关系紧密程度。通常认为绝对值大于 0.7 时两变量之间表现出非常强的相关关系，绝对值大于 0.4 时有着强相关关系，绝对值小于 0.2 时相关关系较弱。

相关系数有 3 类：Pearson、Spearman 和 Kendall。它们均用于描述相关关系的程度，判断标准也基本一致。

微课视频

（1）Pearson 相关系数：用来反映两个连续性变量之间的线性相关程度。

（2）Spearman 相关系数：用来反映两个定序变量之间的线性相关程度。

（3）Kendall 相关系数：用来反映两个随机变量拥有一致的等级相关性。

散点图是一种常用的表现两个连续变量或多个连续变量之间相关关系的可视化展现方式，通常在变量相关性分析之前使用。借助散点图，我们可以大致了解变量之间的相关关系类型和相关程度等。

1. 创建简单散点图

要在 Tableau 中创建简单散点图，需要在“行”“列”功能区中放置一个度量字段。例如需要分析“门店 A 销售额”与“门店 A 利润额”两个连续变量之间的关系。

将“门店 A 销售额”字段与“门店 A 利润额”字段分别拖曳至“列”功能区和“行”功能区中，此时视图区域中仅有一个点，这是由于 Tableau 会把这两个度量字段按照“总和”进行聚合。

取消勾选“分析”菜单下的“聚合度量”选项，即解聚这两个度量字段，视图区域将会以散点图的形式显示数据中的所有数据。再对散点图的起始坐标范围进行设置，将横坐标设置为从 100 到 190，将纵坐标设置为从 10 到 35，效果如图 5-43 所示。

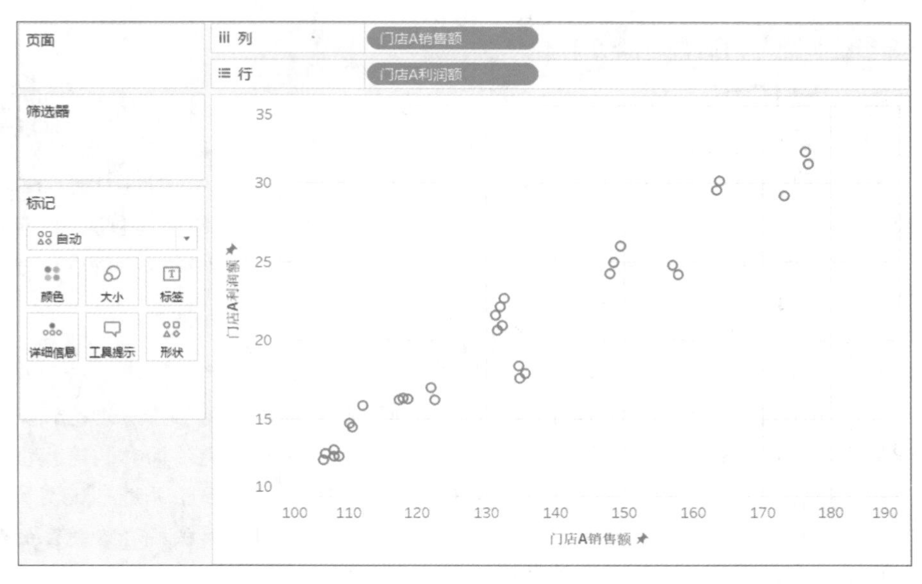

图 5-43 简单散点图

从图 5-43 中可以看出：门店 A 的利润额和销售额呈现较强的正向相关性，即销售额增加利润额也随之增加。

2. 创建散点图矩阵

散点图矩阵是散点图的高维扩展，可以帮助用户探索两个及以上变量之间的关系，在一定程度上解决了展示多维数据的难题，在数据探索阶段具有十分重要的作用。

例如，需要分析门店 A、门店 B、门店 C3 家门店销售额之间的关系。

将“门店 A 销售额”“门店 B 销售额”“门店 C 销售额”等字段分别拖曳至“行”功能区和“列”功能区中，并通过“分析”菜单下的“聚合度量”命令对 3 个度量字段进行解聚，如图 5-44 所示。

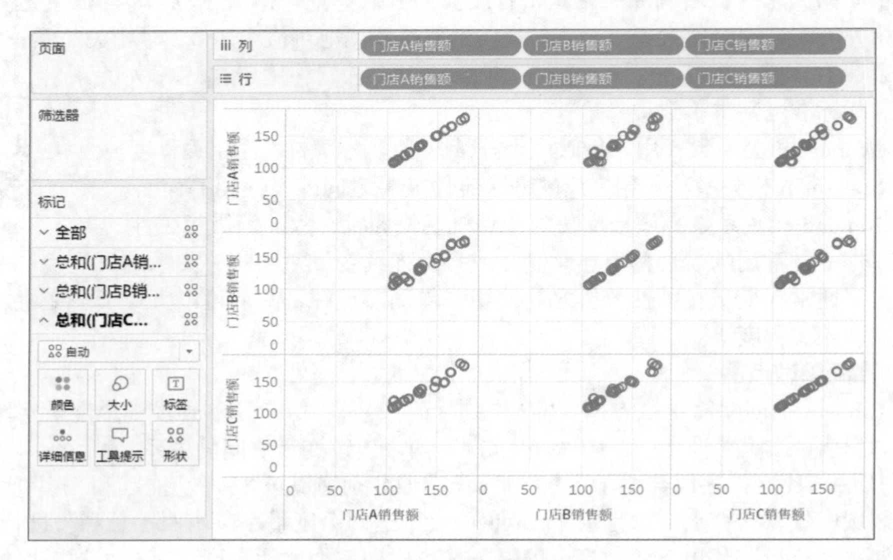

图 5-44 散点图矩阵

从图 5-44 中可以看出：对角线上的散点图是一条直线，代表同一变量之间的关系，主对角线上半部分和下半部分相同；3 家门店在 3 月份的销售额相关性较强，说明销售额主要受企业的商品等影响，而与门店自身的关系不大。

5.3.2 回归分析

微课视频

回归分析法是最基本的数据分析方法。回归预测就是利用回归分析方法，根据一个或一组自变量的变动情况预测与其相关的某随机变量的未来值。它是应用最广泛的数据分析方法之一，是基于历史观测数据而建立的变量间适当的依赖关系，多用以分析数据之间的内在规律，可以应用于解决预报、控制等问题。

线性回归主要用来解决连续性数值预测的问题，目前在经济、金融、社会、医疗等领域都有广泛的应用。此外，还在诸多方面得到了很好的应用。

- 客户需求预测：通过海量的买家和卖家交易数据等对未来商品的需求进行预测。
- 电影票房预测：通过历史票房数据、影评数据等公众数据对电影票房进行预测。
- 湖泊面积预测：通过研究湖泊面积变化的多种影响因素构建湖泊面积构建模型。
- 房地产价格预测：利用相关历史数据分析影响商品房价格的因素并进行模型构建。
- 股价波动预测：公司在搜索引擎中的搜索量代表了该公司股票被投资者关注的程度。
- 人口增长预测：通过历史数据分析影响人口增长的因素对未来人口数进行预测。

回归分析通过规定因变量和自变量来确定变量之间的因果关系，建立回归模型并根据实测数据来求解模型的各个参数，然后评价回归模型是否能够很好地拟合实测数据，具体步骤如下。

（1）确定变量。明确预测的具体目标，也就确定了因变量，例如预测具体目标是下一年度的销售额，那么销售额 Y 就是因变量。

（2）建立预测模型。依据自变量和因变量的历史统计数据进行计算，在此基础上建立回归分析方程，即回归分析预测模型。

（3）进行回归分析。回归分析是对具有因果关系的影响因素（自变量）和预测对象（因变量）进行的数理统计分析处理。

（4）计算预测误差。回归预测模型是否可用于实际预测取决于对回归预测模型的检验和对预测误差的计算。回归方程只有通过了各种检验且预测误差较小，才能作为回归预测模型进行预测。

（5）确定预测值。利用回归预测模型计算预测值，并对预测值进行综合分析，从而确定最终的预测值。

创建散点图之后，可以添加趋势线对存在相关关系的变量进行回归分析，从而拟合其回归直线。在向视图中添加趋势线时，Tableau 将构建一个回归模型，即趋势线模型。截至目前，Tableau 内置了线性、对数、指数、多项式和幂等 5 种趋势线模型。

- 线性：回归方程是线性函数关系 $y=a+bx1+cx2+\cdots cx_n$。
- 对数：回归方程是对数函数关系 $y=\log ax$。
- 指数：回归方程是指数函数关系 $y=a\hat{}x$。
- 多项式：回归方程是多项式函数关系 $y=a+bx+cx\hat{}2+dx\hat{}3+\cdots+mx\hat{}n$。
- 幂：回归方程是幂函数关系 $y=x\hat{}a$。

例如，需要对“门店 A 销售额”与“门店 A 利润额”两个变量进行回归分析。

1. 构建回归模型

将“门店 A 销售额”与“门店 A 利润额”分别拖曳至“行”功能区和“列”功能区中，然后通过“分析”菜单下的“聚合度量”命令对变量进行解聚，生成简单散点图。

在 Tableau 中，为散点图添加趋势线有以下两种方法。

方法 1：鼠标右键单击散点图，选择“趋势线”→“显示趋势线”选项（注意，程度会默认构建线性回归模型），如图 5-45 所示。

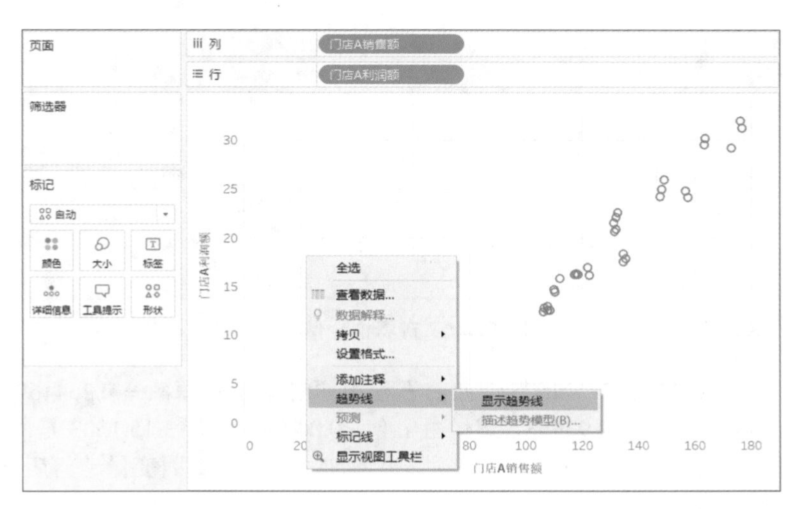

图 5-45　选择“显示趋势线”选项

方法 2： 拖曳“分析”窗格中的“趋势线”到右侧视图中，可以选择构建模型的类型，有线性、对数、指数、多项式、幂等 5 类，如图 5–46 所示。

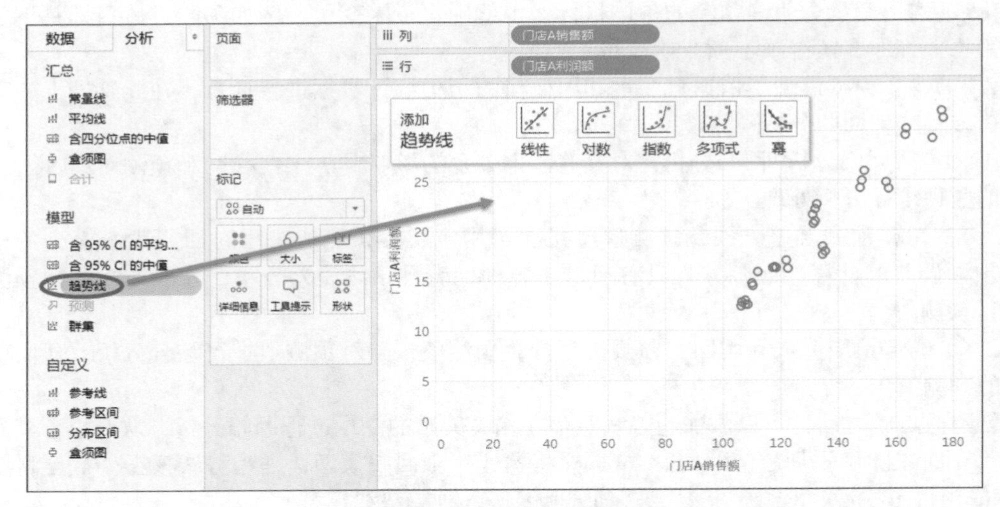

图 5–46　创建趋势线

下面以“线性”模型为例进行介绍，首先对简单散点图的横坐标起始范围进行设置，设置范围为 40~190。生成趋势线后将鼠标指针悬停在趋势线上，这时可以查看趋势线方程和模型的拟合情况，如图 5–47 所示。

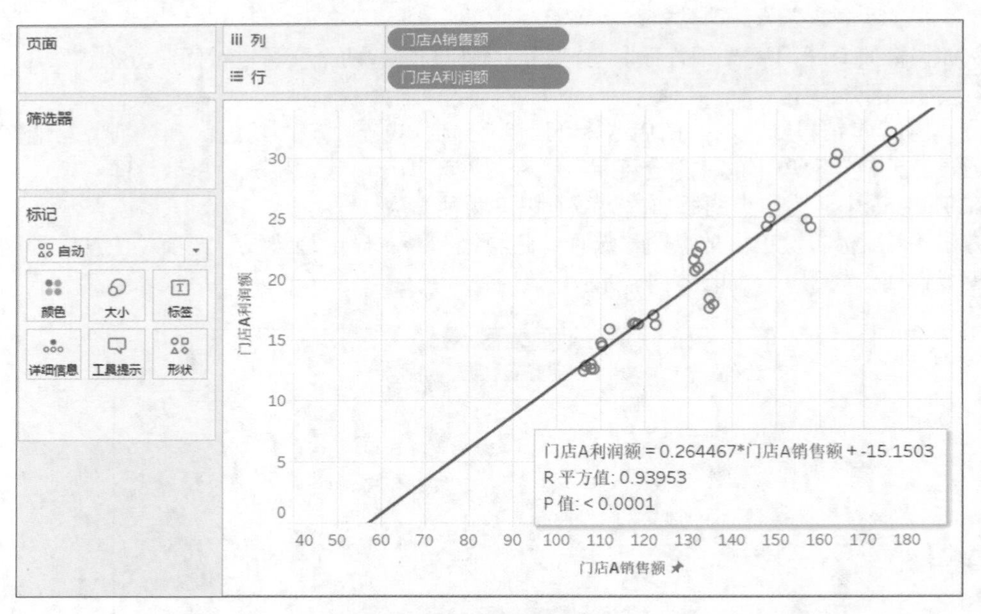

图 5–47　查看拟合情况

从图 5–47 中可以看出：拟合的线性回归方程为“门店 A 利润额 = 0.264467* 门店 A 销售额 +–15.1503”，R 平方值为 0.93953，显著性 p 值 <0.0001；其中 – 15.1503 是截距，0.264467 是回归系数，含义是自变量“门店 A 销售额”每增加一个单位，因变量“门店 A 利润额”将增加 0.264467 个单位。

2. 优化回归模型

在视图上右击，选择“趋势线”→“编辑趋势线”选项，弹出“趋势线选项”对话框，此时可以重新选择趋势线的类型等，如图 5-48 所示。

在“趋势线选项”对话框中，我们可以选择“线性”“对数”“指数”“幂”“多项式”等模型。如果需要绘制多条趋势线，可以勾选“允许按颜色绘制趋势线”。勾选“显示置信区间”后会显示上 95% 和下 95% 的置信区间线。如果需要让趋势线从原点开始，可以勾选“将 y 截距强制为零”。

3. 评估回归模型

添加趋势线后，如果想查看模型的拟合优度，我们只需在视图中右击，选择“趋势线”→“描述趋势模型”选项，打开“描述趋势模型”对话框，如图 5-49 所示。

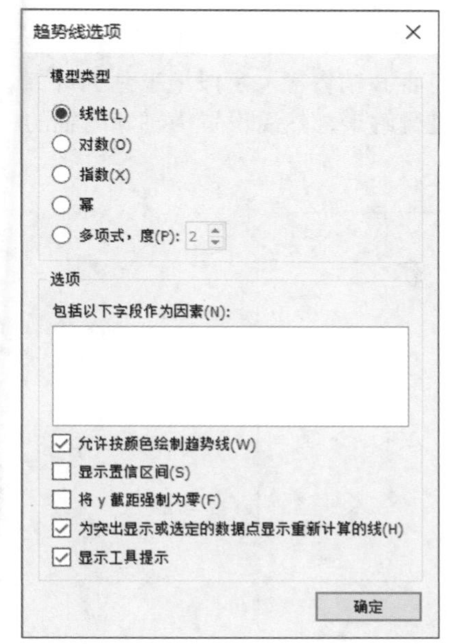

图 5-48　“趋势线选项”对话框

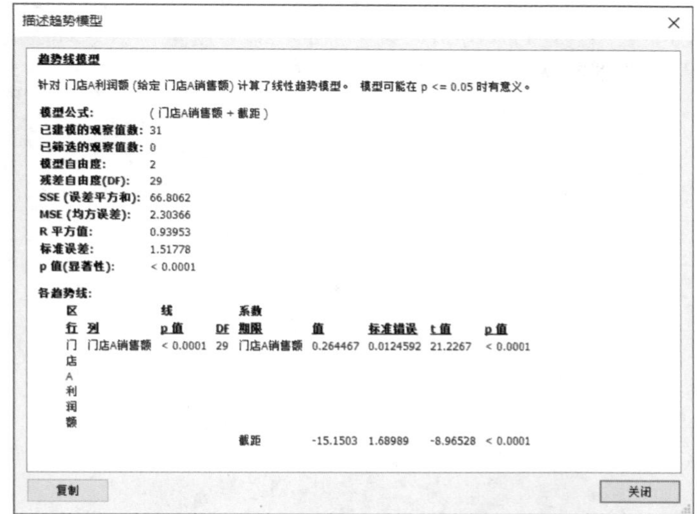

图 5-49　“描述趋势模型”对话框

通过图 5-49 所示的各个统计量可知获取模型的主要评估信息如下。

（1）模型自由度，即指定模型所需的参数个数，这里趋势线的模型自由度为 2。

（2）R 平方值，即模型的拟合优度度量，用于评价模型的可靠性，其数值大小可以反映趋势线的估计值与对应的实际数据之间的拟合程度，取值范围为 0~1。该模型的 R 平方值为 0.93953，表明该模型可以解释门店 A 利润额 93.953% 的方差。

（3）p 值（显著性），值越小代表模型的显著性越高，小于 0.0001 时说明该模型具有统计显著性，且回归系数显著。

5.3.3 聚类分析

微课视频

聚类分析是根据“物以类聚”的原理对样品或指标进行分类的一种多元统计分析方法，能按各自的特性进行合理的分类，没有任何模式可供参考或依循，即在没有先验知识的情况下进行的分析，主要有 *K* 均值聚类、系统聚类等。Tableau 嵌入的聚类模型是 *K* 均值聚类模型。

K 均值聚类（K-Means）是一种迭代求解的算法，其步骤是：首先指定聚类数 *K*，软件会随机选取 *K* 个点作为初始的聚类中心点；然后计算每个对象与 *K* 个初始聚类中心之间的距离，

并把每个对象分配给距离它最近的聚类中心点。聚类中心及分配给它们的对象就代表一个类，每个类的聚类中心会根据类中现有的对象重新计算每个类中对象的坐标平均值，这个过程将不断重复直到满足终止条件。

聚类与分类的不同之处在于聚类所要求划分的类是未知的，它是将数据分类到不同的类或者簇的一个过程，所以同一个簇中的对象有很大的相似性，而不同簇间的对象有很大的相异性。

聚类分析被应用于很多领域，在商业领域，聚类分析用于发现不同的客户群，并且通过购买模式刻画不同的客户群特征；在生物领域，聚类分析用于对动植物进行分类和对基因进行分类，从而明确对种群固有结构的认识；在保险领域，聚类分析通过一个高的平均消费值来鉴定汽车保险单持有者的分组，同时根据住宅类型、价值、地理位置来鉴定一个城市的房产分组；在互联网领域，聚类分析常用于在网上进行文档归类从而修复信息。

1. 构建聚类模型

下面以企业经营数据为例，对门店 A 和门店 B 的 3 月份销售额数据进行聚类分析。

将“门店 A 销售额”字段拖曳到“列”功能区中，将“门店 B 销售额”字段拖曳到“行”功能区中。通过“分析”菜单下的“聚合度量”命令对变量进行解聚，然后设置横轴和纵轴的刻度范围都从 100 开始，如图 5-50 所示。

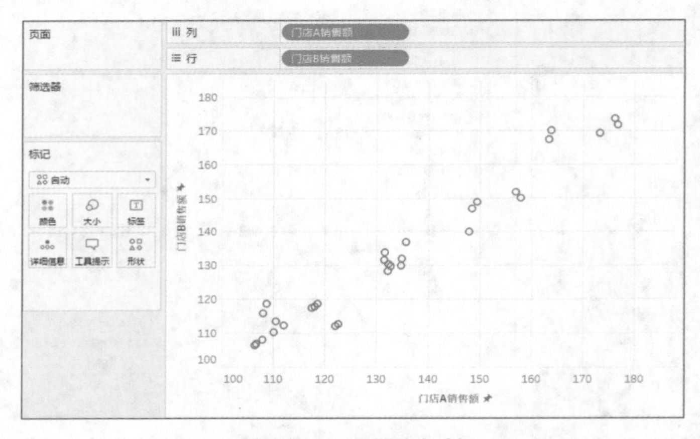

图 5-50 设置坐标轴

拖曳“分析”窗格中的“群集”到右侧视图中，视图的左上方会显示创建群集的信息，如图 5-51 所示。

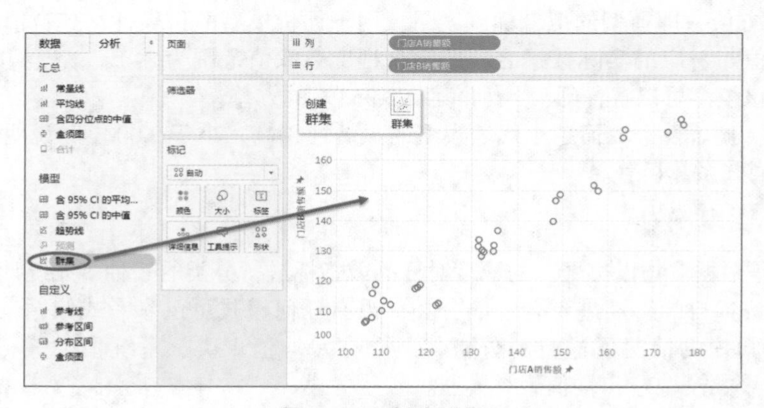

图 5-51 创建群集

根据绘制的散点图可以看出，分为 4 类比较合适，因此在弹出的“群集”对话框中的“群集数”文本框中输入 4，如图 5–52 所示。

将生成的“群集”字段拖曳到“标签”和“形状”标记上，然后对视图进行适当的美化，聚类分析的结果如图 5–53 所示。

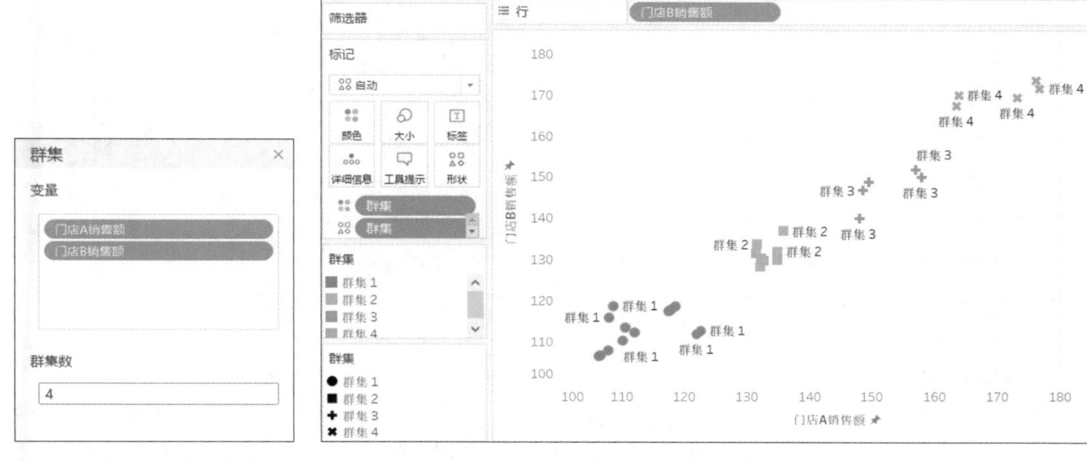

图 5–52　设置“群集数”　　　　图 5–53　聚类分析结果

2. 描述聚类模型

在“群集”下拉列表中选择“描述群集”选项，Tableau 会弹出“描述群集”对话框，在“摘要”选项卡中描述了已创建的预测模型，包括“要进行聚类分析的输入”“汇总诊断”等信息，如图 5–54 所示。

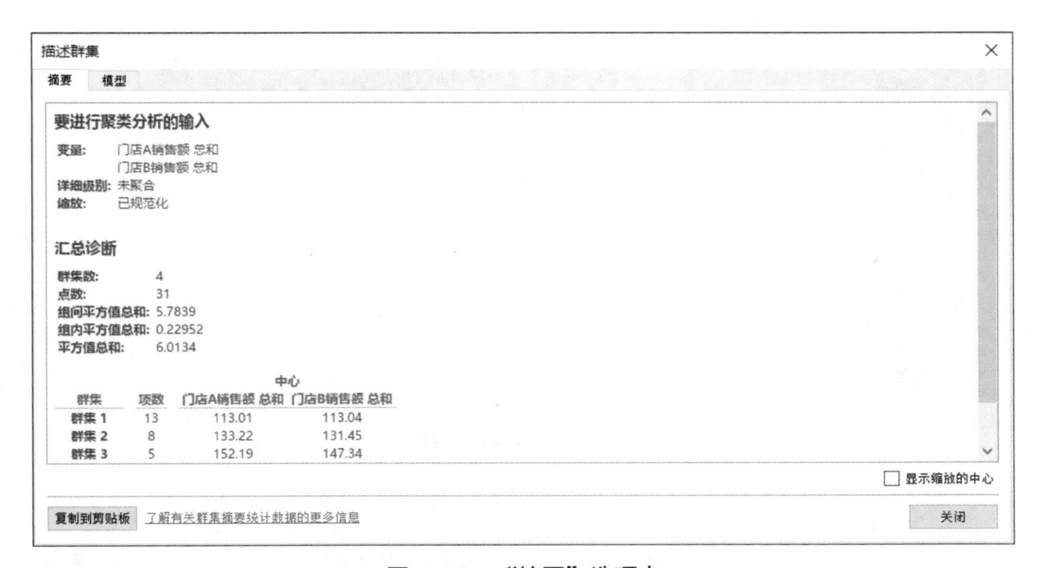

图 5–54　“摘要”选项卡

在“模型”选项卡中，Tableau 提供了方差分析的统计信息，包含“变量”“F- 统计数据”“p 值”“模型的平方值总和”“错误的平方值总和”等，如图 5–55 所示。

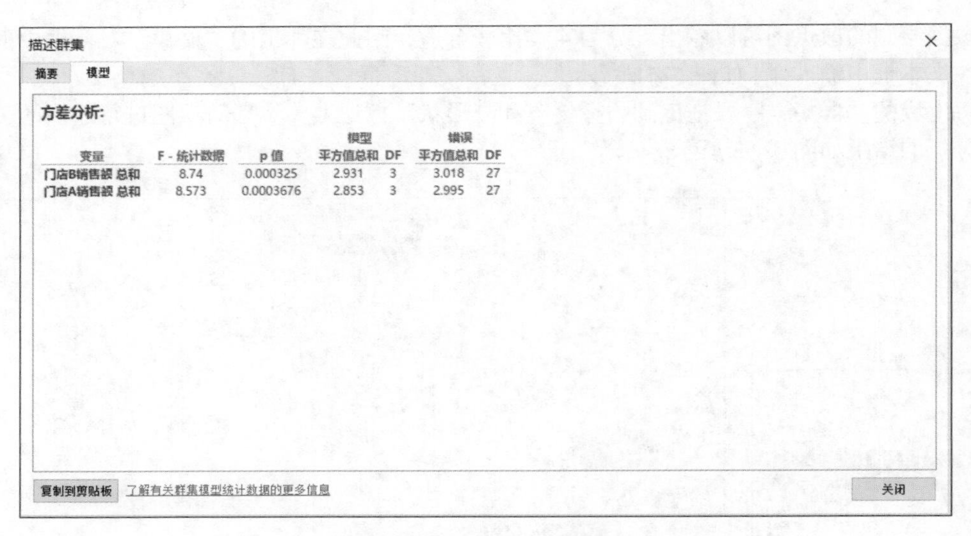
描述群集

摘要 模型

方差分析：

变量	F-统计数据	p 值	模型 平方值总和	模型 DF	错误 平方值总和	错误 DF
门店B销售额 总和	8.74	0.000325	2.931	3	3.018	27
门店A销售额 总和	8.573	0.0003676	2.853	3	2.995	27

复制到剪贴板　了解有关群集模型统计数据的更多信息　关闭

图 5-55　“模型”选项卡

3. 编辑聚类模型

在“群集”下拉列表中选择“编辑群集”选项，如图 5-56 所示，Tableau 会弹出图 5-52 所示的“群集”对话框，我们可以在其中添加聚类变量和修改群集数量。

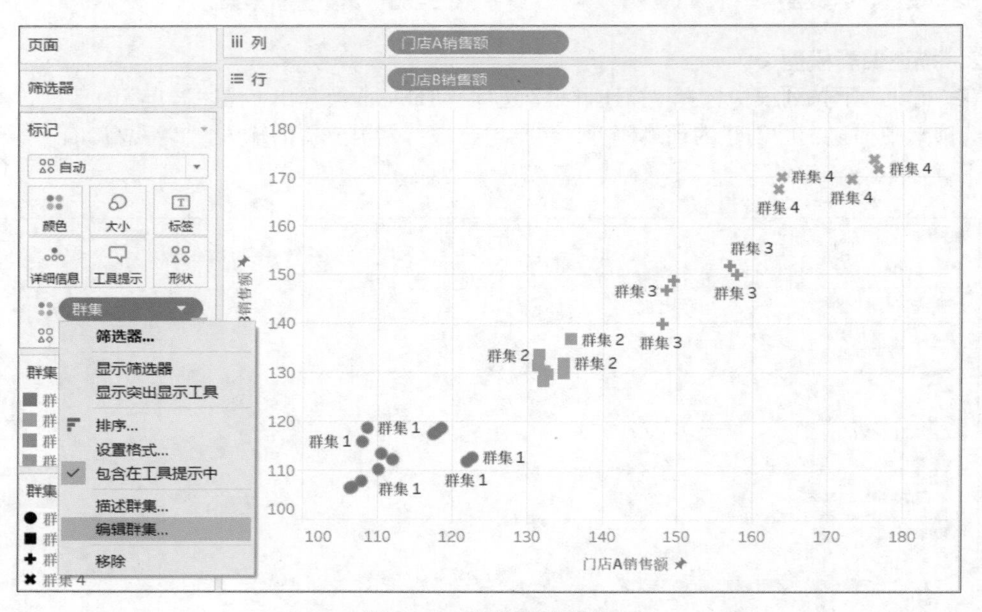

图 5-56　编辑聚类模型

5.3.4 时间序列分析

时间序列分析是根据系统观测得到的时间序列数据，通过曲线拟合和参数估计来建立数学模型的理论和方法。它一般采用曲线拟合和参数估计方法（如非线性最小二乘法）进行预测。时间序列分析常用在企业经营管理、市场潜量预测、气象预报、地震前兆预报、农作物病虫灾害预报、环境污染控制等方面。

微课视频

时间序列分析是根据过去的变化预测未来的发展，前提是假定事物的过去延续到未来。时间序列分析正是根据客观事物发展的连续规律性，即运用过去的历史数据，通过统计分析进一步推测未来的发展趋势。事物的过去会延续到未来这个假设前提包含两层含义：一是不会发生突然的跳跃变化，而是以相对小的步伐前进；二是过去和当前的现象可能表明现在和将来活动的发展变化趋向。

时间序列的数据变动存在着规律性与不规律性，每个观察值的大小都是影响变化的各种不同因素在同一时刻发生作用的综合结果。从这些影响因素作用的大小和发生方向变化的时间特性来看，这些因素造成的时间序列数据的变动分为以下 4 种类型。

- 趋势性：某个变量随着时间进展或自变量变化，呈现一种比较缓慢而长期的持续上升、下降或停留的同性质变动趋向，但变动幅度可能不相等。
- 周期性：某个因素受外部的影响，随着自然季节的交替出现高峰与低谷的规律。
- 随机性：个别为随机变动，整体呈现出统计规律。
- 综合性：实际变化情况是几种变动的叠加或组合，预测时应设法过滤不规则变动，突出反映趋势性和周期性变动。

Tableau 内嵌了对周期性波动数据的预测功能，可以分析数据规律、自动拟合、预测未来数据等，还可以对预测模型的参数进行调整、评价预测模型的精确度等。

但是，Tableau 嵌入的预测模型主要考虑数据本身的变化特征，无法考虑外部影响因素，因此适用于存在明显周期波动特征的时间序列数据。

1. 建立时间序列模型

时间序列图是一种特殊的折线图，以时间作为横轴，纵轴是不同时间点上变量的数值，它可以帮助我们直观地了解数据的变化趋势和季节变化规律。时间单位可以是年、季度、月、日，也可以是小时、分钟等。

下面以企业经营数据为例，创建 3 月门店 A 利润额的时间序列图。

将“门店 A 利润额”字段拖曳到“行”功能区，将“月份”字段拖曳到“列”功能区中，并单击鼠标右键，选择“天”选项切换日期字段的级别，视图中即显示了 3 月门店 A 利润额的时间序列图，如图 5-57 所示。

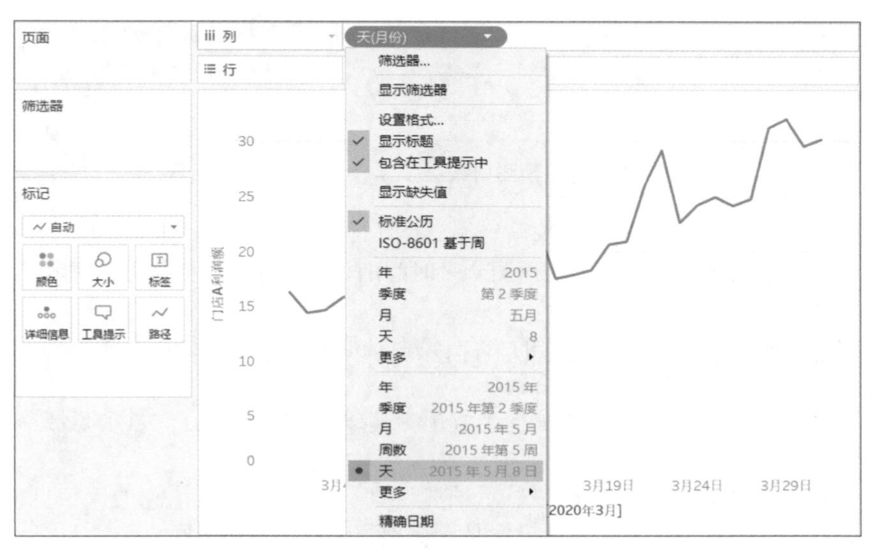

图 5-57 时间序列图

2. 时间序列预测

Tableau 嵌入了“指数平滑”的预测模型，即基于历史数据引入一个简化的加权因子（即平滑系数），以迭代的方式预测未来一定周期内的变化趋势。

该方法之所以称为指数平滑法，是因为每个级别的值都受到前一个实际值的影响，且影响程度呈指数下降，即数值离现在越近，权重就越大。

通常，时间序列中的数据点越多，所产生的预测结果就越准确。如果要进行季节性建模，那么需要具有足够的数据，因为模型越复杂，就需要越多的数据。

下面以企业经营数据为例，创建门店 A 利润额的时间序列预测模型。截至目前，Tableau 有以下 3 种方式生成预测曲线。

方法 1：在菜单栏中执行“分析”→“预测”→“显示预测”命令。

方法 2：在视图任意一点上单击鼠标右键，选择“预测”→“显示预测”选项。

方法 3：拖曳“分析”窗格中的“预测”模型到视图中。

在视图中，预测值显示在历史实际值的右侧，并以其他颜色显示，如图 5-58 所示。

3. 优化预测模型

Tableau 默认的预测模型可能不是最优的，用户可以在菜单栏中执行“分析”→“预测”→“预测选项”命令打开“预测选项”对话框，查看 Tableau 默认的预测模型类型和预测选项并进行适当的修改，如图 5-59 所示。

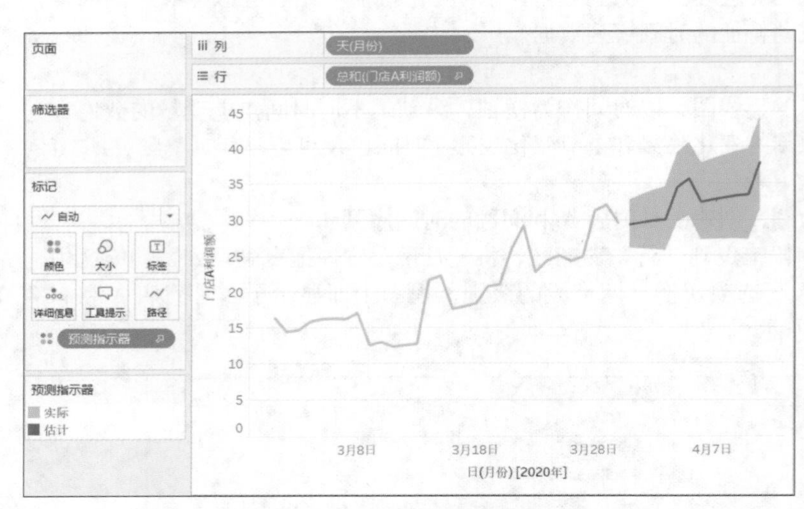

图 5-58 创建预测曲线

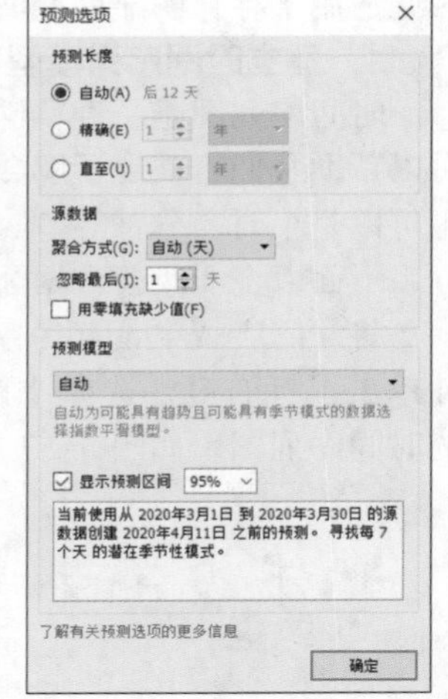

图 5-59 “预测选项”对话框

“预测选项”对话框中包括以下选项。

（1）预测长度。该选项用于确定预测未来时间的长度，包括“自动”“精确”“直至”3 个选项。

（2）源数据。该选项用于指定数据的聚合、期数选取和缺失值的处理方式，包括“聚合方式”“忽略最后”“用零填充缺少值”3 个选项。

（3）预测模型。该选项用于指定如何生成预测模型，包括“自动”“自动不带季节性”“自定义”3 个选项。

（4）显示预测区间。可以勾选“显示预测区间”选项并设置预测的置信区间为 90%、95%、99%，或者输入自定义值，并可设置是否在预测中包含预测区间。

（5）预测摘要。“预测选项”对话框底部的文本框中提供了当前预测的描述，每次更改上方的任一预测选项后，预测摘要都会更新。

这里我们在“预测选项”对话框中将“预测长度”选项设置为“自动”，将“聚合方式”选项设置为“自动”，将“预测模型”选项设置为“自动”，然后单击“确定”按钮，预测结果如图 5-60 所示。

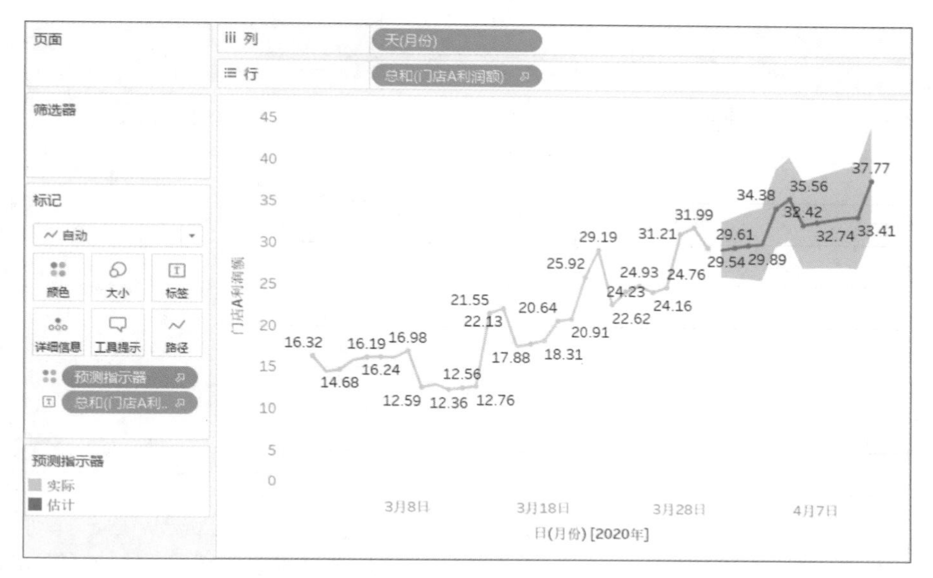

图 5-60　时间序列预测结果

4. 评估预测模型

与其他数据建模一样，时间序列建模完毕后，还需要通过一些具体指标对模型进行评估，具体操作如下。

在菜单栏中执行“分析”→“预测”→“描述预测”命令打开“描述预测”对话框，在其中可以查看模型的详细描述，分为“摘要”选项卡和“模型”选项卡。

在“摘要”选项卡中描述了已创建的预测模型，上半部分汇总了 Tableau 创建预测所用的选项，一般由软件自动选取，也可以在“预测选项”对话框中指定，如图 5-61 所示。

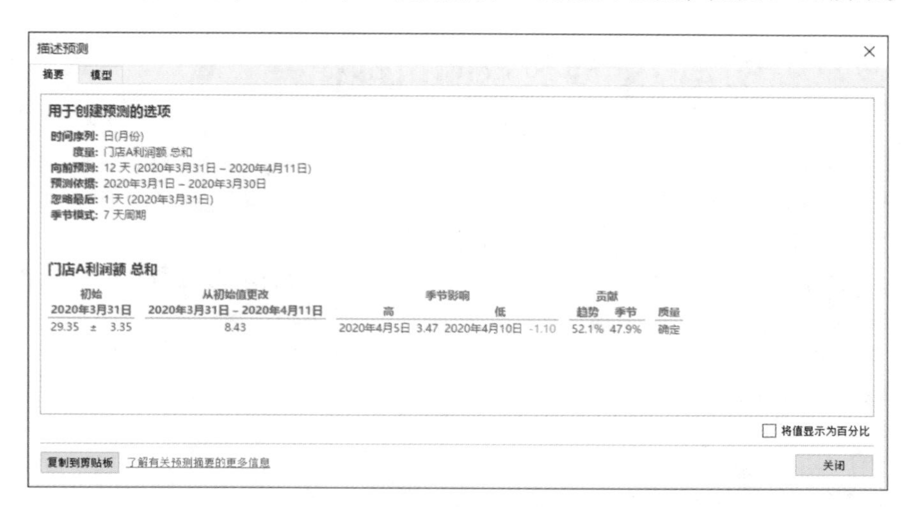

初始	从初始值更改	季节影响				贡献		
2020年3月31日	2020年3月31日 – 2020年4月11日	高		低		趋势	季节	质量
29.35 ± 3.35	8.43	2020年4月5日	3.47	2020年4月10日	-1.10	52.1%	47.9%	确定

图 5-61　“摘要”选项卡

在“模型”选项卡中，Tableau 提供了更详尽的模型信息，包含“模型”“质量指标”“平滑系数”3 个部分，如图 5-62 所示。

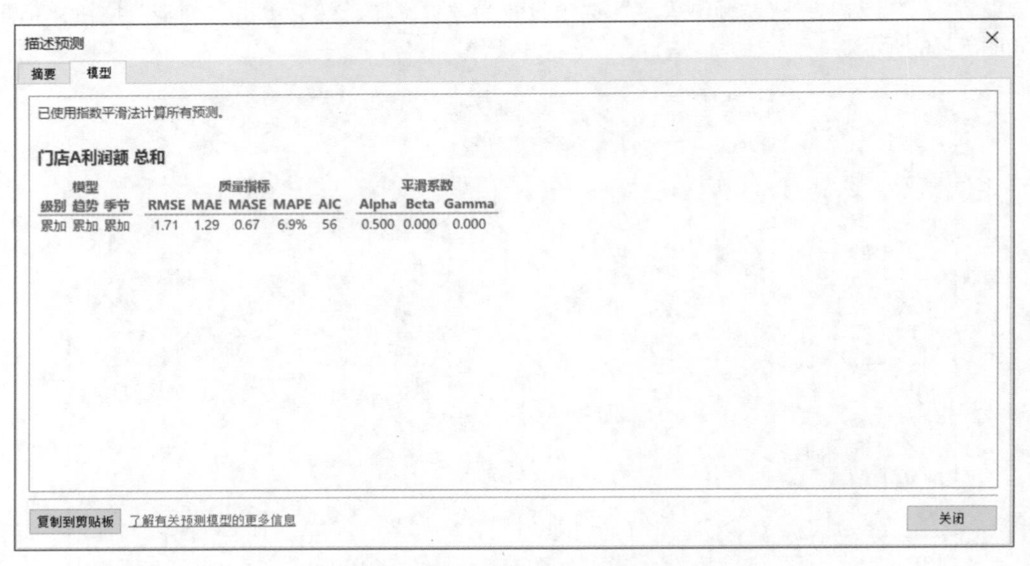

图 5-62　“模型”选项卡

（1）模型：指定“级别”“趋势”“季节”组件是否是用于生成预测模型的一部分；并且每个组件在创建整体预测值时，可以是“无”“累加”或“累乘”。

（2）质量指标：显示常规时间序列预测中经常使用的 5 个判断指标，包括“RMSE（均方误差）”“MAE（平均绝对误差）”“MASE（平均绝对标度误差）”“MAPE（平均绝对百分比误差）”及常用的“AIC（Akaike 信息准则）”。

（3）平滑系数：显示 3 个参数，即“Alpha（级别平滑系数）”“Beta（趋势平滑系数）”和“Gamma（季节平滑系数）”，根据数据的级别、趋势或季节的演变速率对平滑系数进行优化，使得较近的数值权重大于较早的数值权重。

5.4　地理数据的可视化

地理数据一般是通过绘制地图实现可视化的。地图是指依据一定的数学法则，使用制图语言表达地球上各种事物的空间分布、联系及时间的发展变化状态而绘制的图形。

下面简单介绍一下使用 Tableau 绘制地图的步骤。

（1）设置角色：即指定包含位置数据的字段，Tableau 会自动将地理角色分配给具有公用位置名称的字段。

（2）标记地图：在创建地图时，需要将生成的“纬度（生成）”和“经度（生成）”字段分别拖曳到“行”功能区和“列”功能区中，并将地理字段（如“城市”）拖曳到“详细信息”标记上。

（3）添加字段信息：为了使地图更加美观，需要添加更多字段信息，可以通过从“数据”窗格中将度量字段或连续维度字段拖曳到“标记”卡中来实现。

（4）设置地图选项：在创建地图时，有多个选项可以帮助我们控制地图的外观，在菜单栏中执行“地图”→“地图选项”命令打开“地图选项”窗格。

（5）自定义地图：创建地图时，可以使用不同方式浏览视图并与其交互，可以放大和缩小视图、平移视图、选择标记，甚至可以通过地图搜索具体地点等。

5.5　练习题

（1）使用“商品订单表 .xlsx”文件创建 2020 年不同地区利润额的饼图。

（2）使用“商品订单表 .xlsx”文件创建 2020 年不同地区销售额的箱形图。

（3）使用“门店运营数据 .xlsx”文件预测门店 B 在 4 月上旬的销售额。

CHAPTER 06

第6章 Tableau仪表板和故事

Tableau 仪表板是若干个视图的集合，让我们能同时比较各种数据。如果有一组每天都需要审阅的数据，那么可以创建一个显示所有视图的仪表板来显示数据，而不是将其逐一导航到单独的工作表。这样后期只需审阅该仪表板即可查看所有数据。

本章将详细介绍创建仪表板的基本要求、Tableau 仪表板、Tableau 故事以及共享可视化视图等内容。

6.1 创建仪表板的基本要求

对分析师来说，如何才能制作出高效精良的仪表板呢？归纳起来，主要有以下 3 点：熟悉业务并合理规划、利用视图充分展示、完善视图以避免错误。

6.1.1 熟悉业务并合理规划

1. 了解可视化的对象

出色的仪表板都是服务于它们的目标用户的。除了要知道仪表板应展示给什么样的用户看之外，还必须了解他们的专业知识水平及想要研究的主题和内容。

2. 考虑显示屏尺寸

在创建仪表板前需要提前调研，了解用户使用什么样的设备查看仪表板。如果用户想要在笔记本电脑上查看，而实际上仪表板却适应于手机，那么用户很可能会不满意。

3. 合理规划，确保快速加载

再精美的仪表板，如果加载时间过长，长时间的等待也会让用户感到心烦意乱，所以优化操作顺序有助于缩短加载时间。

6.1.2 利用视图充分展示

1. 充分利用能够吸引目光的位置

在数字时代，大多数人在查看内容时都会本能地从屏幕左上角开始浏览。在确定了仪表板的主要目的之后，可以将最重要的视图放在仪表板的左上角。

2. 限制视图的数量和颜色

添加过多视图会破坏仪表板的整体效果，一般添加两三个视图即可。如果发现两三个视图不能满足需要，可以再创建仪表板。此外，合理使用颜色会使仪表板增色不少。

3. 增强交互性以鼓励用户探索

筛选器可以给可视化分析带来锦上添花的效果，同时能吸引用户参与交互。启用突出显示功能后，在一个视图中选择某个对象后会在其他视图中突出显示相关的数据。

此外，推出完美的仪表板并非一劳永逸的事，一定要征询用户的反馈意见，了解该仪表板哪些方面对他们有用，哪些方面无用。

6.1.3　完善视图以避免错误

上面已经简要说明了制作仪表板的常用做法，接下来列举一些需要避免的常见错误。

1. 试图通过一个仪表板解答过多问题

人们有时想要通过非常详细的实时仪表板涵盖所有业务，向用户提供大量下钻查询选项。除非仪表板涵盖的范围小而具体，否则这样的仪表板不会给用户带来任何助益。

2. 使用一些难以理解的指标

指标及给指标添加的标签对制作者而言可能很好理解，但应思考其他人能否明白它们的含义。确保这些内容契合用户的专业知识水平，建议先向其中一名用户展示仪表板的设计原型。

3. 混入了无关紧要的图表和小组件

不要将仪表板做得华而不实，或使用一些类似于仪表的图形和小组件。在仪表板中添加不必要的对象就像自定义仪表板一样会让人上瘾，但也会妨碍预期目标的实现。

此外，应该花一些时间站在用户的角度查看仪表板，这样需要调整的方面就会突显出来，在测试上花费的功夫永远都不会白费。

6.2　Tableau 仪表板

前面我们介绍了如何使用 Tableau 制作可视化的图表，本节我们将要介绍图表等视图的组合体仪表板。创建一个或多个视图后，可以将它们拖入仪表板，从而进一步增强可视化视图的交互性等。

微课视频

6.2.1　认识仪表板

仪表板像工作表一样，可以通过工作簿底部的标签访问。工作表和仪表板中的数据是相通的，当修改工作表时，包含该工作表的所有仪表板也会随之更改。工作表和仪表板都会随着数据源中数据的更新而一起更新。

6.2.2　创建仪表板

仪表板的创建方式与工作表的创建方式相同。如果要开始创建仪表板，请单击工作簿底部的“新建仪表板”按钮，如图 6-1 所示。

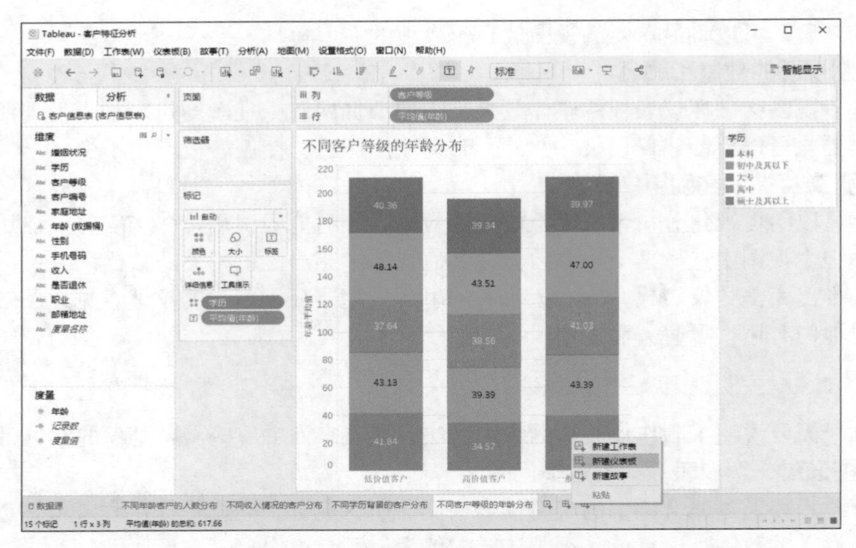

图 6-1　单击“新建仪表板”按钮

“仪表板”窗格出现在左侧，并列出了工作簿中的所有工作表。创建仪表板后，单击已经构建的视图（在左侧的“工作表”区域下），并将它们拖曳到右侧的仪表板中，灰色阴影区域用于指明可以将视图放到哪个位置，如图 6-2 所示。

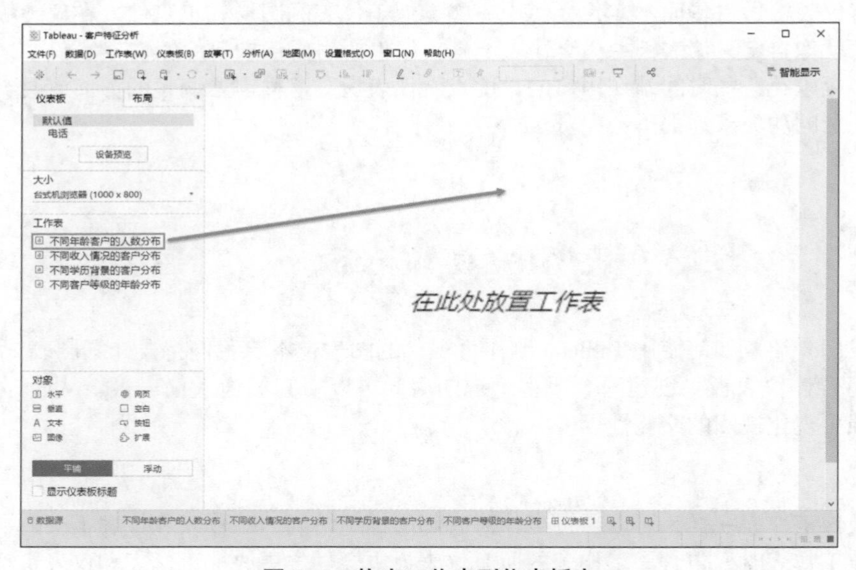

图 6-2　拖曳工作表到仪表板中

添加和编辑对象。除了可以将视图添加到仪表板中之外，还可以添加用于增强视觉吸引力和交互性的对象，图 6-2 所示的左下角“对象”区域中有以下 8 种类型。

（1）水平与垂直对象：提供布局容器，这些容器能将相关对象组合在一起，并可以在用户与对象交互时调整仪表板大小区域。

（2）文本对象：在仪表板中添加显示文本，内容要言简意赅。

（3）图像对象：在仪表板中添加图像，可以将它们链接到特定目标 URL。

（4）网页对象：在仪表板的上下文中显示目标页面，注意查看这些网页的安全性选项以确保安全，并且要注意某些网页不允许嵌入。

（5）空白对象：可用于调整仪表板之间的间距。

（6）按钮对象：可让用户从一个仪表板导航到另一个仪表板，或者导航到其他工作表中，添加自定义图像和工具提示文本来向用户呈现按钮的目标。

（7）扩展对象：使我们能向仪表板中添加独特的功能，或将它们与Tableau外部的应用程序集成。

6.2.3 完善美化仪表板

创建仪表板之后，可能需要调整其大小或对其进行重新组织，以便更好地为用户工作。

1. 调整总体仪表板大小

用于调整Tableau仪表板大小的选项共有3种，即“固定大小”“范围”“自动”，如图6-3所示。

（1）固定大小。默认值，不管用于显示仪表板的窗口的大小如何，仪表板的大小都不变。如果仪表板比窗口大，那么仪表板将变为可滚动形式。可以从预设大小中进行选择，例如“台式机浏览器”“小型博客”和“iPad”。“固定大小”使我们能够指定对象的确切位置，如果有浮动对象，则会很有用。此外，已发布仪表板的加载速度可能更快，因为它们更有可能使用服务器上的缓存。

（2）范围。仪表板在指定的最小和最大之间进行缩放，如果用于显示仪表板的窗口比最小要小，则会显示滚动条；如果该窗口比最大要大，则会显示空白。当针对需要相同内容并具有类似形状的两种不同显示大小进行设计时，可以使用此选项。“范围”同样非常适合于具有垂直布局的移动仪表板，在这种布局中，宽度会发生变化以适应不同移动设备，高度固定以实现垂直滚动。

（3）自动。仪表板会自动调整大小以填充用于显示仪表板的窗口，如果希望Tableau处理任何大小调整操作，可以使用此选项；如果想获得最佳效果，可以使用平铺仪表板布局。

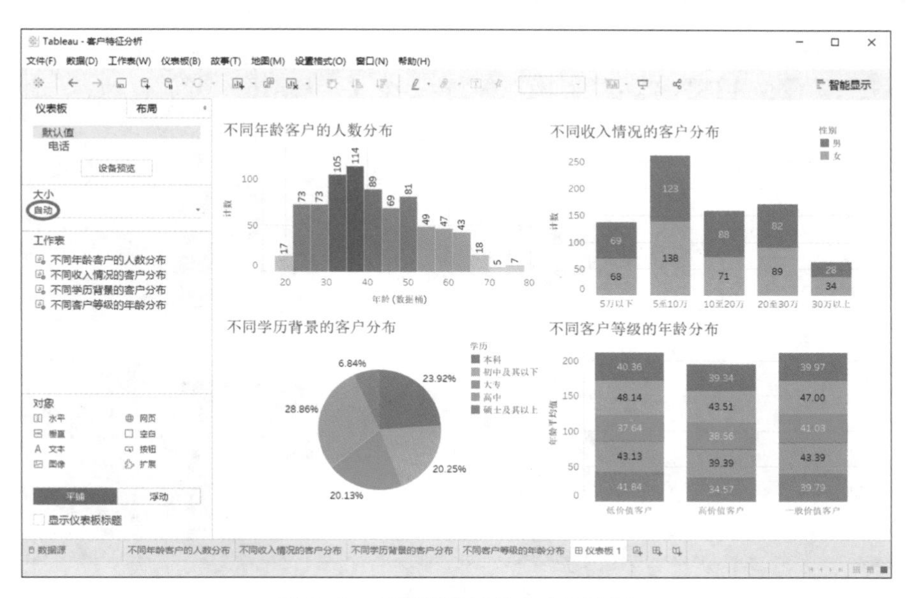

图6-3 设置仪表板的大小和布局

2. 在项目周围添加边距、边框和背景色

边距能精确地在仪表板中分隔项目，而边框和背景色能直观地突出显示项目。“内边距”用于设置项目内容与边框和背景色边界之间的间隔；“外边距”用于在边框和背景色之外增加

额外的间隔。选择一个单独项目或选择整个仪表板，在左侧的“布局”窗格中指定边框样式和颜色、背景色、不透明度和边距大小，如图 6-4 所示。

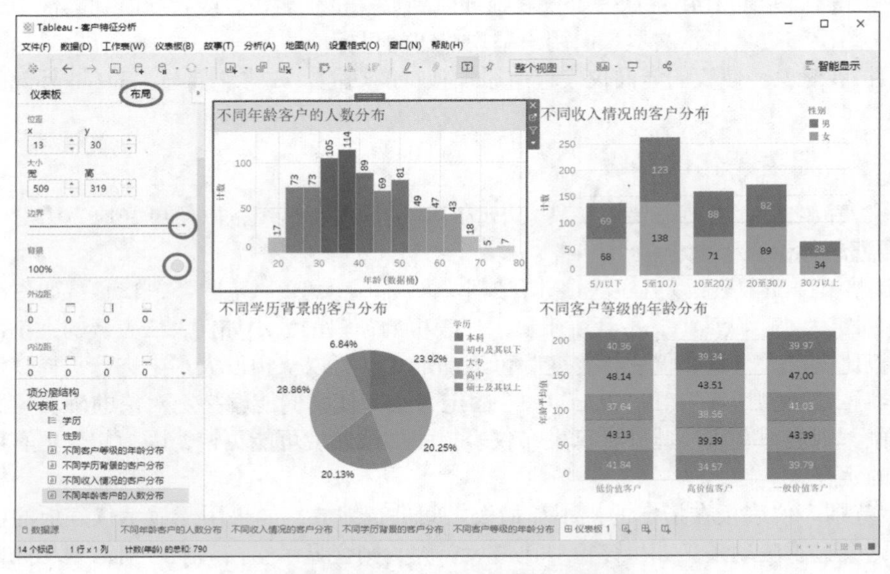

图 6-4　添加边距、边框和背景色

3. 设置工作表背景

下面介绍如何设置工作表的背景。在仪表板中选择任意一张工作表，在菜单栏中执行“设置格式”→“阴影”命令，然后单击“工作表”选项卡并将背景颜色选择为“无”。如果工作表显示为不透明，请将基础仪表板、对象或布局容器的背景颜色更改为“无”，如图 6-5 所示。

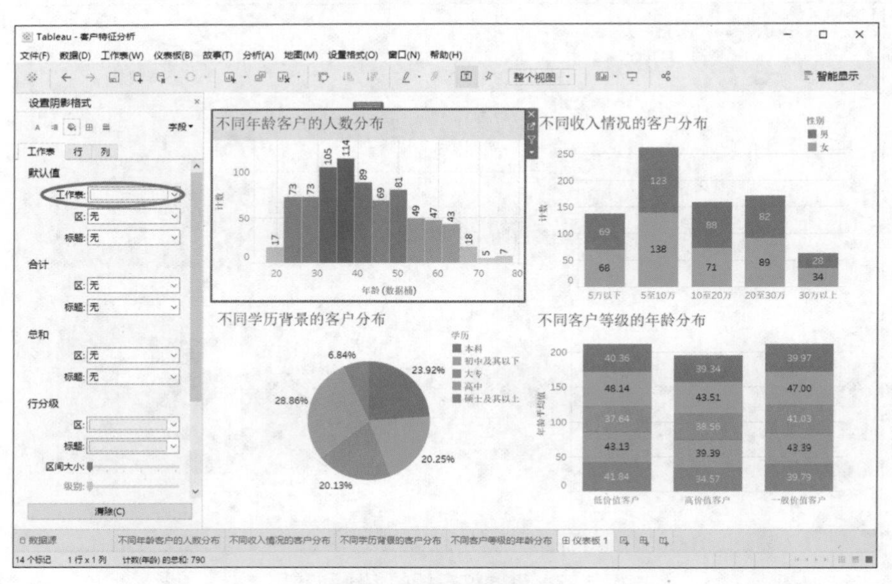

图 6-5　更改背景颜色

此外，为了将透明工作表与其他仪表板选项平滑集成，需要在菜单栏中执行“设置格式”→“边界”和“设置格式”→“线”命令，移除边界和线条或者更改其颜色。

6.3　Tableau 故事

6.3.1　让故事代替 PPT

故事是指按顺序排列的工作表集合，包含多个传达信息的工作表或仪表板。故事中各个单独的工作表称为“故事点”，创建故事的目的是揭示各种事实之间的关系、提供上下文、演示决策与结果的关系。

Tableau 故事不是静态屏幕截图的集合，故事点仍与基础数据保持连接，并随着数据源数据的更改而更改，或随所用视图和仪表板的更改而更改。当我们需要分享故事时，可以通过将工作簿发布到 Tableau Server 或 Tableau Online 中来实现。

在数据分析工作中，使用故事的方式主要有以下两种。

（1）协作分析：可以使用故事构建有序分析，供自己使用或与同事协作使用；故事用于显示数据随时间变化的效果或执行假设分析。

（2）演示工具：可以使用故事向客户叙述某个事实，就像仪表板提供相互协作视图的空间排列一样，故事可按顺序排列视图或仪表板，从而创建一种叙述流。

可以通过故事让商业汇报变得更加简便。如果要演示故事，就需要使用演示模式，即单击工具栏中的“演示模式”按钮，快捷键为 F7；如果要退出演示模式，需要按 Esc 键或单击视图右下角的“退出演示模式”按钮，快捷键也是 F7。

下面我们将介绍使用 Tableau 创建故事的详细步骤及注意事项，使用的数据源是“商品订单表 .xlsx”。

6.3.2　创建故事

鼠标右键单击 Tableau 下方的“新建故事”按钮，新建一个故事，如图 6-6 所示。

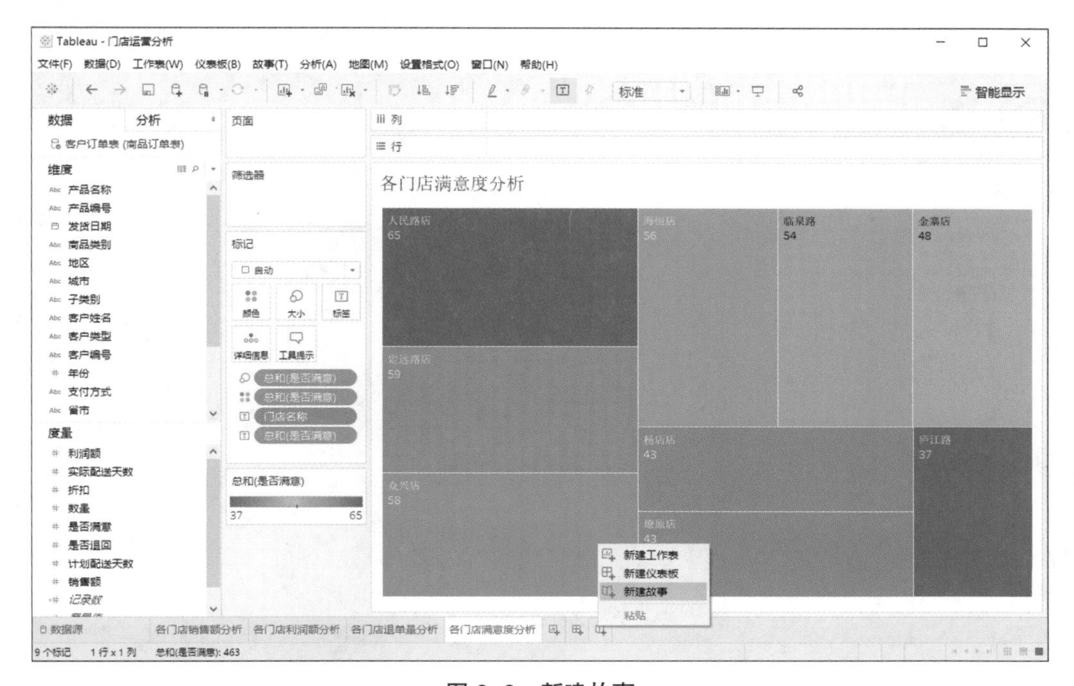

图 6-6　新建故事

鼠标右键单击新建故事点的名称“故事 1”，然后选择“编辑标题”选项，输入“运营分析”，如图 6-7 所示。

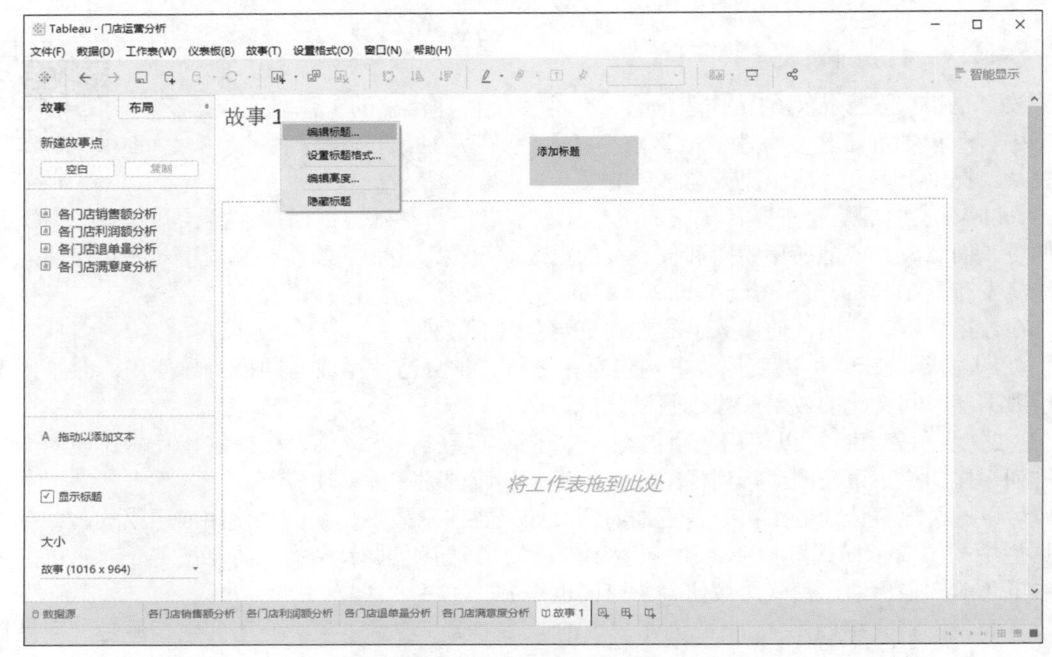

图 6-7　重命名故事

在“故事”窗格左下角可以设置故事页面的具体大小，我们可以从预定义的大小中任意选择一种，这里选择“自动”，如图 6-8 所示。

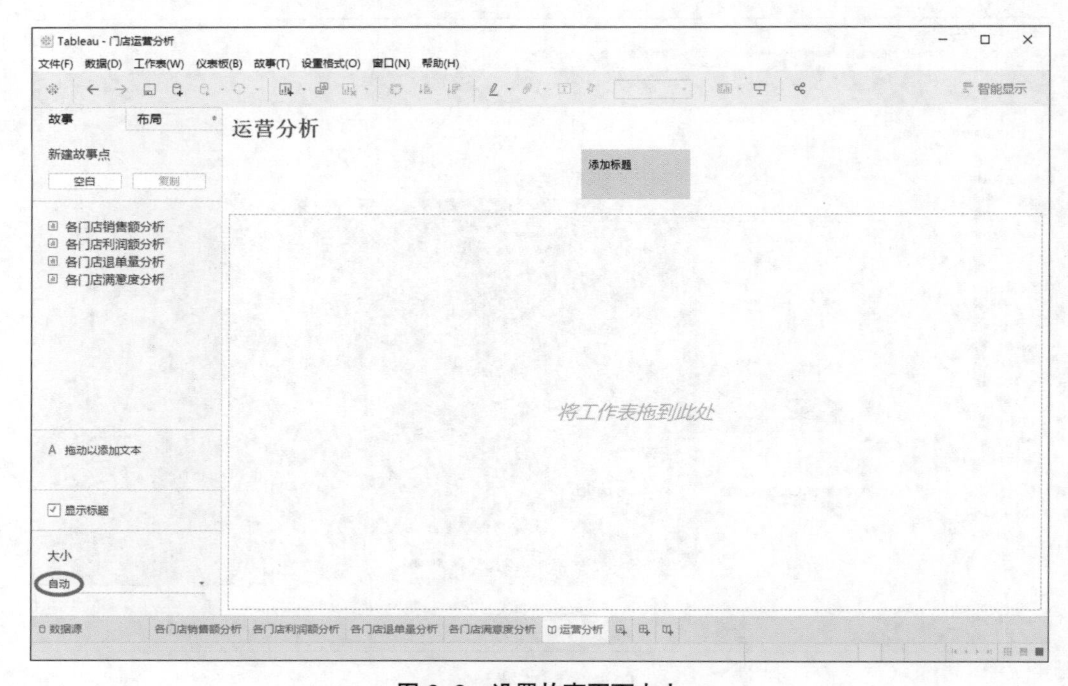

图 6-8　设置故事页面大小

将“工作表”窗格中的工作表拖曳到故事页面中，如“各门店销售额分析”，如图 6–9 所示。

Tableau - 门店运营分析

文件(F) 数据(D) 工作表(W) 仪表板(B) 故事(T) 设置格式(O) 窗口(N) 帮助(H)

智能显示

故事 布局

新建故事点

空白 复制

各门店销售额分析
各门店利润额分析
各门店退单量分析
各门店满意度分析

A 拖动以添加文本

显示标题

大小

自动

运营分析

添加标题

门店名称	2014	2015	2016	2017	2018	2019	2020
定远路店	479,361	554,804	483,944	527,830	492,282	598,890	308,124
海恒店	445,556	573,220	594,757	481,059	531,964	750,910	248,140
金寨店	566,498	487,845	379,514	474,030	556,876	674,465	299,130
燎原店	398,734	516,741	494,330	493,854	541,911	625,675	242,819
临泉路	693,822	525,746	407,325	490,851	577,069	749,211	330,202
庐江路	380,131	441,059	583,225	554,916	662,413	561,178	322,092
人民路店	496,400	425,621	487,550	550,942	497,921	588,477	283,016
杨店店	413,402	444,517	496,282	553,024	571,902	663,209	202,032
众兴店	538,360	528,531	612,389	552,767	625,909	718,926	214,385

销售额

202,032　750,910

数据源　各门店销售额分析　各门店利润额分析　各门店退单量分析　各门店满意度分析　运营分析

图 6–9　从“工作表”窗格中添加故事

为故事点添加标题。单击“添加标题”，输入标题内容，如“各门店销售额”。

如果想再创建一个“各门店利润额”的故事点，可以单击“空白”按钮，再拖曳“各门店利润额分析”报表到故事页面中，并输入标题“各门店利润额”，如图 6–10 所示。

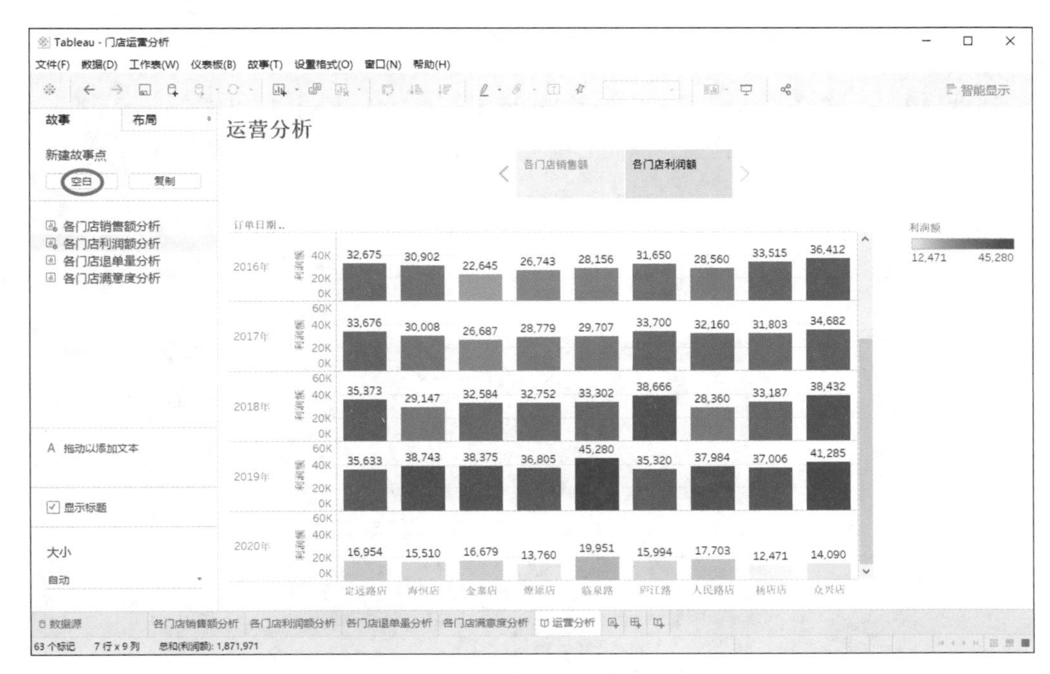

图 6–10　新建一个故事点

按照上面介绍的步骤，继续创建“各门店退单量”和“各门店满意度”故事点。

此外，我们还可以单击“复制”按钮复制故事点，使用该操作会得到一个与原来的故事点完全一样的新故事点。例如，先选择“各门店满意度”故事点，然后单击“复制”按钮，将会出现两个“各门店满意度”故事点，如图 6-11 所示。

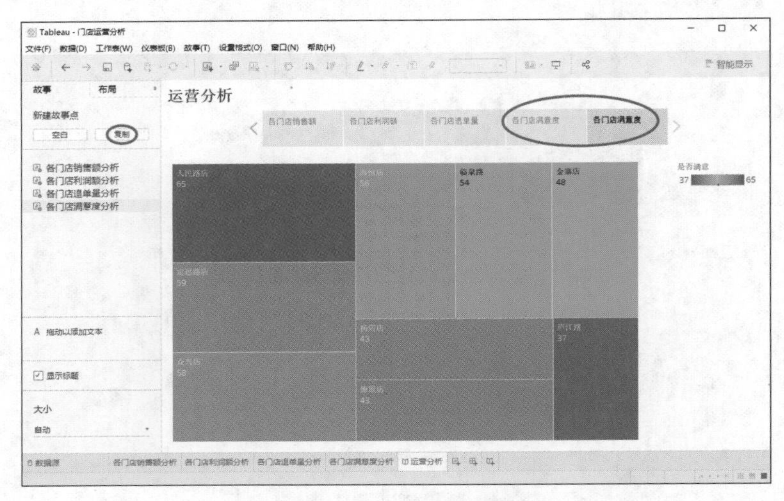

图 6-11　复制故事点

6.3.3　完善美化故事

调整故事格式是指对构成故事的工作表进行适当设置，包括调整标题大小、调整故事大小、设置故事格式等。

1. 调整标题大小

有时一个或多个选项中的文本太长，不能刚好放在导航器内，这种情况需要纵向或横向调整文本大小。

在导航器中拖曳左边框或右边框以横向调整文本大小，拖曳下边框以纵向调整大小；还可以选择一个角并沿对角线方向拖曳，以同时调整文本的横向和纵向大小，如图 6-12 所示。

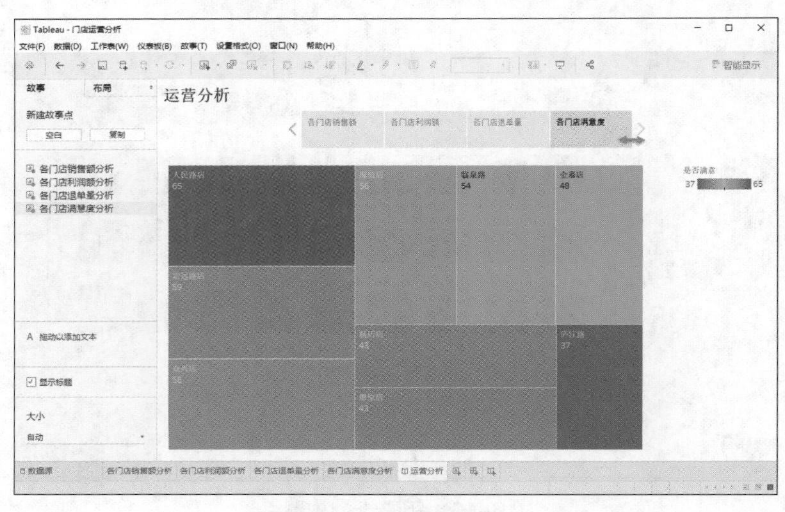

图 6-12　调整标题大小

2. 调整故事大小

要使仪表板恰好适合放在故事中，需要在“故事”窗格左下角打开“大小”下拉列表，并选择适合的故事。用户还可以进行自定义设置，如图 6–13 所示。

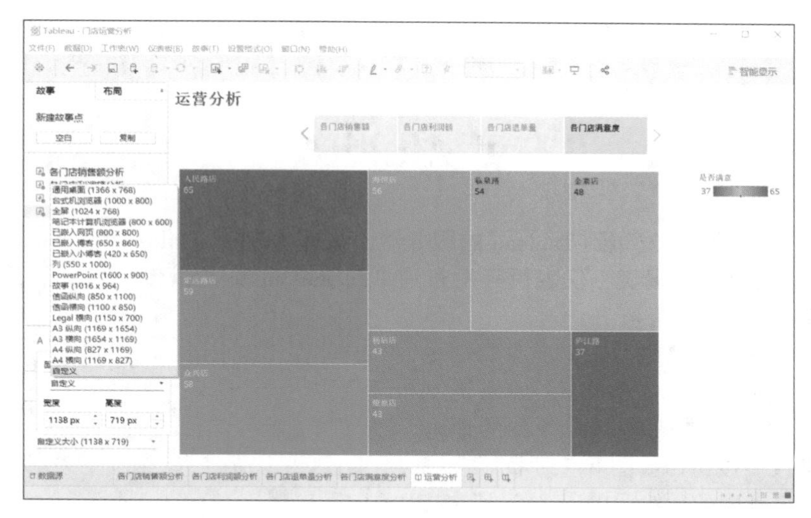

图 6–13　调整故事大小

3. 设置故事格式

在菜单栏中执行“故事”→“设置格式”命令，打开“设置故事格式”窗格，在“设置故事格式”窗格中可以设置故事的格式，如图 6–14 所示。

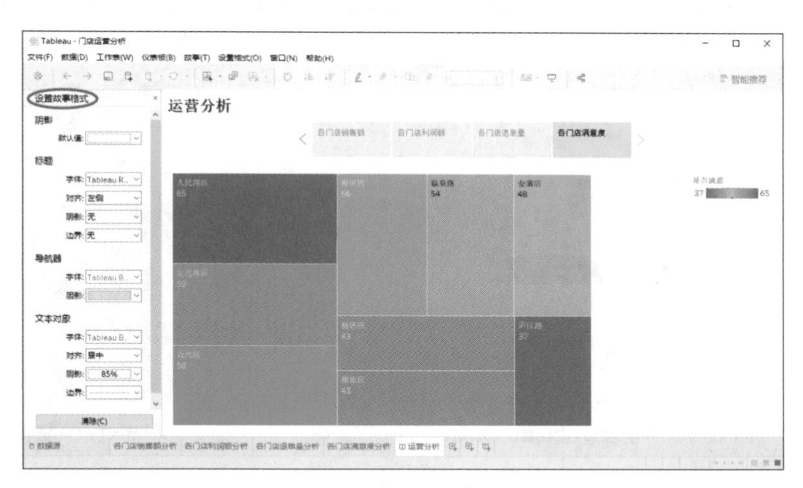

图 6–14　设置故事格式

（1）阴影。在“设置故事格式”窗格中单击故事阴影的下拉按钮，可以选择故事的颜色和透明度。

（2）标题。如果要调整故事标题的字体、对齐方式、阴影和边框，可以根据需要单击故事标题的下拉按钮进行设置。

（3）导航器。单击“字体”下拉按钮可以调整字体的样式、大小和颜色，单击“阴影”下拉按钮可以选择导航器的颜色和透明度。

（4）文本对象。如果故事中包含说明，就可以在“设置故事格式”窗格中设置所有说明的格式，在其中可以调整字体及添加阴影边框等。

（5）清除。“清除”按钮位于最下方，若要将故事重置为默认格式设置，则单击“设置故事格式”窗格底部的“清除”按钮。

6.4 共享可视化视图

微课视频

数据可视化视图可以发布到 Tableau 的服务器，包括 Tableau Online 和 Tableau Server。下面具体介绍将报表、仪表板等发布到 Tableau Online 的操作，与发布到 Tableau Server 的方法类似。

在菜单栏中执行“文件”→“共享”命令，我们这里只发布到 Tableau Online，如果是发布到 Tableau Server，还需要输入服务器的地址，然后单击“连接”按钮，如图 6-15 所示。

输入用户名和密码，然后单击“登录”按钮，如图 6-16 所示。

输入所在的项目和可视化视图的名称等，然后单击“发布”按钮即可，如图 6-17 所示。

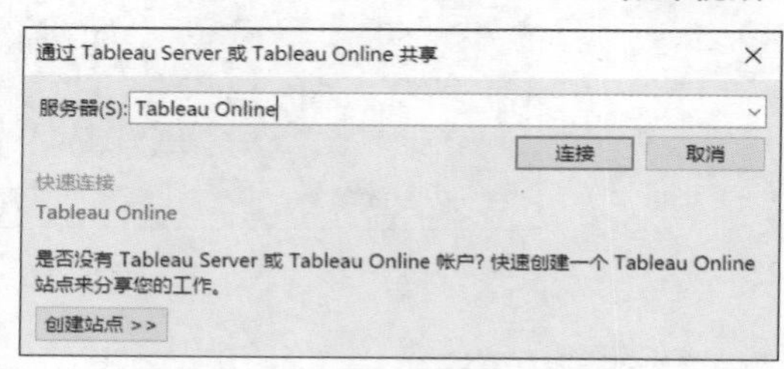

图 6-15　发布到 Tableau Online

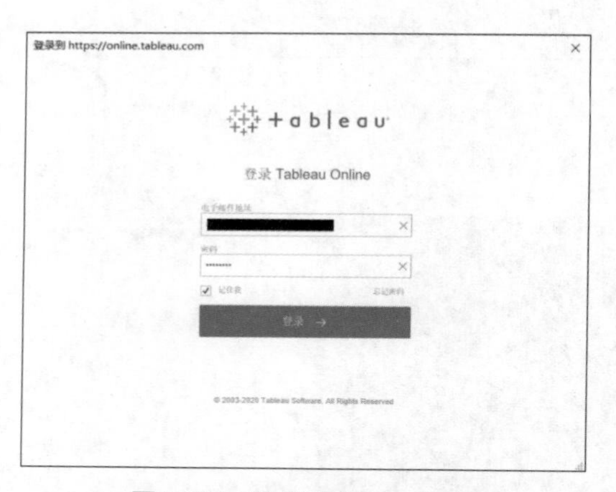

图 6-16　登录 Tableau Online

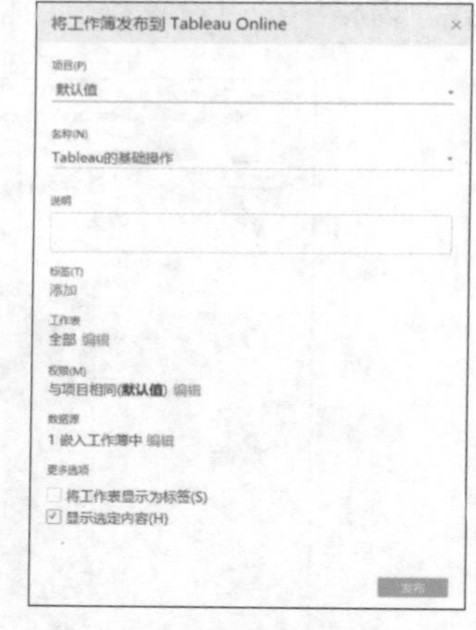

图 6-17　发布视图

6.5 练习题

（1）使用“商品订单表.xlsx”文件创建 2020 年各类型商品销售额的仪表板。

（2）使用“商品订单表.xlsx”文件创建 2020 年该企业各门店满意度的仪表板。

（3）使用“商品订单表.xlsx”文件创建 2020 年该企业各门店销售业绩的故事。

CHAPTER 07

第 7 章　连接 Hadoop 集群

Hadoop Hive 是基于 Hadoop 的一个数据仓库工具，可以将结构化的数据文件映射为一张数据库表，并提供完整的 SQL 查询功能。它可以将 SQL 语句转换为 MapReduce 任务并运行，优点是学习成本低。本章将详细介绍如何在 Tableau 中连接 Cloudera Hive、MapR Hive 等 Hadoop 集群及相关注意事项。

7.1　认识 Hadoop

Hadoop 在 2006 年开始成为雅虎项目，随后成为顶级 Apache 开源项目。它是一种通用的分布式系统基础架构，具有多个组件：Hadoop 分布式文件系统（HDFS）可将文件以 Hadoop 本机格式存储并在集群中并行化；YARN 是协调应用程序运行的调度程序；MapReduce 是实际并行处理数据的算法。通过 Thrift 客户端，用户可以编写 MapReduce 或者 Python 代码。

除了这些基本组件外，Hadoop 还包括一些其他组件：Sqoop 将关系数据移入 HDFS；Hive 是一种类似 SQL 的接口，允许用户在 HDFS 上运行查询；Mahout 是分布式机器学习算法的集合，如图 7-1 所示。除了可以将 HDFS 用于文件存储之外，Hadoop 现在还可以使用 S3 buckets 或 Azure blob 作为输入。

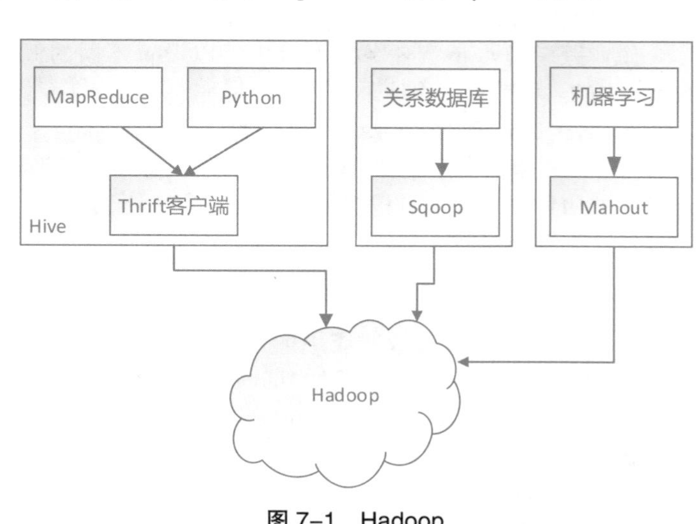

图 7-1　Hadoop

Hadoop 主要用于进行大数据的存储、计算，Hadoop 集群主要由两个部分组成：一部分是存储、计算“数据”的“库”，另一部分是存储计算框架。

7.1.1 Hadoop 分布式文件系统

Hadoop 分布式文件系统（HDFS）是一种文件系统的实现，类似于 NTFS、EXT3、EXT4 等。不过 Hadoop 分布式文件系统建立在更高的层次之上，在 HDFS 上存储的文件会被分成块（每块默认为 64MB，比一般的文件系统块大得多）分布在多台机器上，每个块又会有多块（默认为 3）冗余备份，以增强文件系统的容错能力，这种存储模式与后面的 MapReduce 计算模型相得益彰。HDFS 在具体实现中主要有以下几个部分。

1. 名称节点（Name Node）

名称节点的职责在于存储整个文件系统的元数据，是一个非常重要的角色。元数据在集群启动时会加载到内存中，元数据的改变也会写到磁盘的系统映像文件中，同时文件系统还会维护对元数据的编辑日志。HDFS 存储文件时是将文件划分成逻辑上的块存储的，对应关系都存储在名称节点上，如果有损坏，整个集群的数据都会不可用。

我们可以采取一些措施备份名称节点的元数据，例如将名称节点目录同时设置为本地目录和一个 NFS 目录，这样任何元数据的改变都会写入两个目录中做冗余备份。这样使用中的名称节点关机后，可以使用 NFS 上的备份文件恢复文件系统。

2. 第二名称节点（Secondary Name Node）

第二名称节点的作用是定期通过编辑日志合并命名空间映像，以防止编辑日志过大。不过第二名称节点的状态滞后于名称节点，如果名称节点出现问题，必定会有一些文件损失。

3. 数据节点（Data Node）

数据节点是 HDFS 中具体存储数据的地方，一般有多台机器。除了提供存储服务，还会定时向名称节点发送存储的块列表。名称节点中没有必要永久保存每个文件、每个块所在的数据节点，这些信息会在系统启动后由数据节点重建。

7.1.2 MapReduce 计算框架

MapReduce 计算框架是一种分布式计算模型，核心是将任务分解成多个小任务，由不同计算者同时参与计算，并将各个计算者的计算结果合并，得出最终结果。该模型本身非常简单，一般只需要实现两个接口即可，关键在于怎样将实际问题转化为 MapReduce 任务。Hadoop 的 MapReduce 主要由以下两个部分组成。

1. 作业跟踪节点（Job Tracker）

作业跟踪节点负责任务的调度（可以设置不同的调度策略）、状态跟踪，有点类似于 HDFS 中的名称节点。作业跟踪节点也是一个单点，在软件未来的版本中可能会有所改进。

2. 任务跟踪节点（Task Tracker）

任务跟踪节点负责具体的任务执行。作业跟踪节点通过“心跳”的方式告知作业跟踪节点状态，并由作业跟踪节点根据报告的状态为其分配任务。任务跟踪节点会启动一个新 JVM 运行任务，当然 JVM 实例也可以被重用。

7.1.3 Apache Hadoop 发行版

Hadoop 在大数据领域的应用前景很广阔，不过因为是开源技术，所以在实际应用过程中存在很多问题。市场上有多种 Hadoop 发行版，国外目前主要有两家公司在做这项业务：Cloudera 和 MapR。Cloudera 和 MapR 的发行版都是收费的，他们基于开源技术提高稳定性，同时强化了一些功能，定制化程度较高，但核心技术是不公开的，收入主要来自软件。

1. Cloudera Hadoop

Cloudera 公司是大数据领域知名的公司和市场领导者，提供了市场上第一个 Hadoop 商业发行版本，即 Cloudera Hadoop。Cloudera Hadoop 对 Apache Hadoop 进行了商业化，简化了安装过程，并对 Hadoop 做了一些封装。CDH（Cloudera Distribution Hadoop）是 Hadoop 众多分支中的一个，是 Cloudera 公司的发行版，包含 Hadoop、Spark、Hive、Hbase 和一些工具等。

Cloudera Hadoop 有两个版本：Cloudera Express 版本是免费的；Cloudera Enterprise 版本是收费的，有 60 天的试用期。Cloudera 企业版的架构如图 7–2 所示。

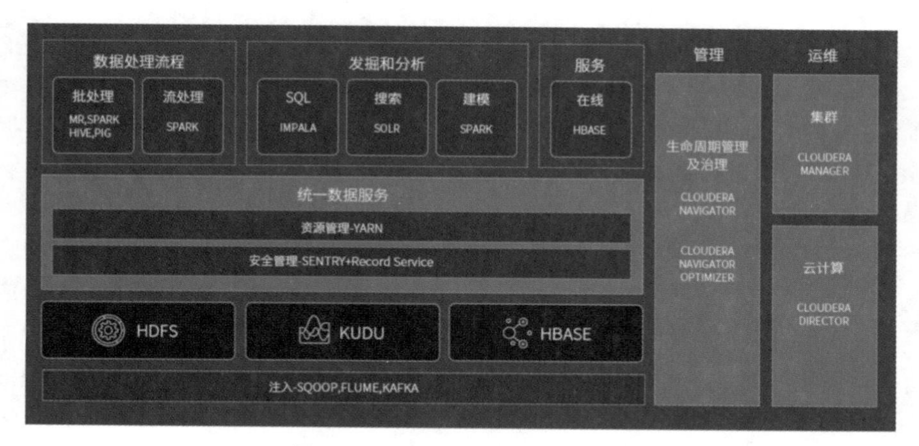

图 7–2　Cloudera 企业版的架构

Cloudera Hadoop 的系统管控平台是 Cloudera Manager，它易于使用、界面清晰，拥有丰富的信息内容。为了便于在集群中运行与 Hadoop 等大数据处理相关的服务安装和监控管理的组件，它对集群中主机、Hadoop、Hive、Spark 等服务的安装配置管理做了极大简化。

2. MapR Hadoop

MapR 公司的 Hadoop 商业发行版紧跟市场需求，能更快满足市场需要。一些行业巨头（如思科、埃森哲、波音、谷歌、亚马逊）也是 MapR 公司的用户。与 Cloudera Hadoop 不同的是，MapR Hadoop 不依赖于 Linux 操作系统，也不依赖于 HDFS，而是在 MapR-FS 文件系统上把元数据保存在计算节点中，从而快速进行数据的存储和处理，其架构如图 7–3 所示。

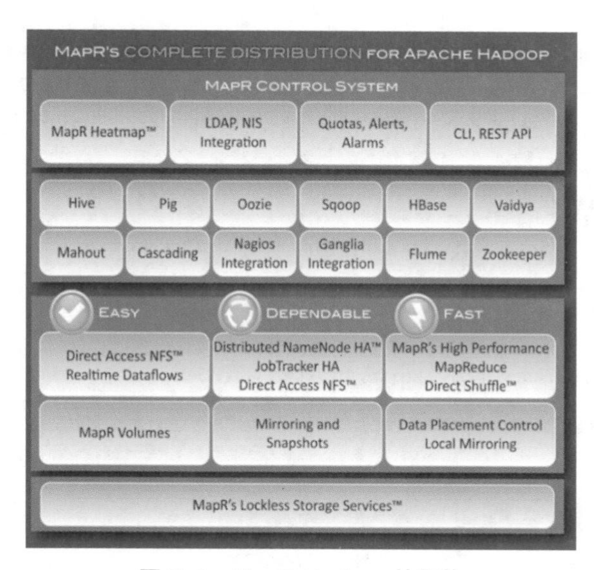

图 7–3　MapR Hadoop 的架构

MapR Hadoop 还凭借快照、镜像或有状态的故障恢复等类型的高可用性特性来与其他竞争者相区别。该公司也管理着 Apache Drill 项目，它是谷歌公司 Dremel 开源项目的重新实现，目的是在 Hadoop 数据上执行类似 SQL 的查询以提供实时处理功能。

7.2 连接的基本条件

Hadoop Hive 是一种通过混合使用传统 SQL 表达式，以及特定于 Hadoop 的高级数据分析和转换操作，利用 Hadoop 集群数据的技术。Tableau 使用 Hive 与 Hadoop 配合工作，提供无须编程的环境。

Tableau 支持使用 Hive 和数据源的 HiveODBC 驱动程序连接存储在 Cloudera、Hortonworks 和 MapR 分布集群中的数据。

7.2.1 连接的前提条件

下面介绍连接的前提条件，对于 Hive Server 的连接，必须具备以下条件之一：Hadoop 集群包含 Apache Hadoop CDH3u1 或更高版本的 Cloudera 分布，其中包括 Hive 0.7.1 或更高版本；Hortonworks；MapR Enterprise Edition(M5)；Amazon EMR。

对于 Hive Server 2 的连接，必须具备以下条件之一：Hadoop 集群包括 Apache Hadoop CDH4u1 的 Cloudera 分布，Hortonworks HDP1.2，带有 Hive 0.9+ 的 MapR Enterprise Edition(M5)，Amazon EMR。

此外，还必须在每台运行 Tableau Desktop 或 Tableau Server 的计算机上安装 Hive ODBC 驱动程序。

7.2.2 安装驱动程序

对于 Hive Server 或 Hive Server2，必须从“驱动程序”页面下载与安装 Cloudera、Hortonworks、MapR 或 Amazon EMR ODBC 驱动程序。

- Cloudera(Hive)：适用于 ApacheHive2.5.x 的 Cloudera ODBC 驱动程序；用于 Tableau Server 8.0.8 或更高版本，需要使用驱动程序 2.5.0.1001 或更高版本。
- Cloudera(Impala)：适用于 Impala Hive 2.5.x 的 Cloudera ODBC 驱动程序；如果连接到 Cloudera Hadoop 上的 Beeswax 服务，就要改为适合 Tableau Windows 使用的 Cloudera ODBC 1.2 连接器。
- Hortonworks：Hortonworks Hive ODBC 驱动程序 1.2.x。
- MapR：MapR_odbc_2.1.0_x86.exe 或更高版本，或者 MapR_odbc_2.1.0_x64.exe 或更高版本。
- Amazon EMR：Hive ODBC.zip 或 Impala ODBC.zip。

如果已安装其他版本的驱动程序，就要先卸载该驱动程序，再安装“驱动程序”页面上提供的对应版本。

7.2.3 启动 Hive 服务

在集群中，对所有 Hive 原数据和分区的访问都要通过 Hive Metastore。启动远程 metastore 后，

Hive 客户端连接 metastore 服务，从而可以从数据库查询到原数据信息，metastore 服务端和客户端间的通信通过 thrift 协议实现。

在 Hadoop 集群的终端界面中输入以下命令：

```
hive —service metastore
```

上面的命令将在退出 Hadoop 终端时终止，因此可能需要以持续状态运行 Hive 服务。要将 Hive 服务移到后台，需要输入以下命令：

```
nohup hive —service metastore > metastore.log 2>&1 &
```

此外，在 Hadoop 集群中，可以通过启动 HiveServer2，让客户端可以在不启动 Hive CLI 的情况下对 Hive 中的数据进行操作。它允许远程客户端使用编程语言（如 Java、Python 或者第三方可视化工具）向 Hive 提交数据提取请求，并返回结果。HiveServer2 支持多客户端的并发和认证，为开放 API 客户端（如 JDBC、ODBC）提供了更好的支持。

Tableau 连接 Hadoop 集群需要启动 HiveServer2，然后在终端界面中输入以下命令：

```
hive --service hiveserver2  &
```

7.3　连接的主要步骤

在 Tableau Desktop 中选择适当的服务器、Cloudera Hadoop 和 MapR Hadoop Hive，然后输入连接所需的信息。

7.3.1　连接 Cloudera Hadoop 大数据集群

微课视频

在连接 Cloudera Hadoop 大数据集群前，需要确保已经安装了最新的驱动程序。按照以下的步骤安装对应的驱动程序，首先到 Cloudera 的官方网站下载对应的驱动程序，然后单击 Hive ODBC 驱动程序的下载链接，如图 7–4 所示。

图 7–4　下载 Cloudera Hadoop Hive

根据需要选择合适的 ODBC 驱动程序，我们这里选择的是 Windows 64 位驱动程序，然后单击“GET IT NOW”按钮，如图 7–5 所示。进入注册页面，填写相应的信息就可以下载。

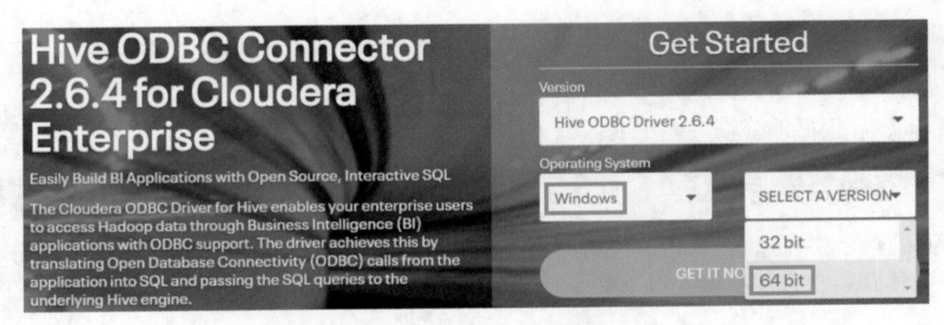

图 7-5　选择合适的版本

驱动程序的安装比较简单，保持默认设置即可，这里不再具体介绍。

驱动程序安装完毕后，需要检查一下是否可以正常连接 Cloudera Hadoop 集群，前提是连接前需要正常启动 Hadoop 集群。

打开计算机管理工具下的 ODBC 数据源，然后配置“Sample Cloudera Hive DSN”，如图 7-6 所示，配置完毕后，单击下方的“Test”按钮。如果测试结果中显示“SUCCESS!”，说明可以正常连接 Hadoop 集群，如图 7-7 所示。

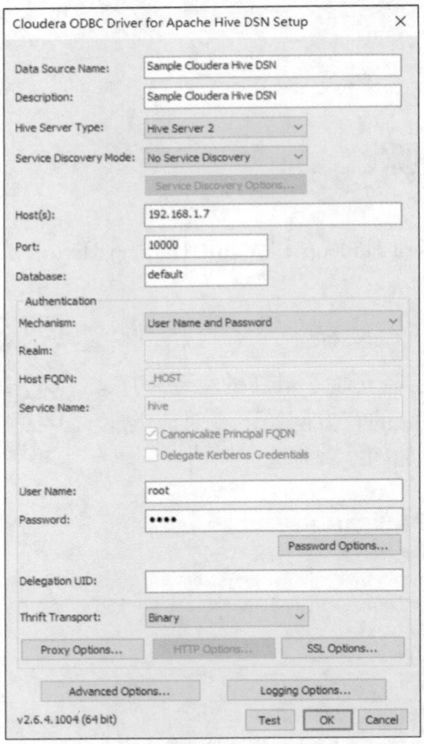

图 7-6　连接参数对话框

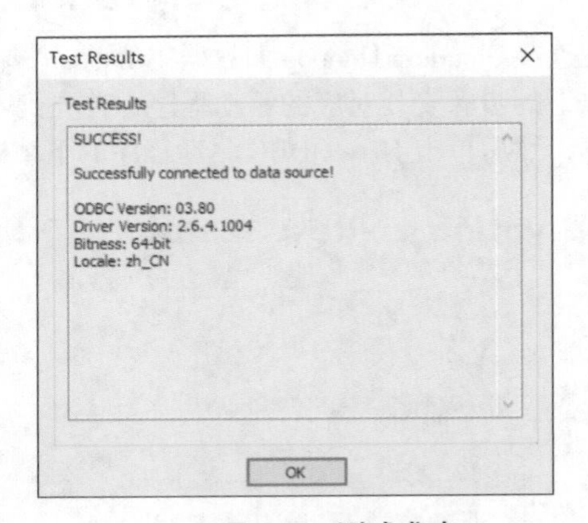

图 7-7　测试成功

当测试成功后，我们就可以在 Tableau 中连接 Cloudera Hadoop 集群了，否则就需要找出失败的原因，并重新进行测试，这一过程对初学者来说有一定的难度，建议咨询企业的大数据平台的相关技术人员。下面介绍具体的连接过程。

在开始页面的“连接”窗格中单击“Cloudera Hadoop”选项，然后执行以下操作。

在对话框中输入服务器的 IP 地址与服务器登录信息，包括类型、身份验证、传输类型、用户名和密码等，如图 7–8 所示。

图 7–8　连接 Cloudera Hadoop

然后单击“登录”按钮，如果出现如图 7–9 所示的界面，说明连接成功，否则请检查前面的参数设置是否有错误。

图 7–9　成功连接数据源

在“架构”下拉列表中选择数据库，架构与关系型数据库中的具体数据库名称类似。选择合适的架构查找方式，有“精确”“包含”“开头为”3 种，这里我们选择“精确”方式。在“选择架构”文本框中输入“sales”后，单击“搜索”按钮，如图 7–10 所示，在下方会出现“sales”，如图 7–11 所示。

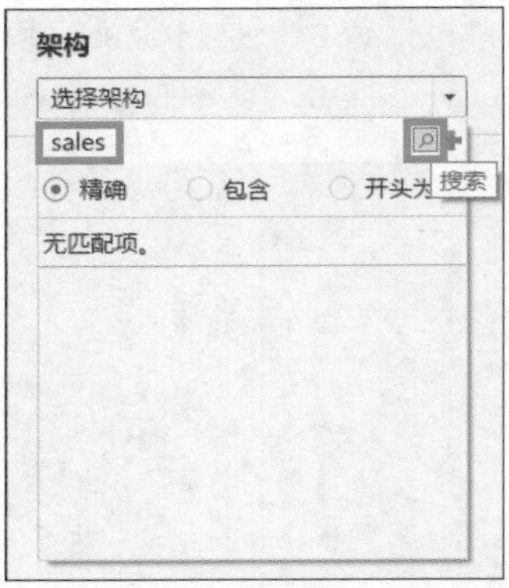

图 7-10　搜索架构

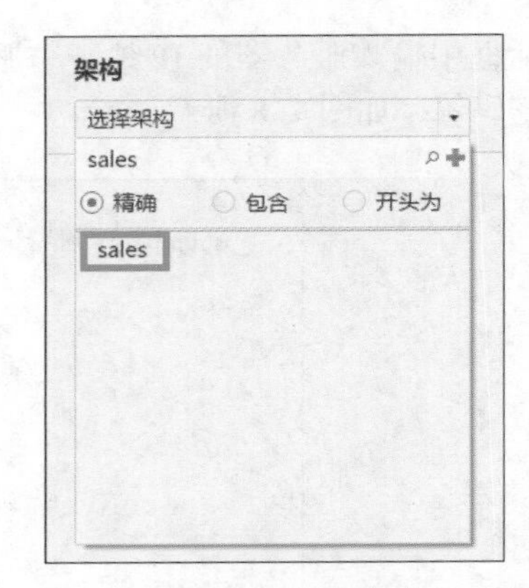

图 7-11　选择架构

双击下方的“sales”进入具体数据表的选择区域，如图 7-12 所示。然后输入需要进行可视化分析的表名称，例如输入“orders”表，再单击“搜索”按钮，如图 7-13 所示。

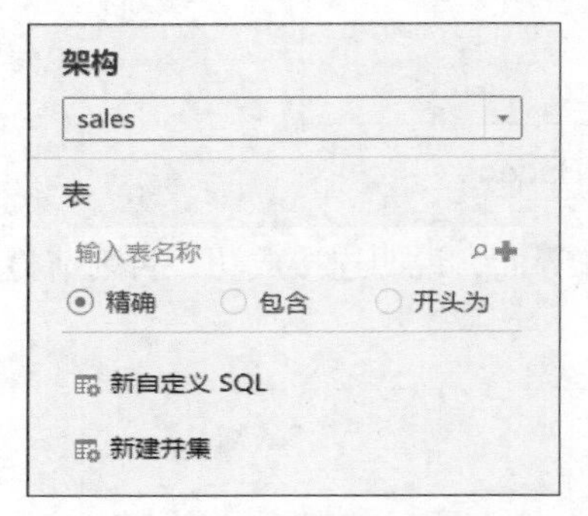

图 7-12　搜索数据表

图 7-13　选择数据表

将左侧的“orders(sales.orders)”拖曳到画布区域，然后单击“立即更新”或“自动更新”按钮，如图 7-14 所示。后续可视化分析见第 5 章中的相关内容，这里就不再详细介绍。

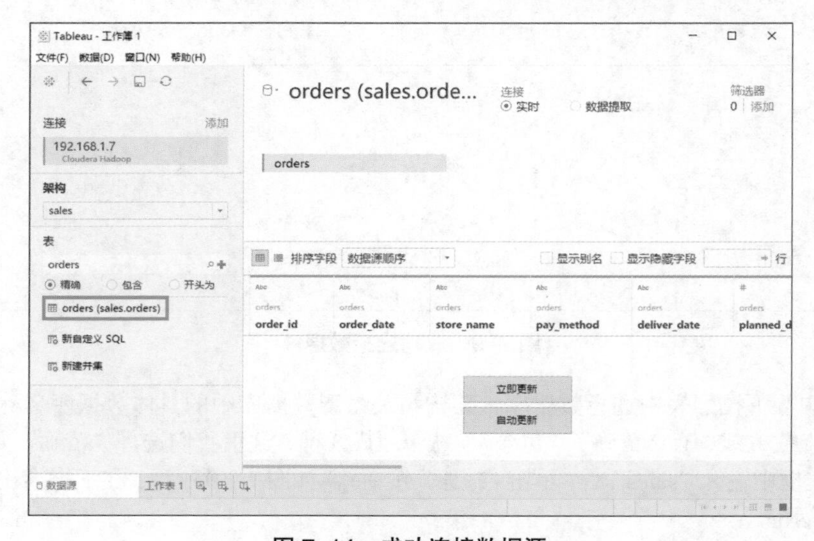

图 7-14　成功连接数据源

7.3.2　连接 MapR Hadoop Hive 大数据集群

微课视频

在连接 MapR Hadoop Hive 大数据集群前，需要确保已经安装了最新的驱动程序。按照以下的步骤安装对应的驱动程序，首先到 MapR 的官方网站下载对应的驱动程序，单击合适的下载链接，如图 7–15 所示。

根据需要选择适合系统的 ODBC 驱动程序，我们这里选择的是 Windows 64 位驱动程序，然后下载驱动程序文件，如图 7–16 所示。

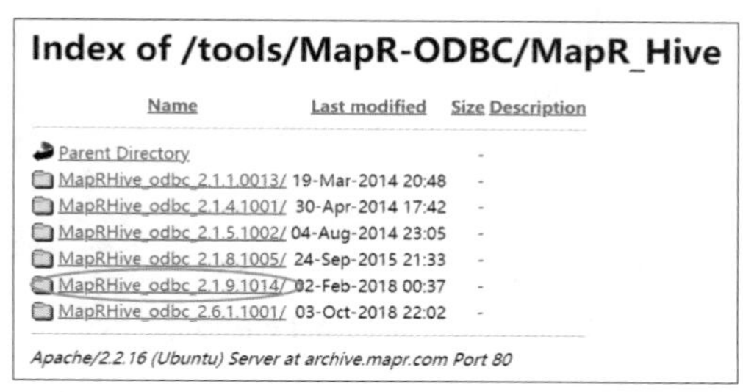

Index of /tools/MapR-ODBC/MapR_Hive

Name	Last modified	Size	Description
Parent Directory		-	
MapRHive_odbc_2.1.1.0013/	19-Mar-2014 20:48	-	
MapRHive_odbc_2.1.4.1001/	30-Apr-2014 17:42	-	
MapRHive_odbc_2.1.5.1002/	04-Aug-2014 23:05	-	
MapRHive_odbc_2.1.8.1005/	24-Sep-2015 21:33	-	
MapRHive_odbc_2.1.9.1014/	02-Feb-2018 00:37	-	
MapRHive_odbc_2.6.1.1001/	03-Oct-2018 22:02	-	

Apache/2.2.16 (Ubuntu) Server at archive.mapr.com Port 80

图 7–15　下载 MapR Hadoop Hive 驱动程序

Name	Last modified	Size	Description
Parent Directory		-	
MapRHiveODBC-2.1.9.1014-1.el7.x86_64.rpm	20-Apr-2017 16:45	13M	
MapRHiveODBC-32bit-2.1.9.1014-1.el7.i686.rpm	20-Apr-2017 16:45	12M	
MapRHiveODBC.dmg	02-Feb-2018 00:36	27M	
MapRHiveODBC32.msi	25-Jul-2017 15:48	12M	
MapRHiveODBC64.msi	25-Jul-2017 15:48	15M	

Apache/2.2.16 (Ubuntu) Server at archive.mapr.com Port 80

图 7–16　选择合适的版本

安装下载的驱动程序，具体安装过程比较简单，这里不再介绍。

下面我们将检查一下是否可以正常连接 MapR Hadoop Hive 大数据集群，前提是连接前需要正常启动集群，如图 7–17 所示。单击“Test”按钮，如果测试结果中出现“SUCCESS!”，即可以正常连接，如图 7–18 所示。

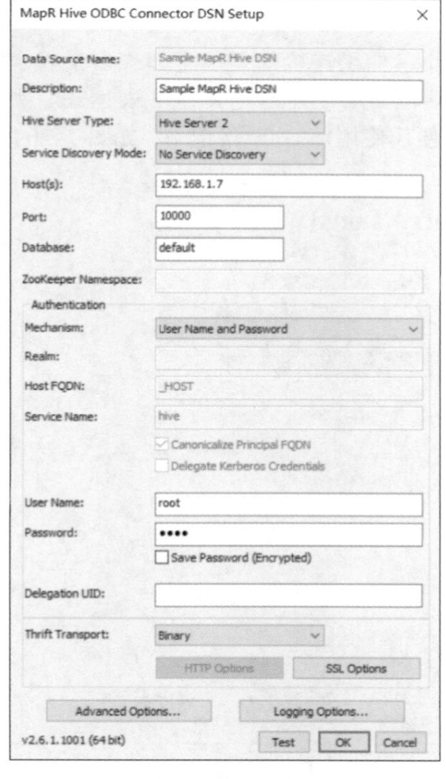

图 7–17　连接参数对话框

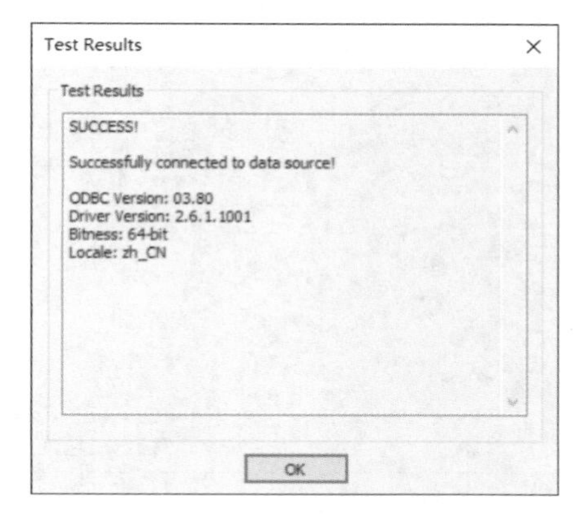

图 7–18　测试成功

测试成功后，我们就可以在 Tableau 中连接 MapR Hadoop Hive 大数据集群了。下面将介绍具体连接过程。

在开始页面的“连接”窗格中单击“MapR Hadoop Hive”选项，然后执行以下操作。

在对话框中输入服务器的 IP 地址和服务器登录信息，包括类型、身份验证、传输类型、用户名和密码等，如图 7-19 所示。然后单击“登录”按钮，后续操作与连接 Cloudera Hadoop 的操作基本一致，这里就不再详细介绍。

图 7-19　连接 MapR Hadoop Hive

7.4　连接性能优化

7.4.1　自定义 SQL 语句

自定义 SQL 语句允许使用复杂 SQL 表达式作为 Tableau 中进行连接的基础。在自定义 SQL 语句中使用 LIMIT 子句可以减少数据集，以加快浏览新数据集和建立视图的速度，稍后可以移除此 LIMIT 子句以支持对整个数据集进行实时查询。

可以轻松使用自定义 SQL 语句限制数据集的大小。如果连接的是单个表或多个表，就可以将其切换到自定义 SQL 连接，并让对应的连接对话框自动填充自定义 SQL 表达式。例如在自定义 SQL 语句的最后一行中添加“limit 1000”，以便仅使用前 1000 条记录，如图 7-20 所示。

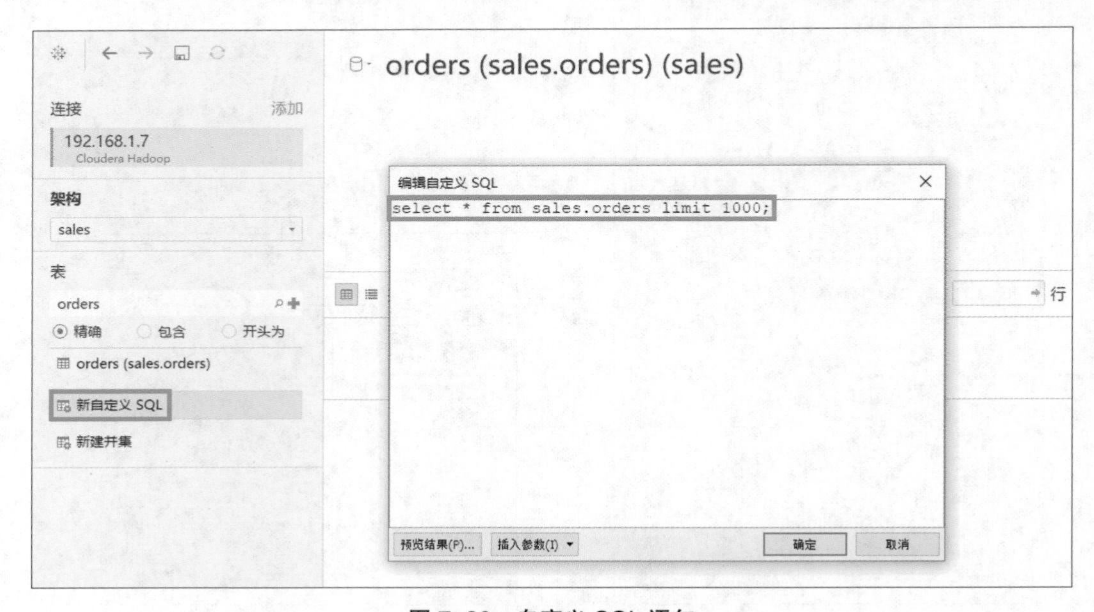

图 7-20　自定义 SQL 语句

7.4.2 创建数据提取

在处理大量数据时，Tableau 数据引擎是功能强大的加速器，支持以低延迟的方式进行临时分析。尽管 Tableau 数据引擎不是针对 Hadoop 所具有的相同标度构建的，不过它能够处理多个字段和数亿行的大数据集，如图 7–21 所示。

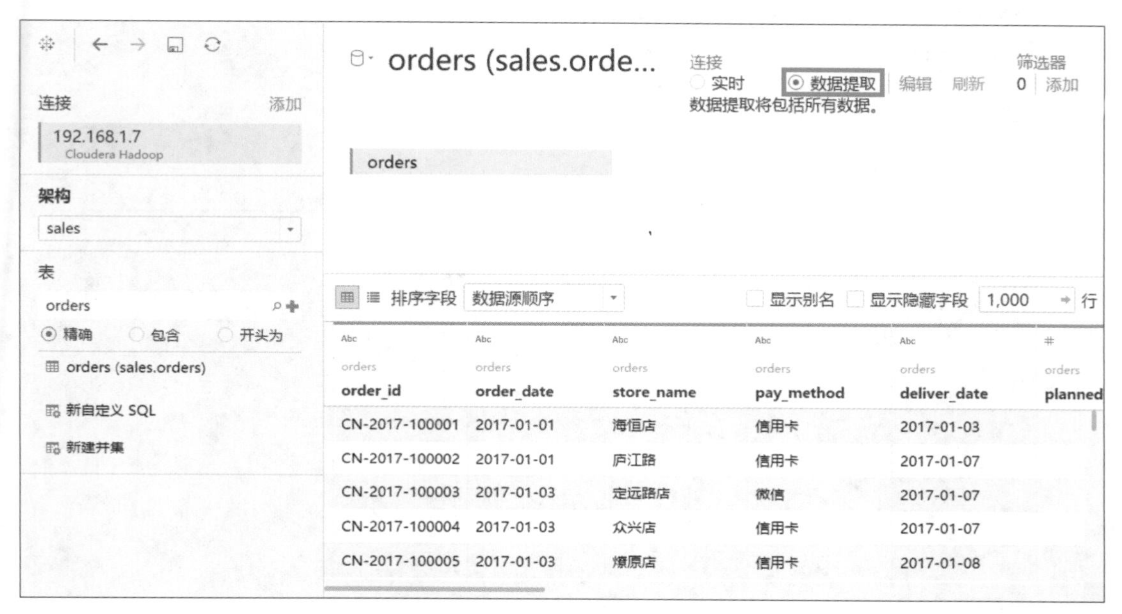

图 7–21　Tableau 数据提取

在 Tableau 中创建数据提取能够将海量数据压缩为小很多的数据集，从而加快数据分析速度。在创建数据提取时，我们需要在“提取数据”对话框中聚合可视维度的数据、添加筛选器、隐藏所有未使用的字段，如图 7–22 所示。

- 聚合可视维度的数据。创建将数据预先聚合到粗粒度视图中的数据提取。尽管 Hadoop 非常适合存储各个细粒度数据目标点，不过更广泛的数据视图可实现大致相同的深入分析，且计算开销小得多。例如，使用“将日期汇总至”功能。Hadoop 日期 / 时间数据是细粒度数据的特定示例，如果将其汇总到粗粒度的时间表中，这些数据能更好地发挥作用，如跟踪每小时的事件。
- 添加筛选器。单击“确定”按钮创建一个“筛选器”以保留感兴趣的数据，如处理存档数据，不过它只对最近的记录“感兴趣”，如图 7–23 所示。
- 隐藏所有未使用的字段。忽略 Tableau “数据”窗格中已隐藏的字段，以使数据提取紧凑、简洁。

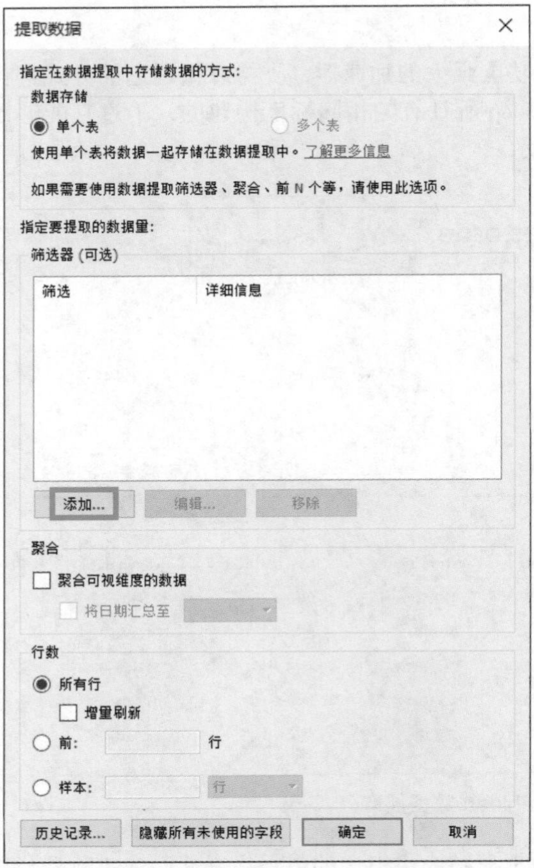

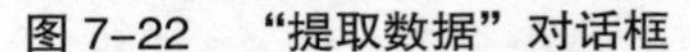

图 7-22　“提取数据”对话框

图 7-23　“添加筛选器”对话框

7.5　练习题

（1）下载和安装 Cloudera Hive 驱动程序，并尝试连接 Hadoop 集群。
（2）下载和安装 MapR Hive 驱动程序，并尝试连接 Hadoop 集群
（3）尝试自定义 Tableau 连接 Hadoop 集群的初始化 SQL 语句。

CHAPTER 08

第8章 Tableau 在线服务器

Tableau 的服务器有 Tableau Server 和 Tableau Online 两种，其中 Tableau Server 是本地服务器；而 Tableau Online 是 Tableau Server 的在线服务托管版本，它让商业数据分析比以往更加快速与轻松。

Tableau Online 是基于云的数据可视化解决方案，用于共享、分发和协作处理 Tableau 的视图及仪表板等，兼具灵活性和简易性，使数据可视化分析无须本地服务器和 IT 支持就可以轻松实现。

本章将介绍 Tableau 在线服务器的注明、创建、激活和配置，Tableau 在线服务器基础操作，Tableau 在线服务器用户设置，Tableau 在线服务器项目操作等内容。

8.1 认识 Tableau 在线服务器

8.1.1 注册和免费试用 Tableau Online

微课视频

Tableau 在线服务器即 Tableau Online，类似于 MS Power BI 服务，我们可以到 Tableau 的官方网站中单击“免费试用”按钮进行下载试用。如果已经注册过账号，可以直接单击下方的“登录 TABLEAU ONLINE”按钮进行登录，如图 8-1 所示。

图 8-1 Tableau Online 网站页面

单击“免费试用”按钮后，进入用户注册页面，填写相关注册信息，如图 8–2 所示。填写完成后，单击下方的“申请免费试用”按钮。如果已经注册过账号，可以直接单击“登录”按钮。

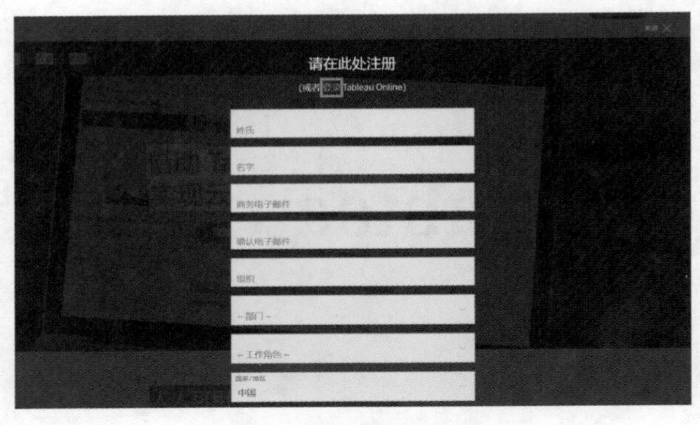

图 8–2　用户注册页面

单击“申请免费试用”按钮后，进入 Tableau Online 创建用户站点的页面，此时需要等待一定时间，具体时间要看用户的网速和服务器的登录用户数等，如图 8–3 所示。

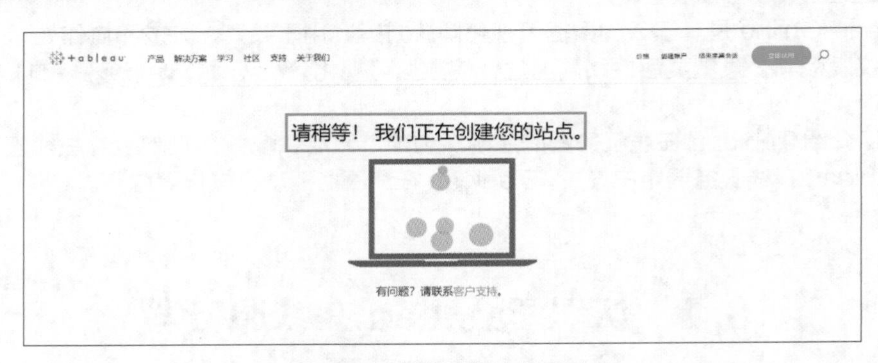

图 8–3　创建用户站点页面

8.1.2　创建和激活站点

Tableau Online 创建站点完成后，会发送一封电子邮件到用户注册时使用的邮箱，用于激活用户的站点，如图 8–4 所示。

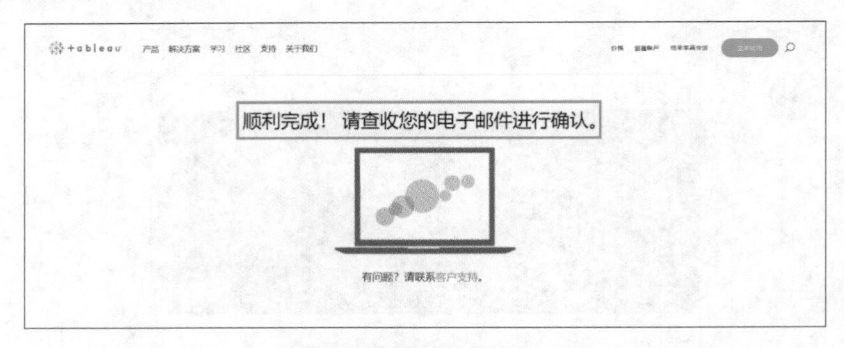

图 8–4　确认电子邮件

登录用户注册时使用的电子邮箱，将会收到一封激活电子邮件，单击邮件中的“激活我的站点”按钮，如图 8–5 所示。

图 8–5 单击“激活我的站点”按钮

然后在打开的页面中填写用户信息和站点名称等内容，填写完成后单击“激活我的站点”按钮，如图 8–6 所示。

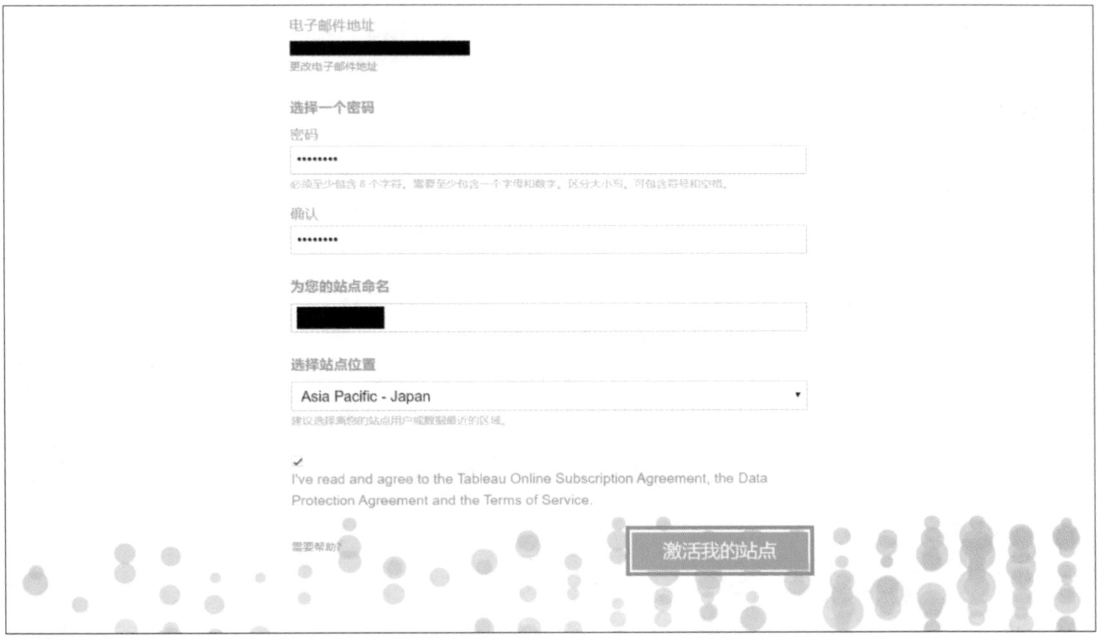

电子邮件地址

更改电子邮件地址

选择一个密码

密码

确认

为您的站点命名

选择站点位置

Asia Pacific - Japan

I've read and agree to the Tableau Online Subscription Agreement, the Data Protection Agreement and the Terms of Service.

需要帮助?

激活我的站点

图 8–6 填写相关信息

最后进入 Tableau Online 的站点页面，如图 8-7 所示。Tableau 还会发送一封包含站点链接的电子邮件到用户注册时使用的邮箱中，提示一切准备就绪，已经成功注册。

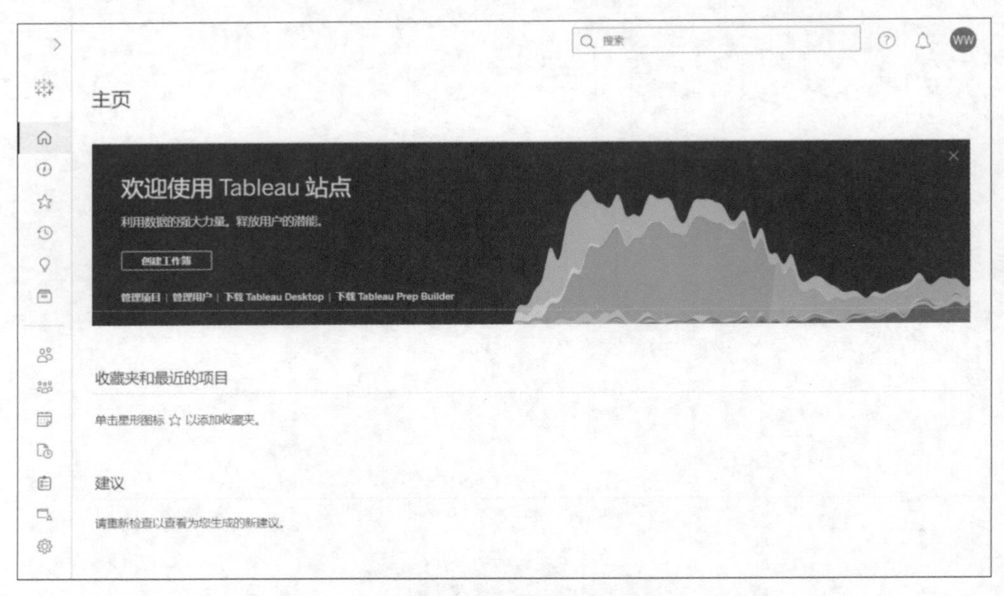

图 8-7　默认站点页面

8.1.3　服务器配置选项介绍

登录 Tableau Online 时需要输入电子邮件地址和密码，然后单击“登录”按钮即可，如图 8-8 所示。

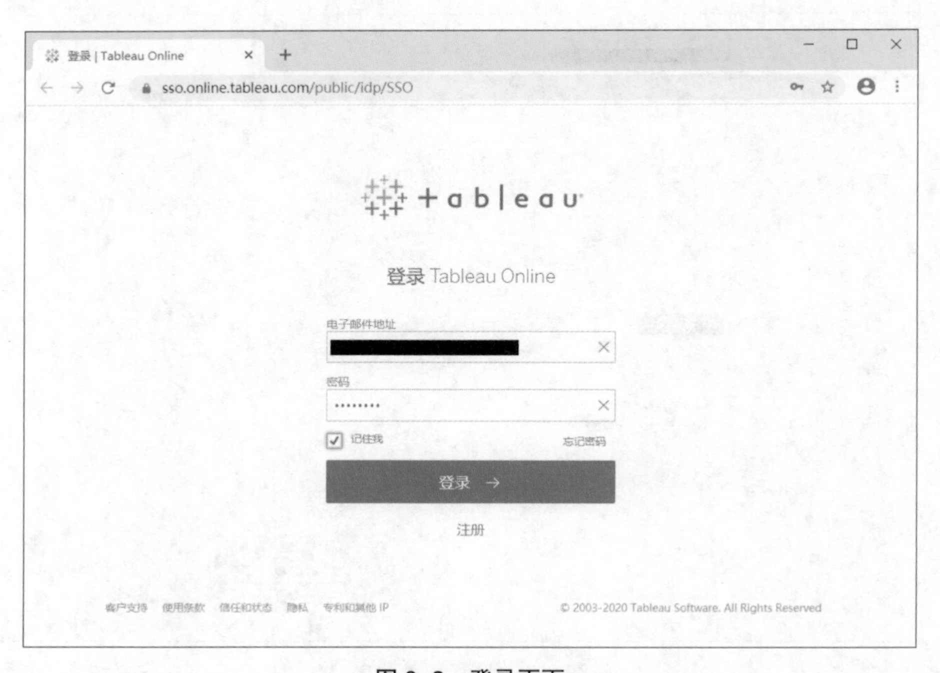

图 8-8　登录页面

进入Tableau Online后，页面左侧会显示“主页”“浏览”“收藏夹”“最近”“建议”“外部资产”等基本选项，以及“用户数”“群组”“计划”“作业”“任务”“站点状态”“设置”等配置选项，如图8-9所示。

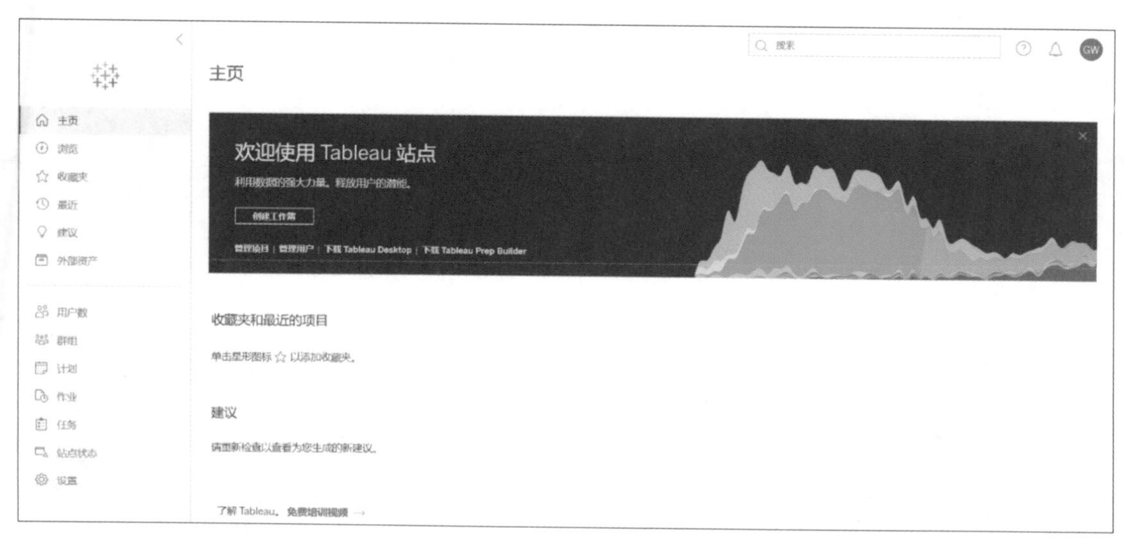

图8-9 默认站点页面

进入Tableau Online后，默认是“主页”页面，包括欢迎页面、最近和建议等，如图8-10所示。“主页”“浏览”“收藏夹”“最近”“建议”和“外部资产”等基本选项比较好理解，这里就不深入介绍，注意“外部资产”是指与Tableau相关联的数据库和表。

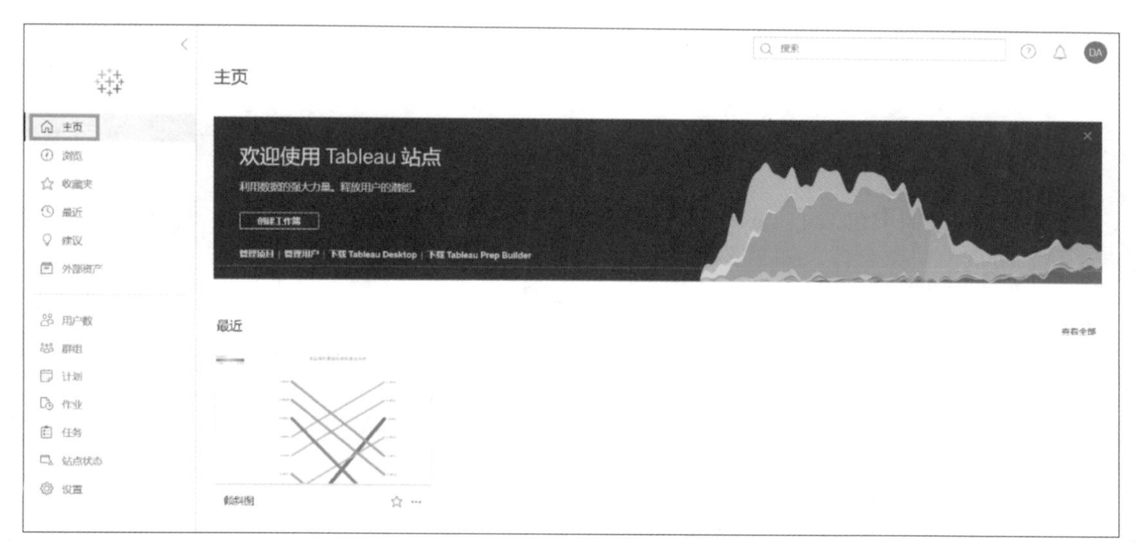

图8-10 “主页”页面

下面详细介绍一下“用户数”“群组”“计划”“作业”“任务”“站点状态”和“设置”等配置选项。其中“用户数”页面中包括了站点下所有用户的名称、用户名、站点角色和所在组等信息，如图8-11所示。

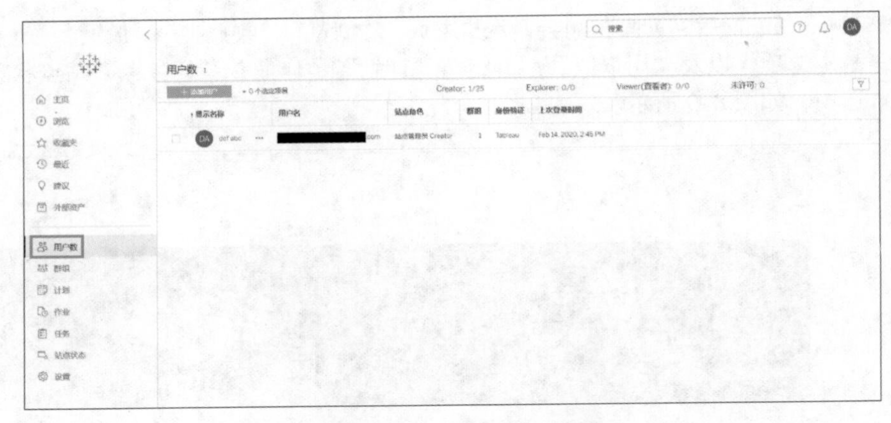

图 8-11 “用户数”页面

“群组”页面可以对用户进行分类，同一个组内的用户一般具有某个相同的特征，如属于同一个项目、同一个部门或者具有相同的权限等，如图 8-12 所示。

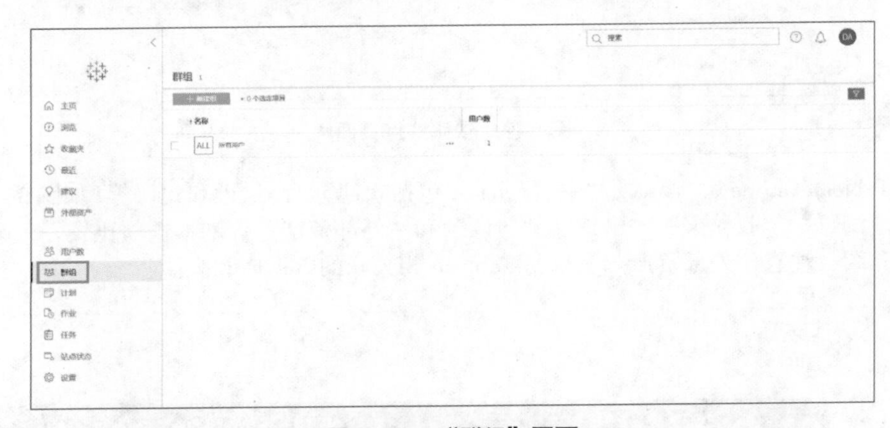

图 8-12 “群组”页面

“计划”页面中包括了 Tableau Online 服务器资源上可以运行的计划及其相关信息，计划是多个任务的有机整合体，如图 8-13 所示。

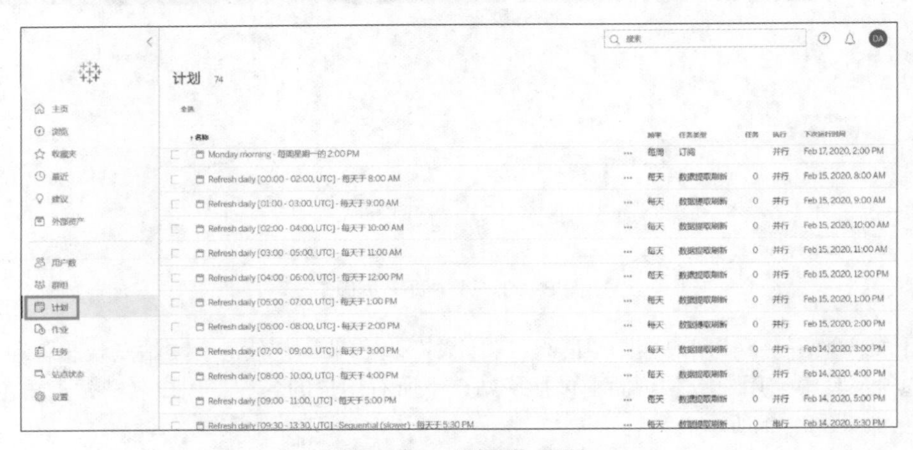

图 8-13 “计划”页面

“作业”页面中包括了Tableau Online服务器上失败的作业、完成的作业和取消的作业，如图8-14所示。用户可以计划定期运行数据提取刷新、订阅或流程，这些计划的项目称为任务。后台程序进程启动这些任务的唯一实例，以在计划时间内运行它们；作为结果启动的任务的唯一实例称为作业。

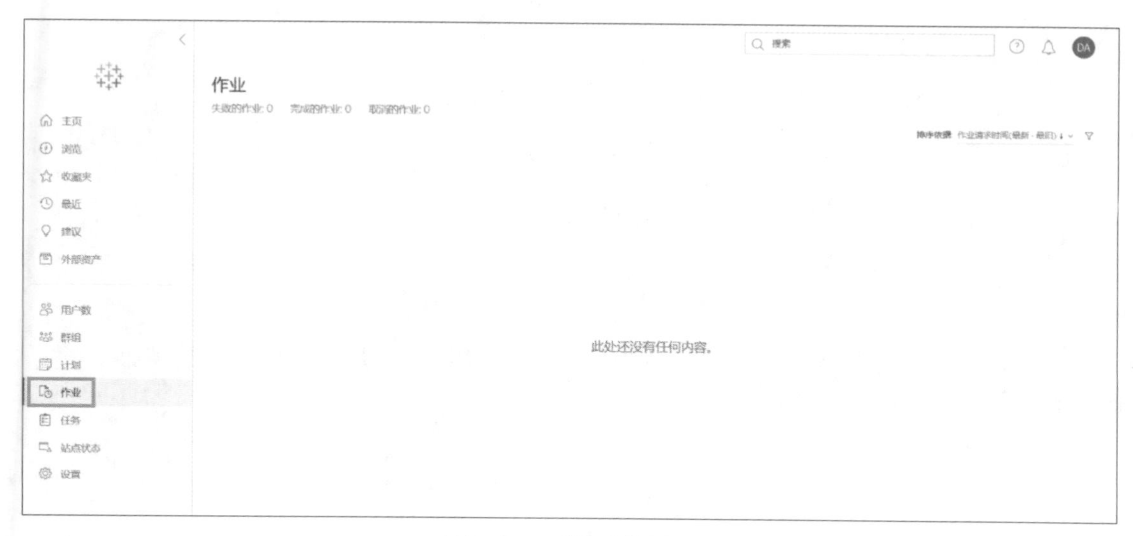

图8-14　“作业”页面

“任务”页面中包括了Tableau Online服务器资源上可以执行的操作及其相关信息，如图8-15所示。

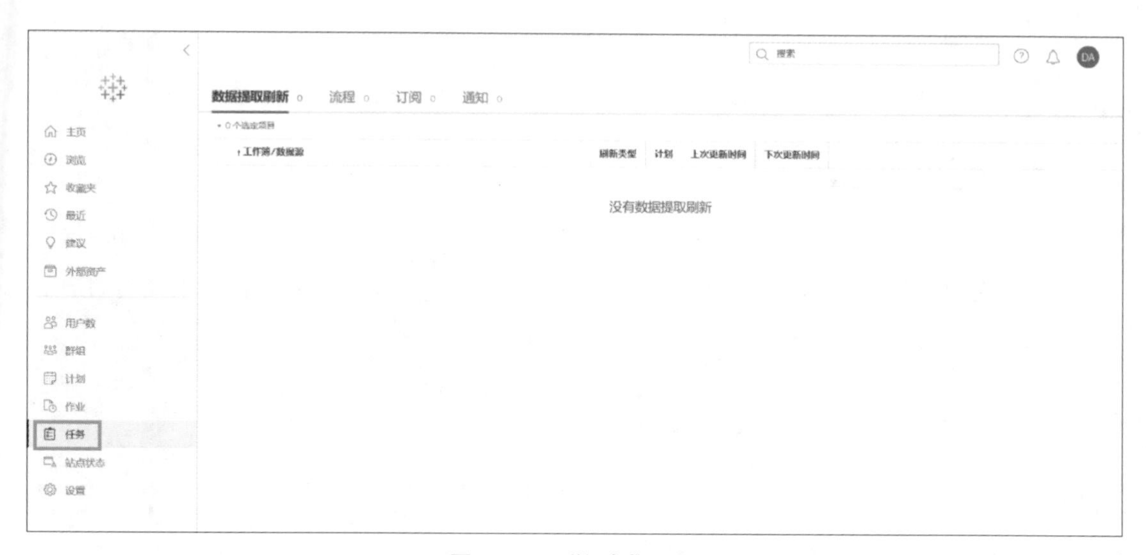

图8-15　“任务”页面

“站点状态”页面中包括了站点状态情况，如到视图的流量、到数据源的流量、所有用户的操作、特定用户的操作和最近用户的操作等，如图8-16所示。

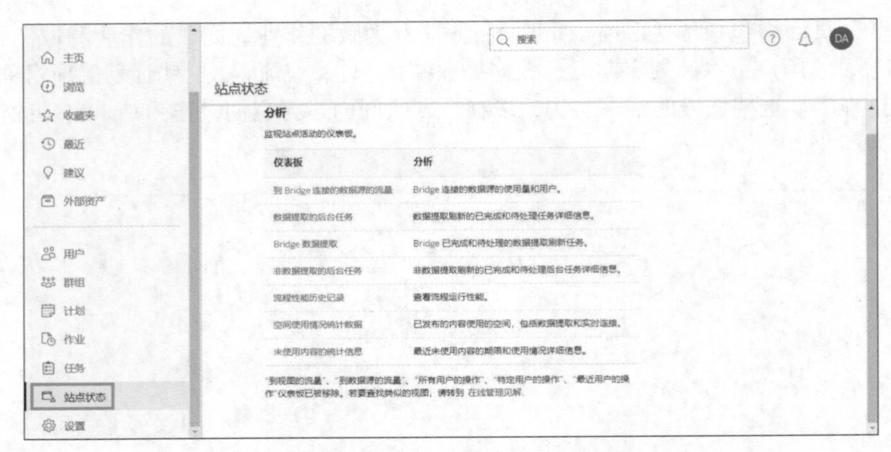

图 8-16　“站点状态”页面

“设置”页面中包括了“常规”和“身份验证”等。其中，“常规”包括“站点邀请通知”“站点徽标”等，如图 8-17 所示。

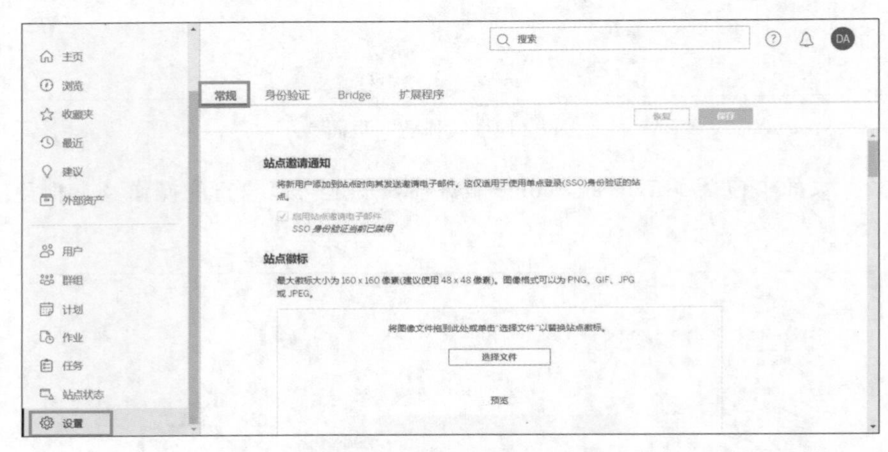

图 8-17　“常规”设置

“身份验证”包括“身份验证类型”“管理用户”和“连接的客户端”等，如图 8-18 所示。

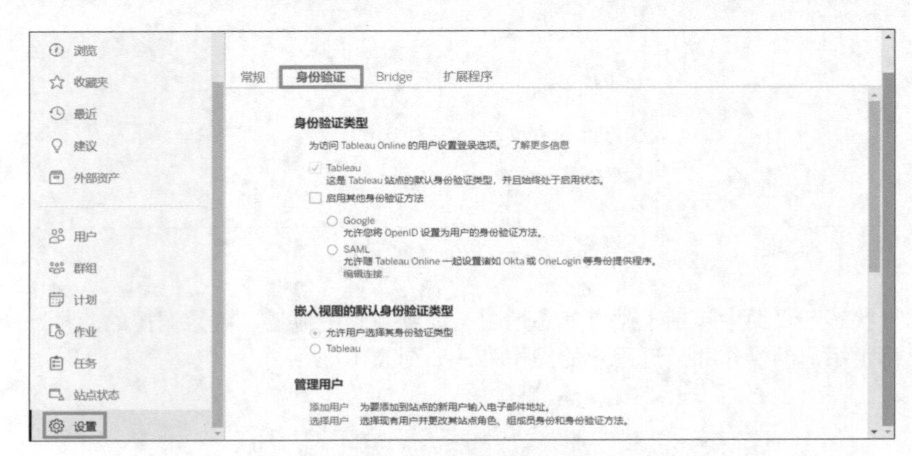

图 8-18　“身份验证”设置

8.2　Tableau 在线服务器基础操作

8.2.1　设置账户及内容

进入Tableau Online后，我们可以查看和设置账号信息，单击页面右上方的用户名称，然后选择“我的账户设置”选项，如图 8-19 所示。

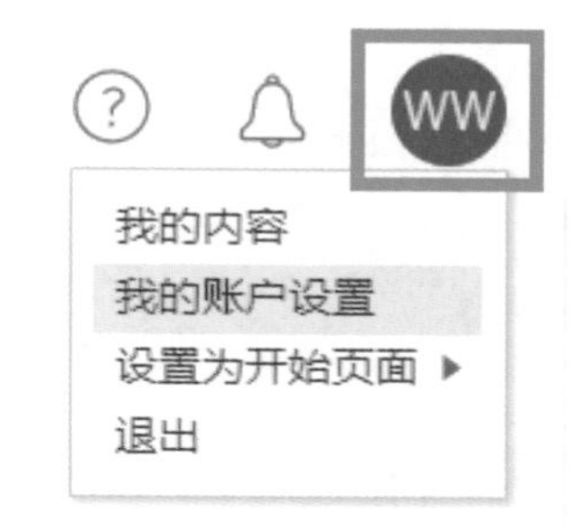

图 8-19　选择“我的账户设置”选项

进入用户信息的设置页面，其中包括用户名、显示名称、电子邮件、数据源的已保存凭据等内容，可以根据需要进行修改和添加，如图 8-20 所示。

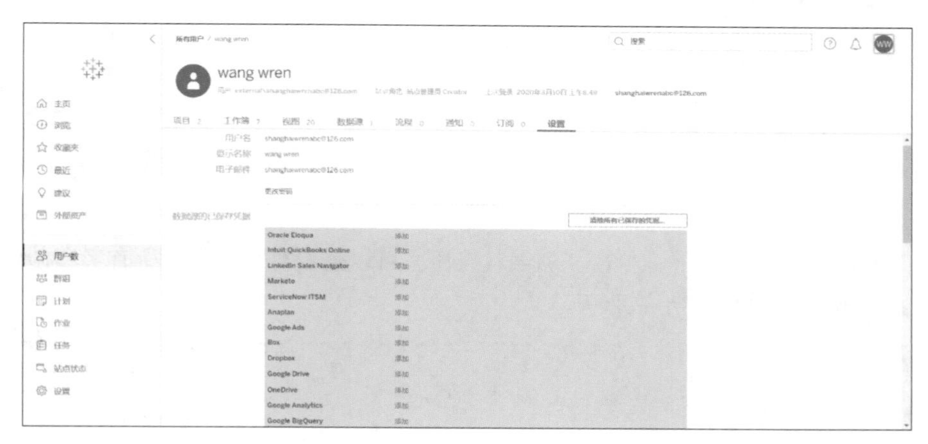

图 8-20　用户信息“设置”页面

此外，如果要访问用户已经发布到服务器中的内容，可以单击 “我的内容”进入用户的工作簿页面，如图 8-21 所示。

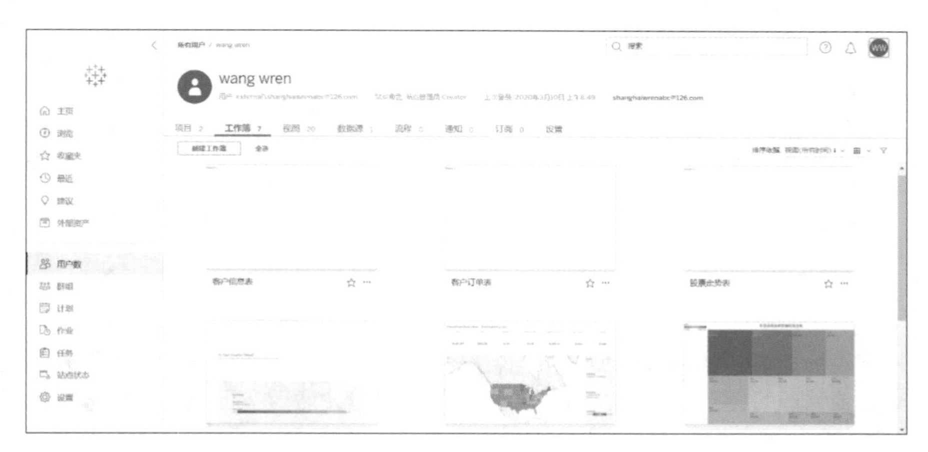

图 8-21　用户“工作簿”页面

8.2.2 设置显示及排序样式

在 Tableau Online“浏览”页面的右上方有设置查看方式的按钮。“查看方式”用于指定当前页面显示为网格还是列表方式，选择“网格”或“列表”可以进行切换，网格的显示样式如图 8-22 所示。

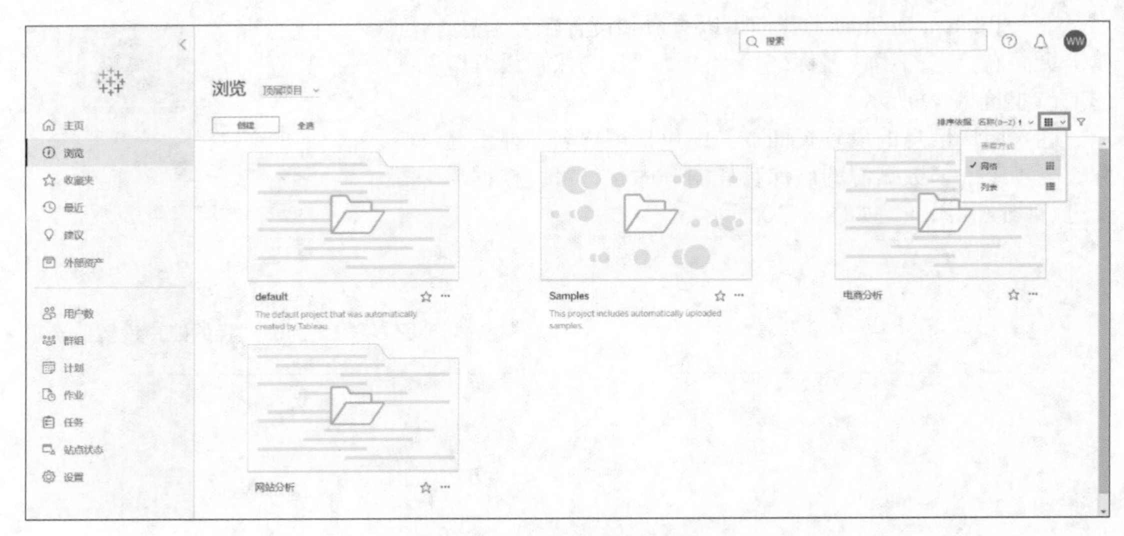

图 8-22 网格的显示样式

此外，在“浏览”页面下，单击“列表”按钮，可以查看每个项目的所有者和创建时间等信息，列表的显示样式如图 8-23 所示。

图 8-23 列表的显示样式

可以根据页面上显示的内容类型按不同特征进行排序，如名称、项目、工作簿、视图、数据源、创建者或修改日期等。单击“排序依据”下拉按钮，然后在下拉列表中选择排序依据，如图 8-24 所示。

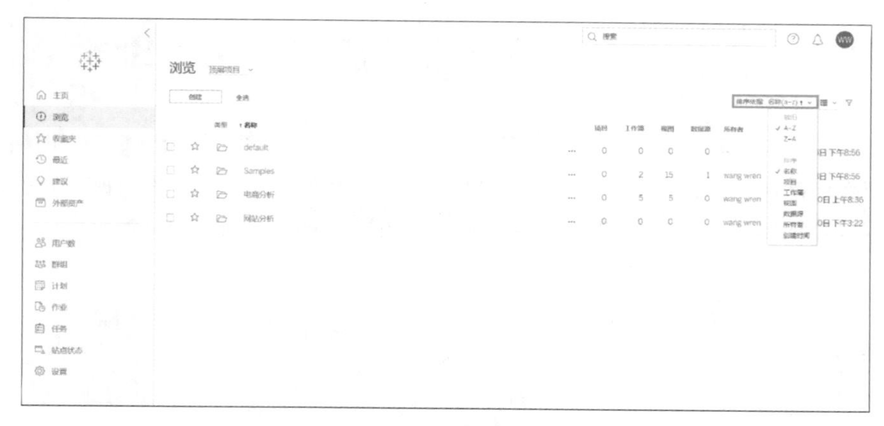

图 8-24　选择排序依据

8.2.3 快速搜索与搜索帮助

在 Tableau Online 中，可以通过快速搜索功能搜索站点中的资源，包括名称、说明、所有者、标题和注释等。搜索结束后会出现一个列表，显示与之相匹配的资源，如图 8-25 所示。

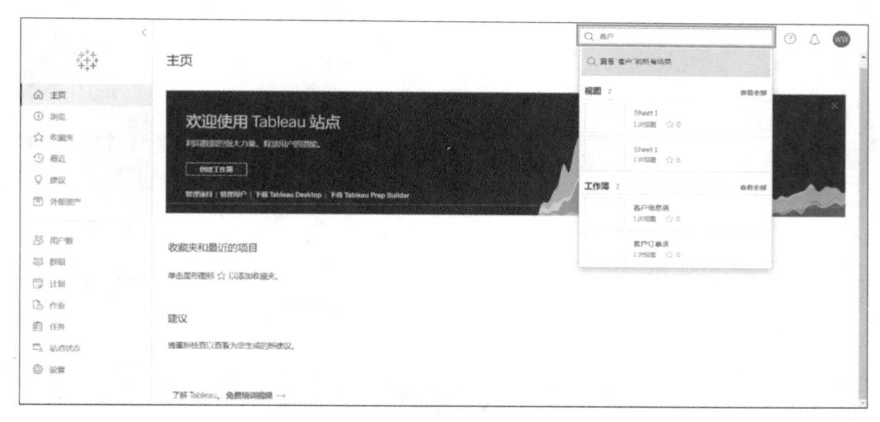

图 8-25　快速搜索内容

在 Tableau Online 中，单击右上方的“?”按钮可进入软件的搜索帮助，包括“Tableau Online 帮助”“支持”“新增功能”和“关于 Tableau Online”，如图 8-26 所示。

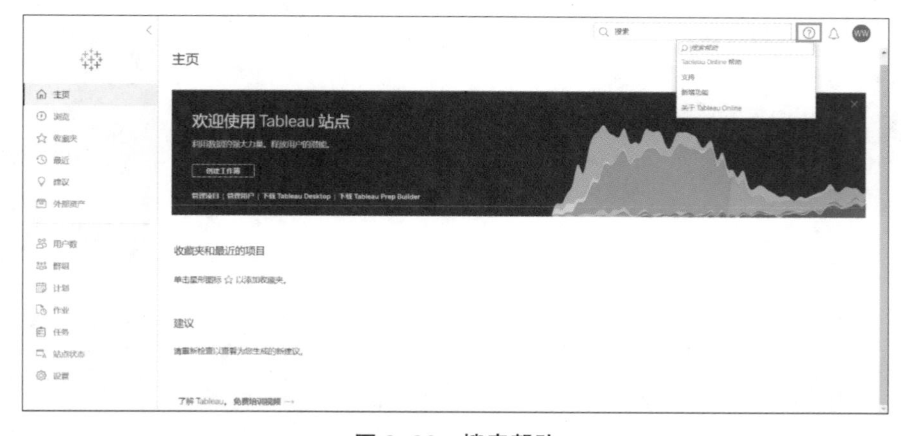

图 8-26　搜索帮助

8.3 Tableau 在线服务器用户设置

访问 Tableau Online 的任何人（无论是浏览、发布、编辑内容的人，还是管理站点的人）都必须是站点中的用户。其中，站点管理员可以向站点中添加用户或从中移除用户，他们可分配用户的身份验证类型、站点角色及访问已发布内容的权限。

8.3.1 设置站点角色及权限

站点角色由站点管理员分配，站点角色指定了用户拥有的权限级别，包括用户是否能够发布内容、与内容进行交互，或只能查看发布的内容。

可以修改用户的站点角色。首先选择需要修改角色的用户，然后单击其右侧的“…”按钮，在下拉列表中选择“站点角色”选项，如图 8–27 所示。

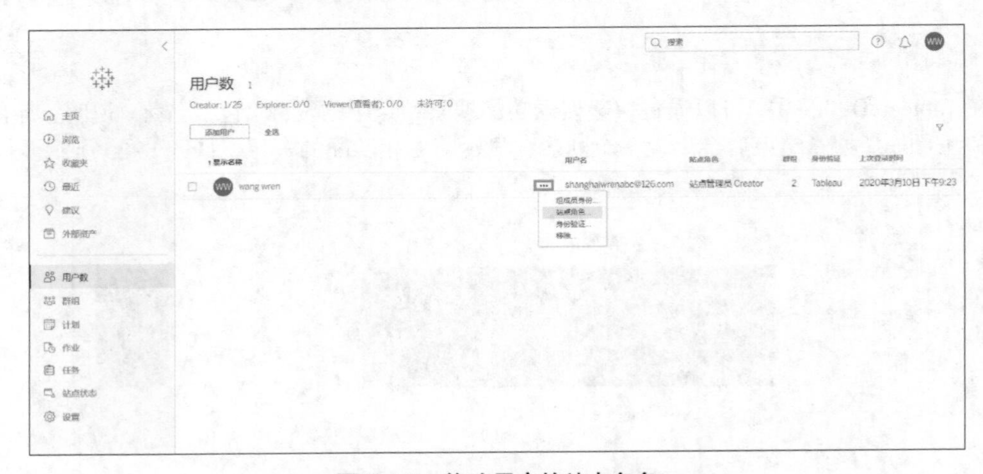

图 8–27 修改用户的站点角色

也可以先选择需要修改站点角色的用户，然后单击上方的“操作”右侧的下拉按钮，在下拉列表中选择“站点角色”选项，如图 8–28 所示。

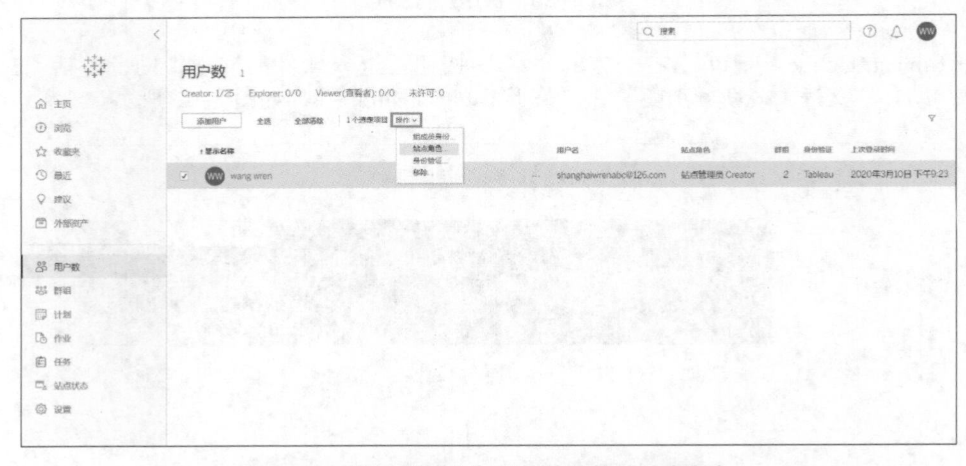

图 8–28 通过“操作”下拉按钮修改站点角色

Tableau Online 的站点角色主要有如下 7 种类型。

（1）站点管理员 Creator：具有 Tableau Online 中的最高级别访问权限，能不受限制地访问上述内容（限于站点级别）。其可以在浏览器、Tableau Desktop 或 Tableau Prep 中连接到 Tableau 或外部数据；构建和发布内容。站点管理员可以管理组、项目、工作簿和数据连接。默认情况下，站点管理员还可以添加用户、分配用户的站点角色和站点成员身份，但可由服务器管理员启用或禁用这些权限。此外，站点管理员对特定站点的内容具有不受限的访问权限，可以将一个用户指定为多个站点的站点管理员。

（2）Creator，类似于以前的“发布者”站点角色，但其具有新功能。此站点角色为非管理员，具有最高级别的内容访问权限。其可以在浏览器中连接到 Tableau 或外部数据，构建和发布流程、数据源及工作簿，访问仪表板起始模板，并在发布的视图上使用交互功能；还可以从 Tableau Prep 或 Tableau Desktop 中连接到数据，发布（上载 / 保存）和下载流程、工作簿及数据源。

（3）站点管理员 Explorer，与站点管理员 Creator 具有相同的站点和用户配置访问权限，但无法从 Web 编辑环境中连接到外部数据；可连接到 Tableau 已发布数据源来创建新工作簿，以及编辑和保存现有工作簿。

（4）Explorer（可发布），可以使用现有数据源从 Tableau Desktop 中发布新内容、浏览发布的视图并与之交互、使用所有交互功能，还可以通过嵌入在工作簿中的数据连接保存新的独立数据源。在 Web 编辑环境中，可以编辑和保存现有工作簿。但其无法通过工作簿中嵌入的数据连接保存新的独立数据源，并且无法连接到外部数据并创建新数据源。

（5）Explorer，可以登录、浏览服务器，并且与已发布的视图进行交互，但是不允许发布工作簿和数据源等到服务器中。

（6）Viewer（查看者），可以登录和查看服务器上已发布的视图，可以订阅视图并以图像或摘要数据形式下载；但是无法连接到数据源，创建、编辑或发布内容等。

（7）未许可，未经许可的用户无法登录到服务器。

8.3.2 向站点添加用户

管理员可以通过单独输入用户的电子邮件地址和批量导入包含用户信息的 CSV 文件两种方式添加用户。

登录 Tableau Online 站点后，选择“用户数”，在“用户数”页面中单击“添加用户”按钮，如图 8-29 所示。

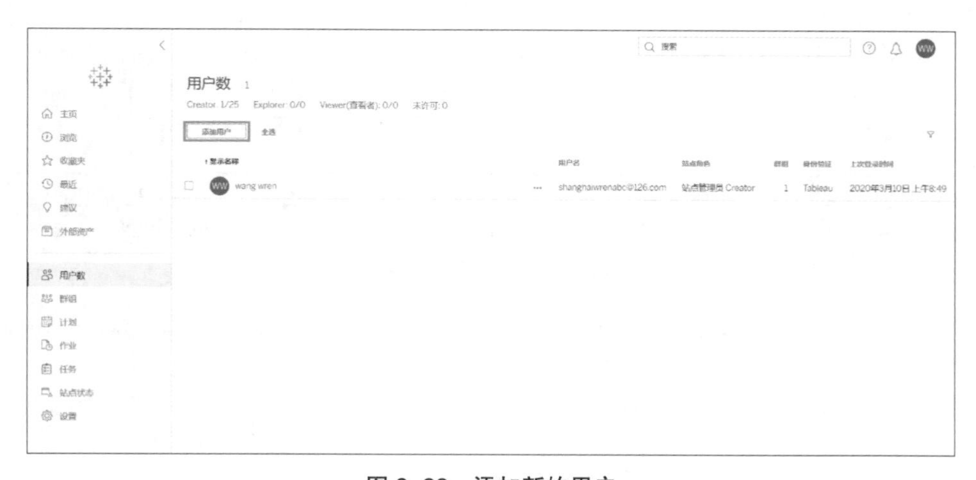

图 8-29 添加新的用户

在“将用户添加到此站点”页面中有两种添加用户的方式：“输入电子邮件地址”和“从文件导入”。这里我们选择“输入电子邮件地址”方式，如图 8-30 所示。

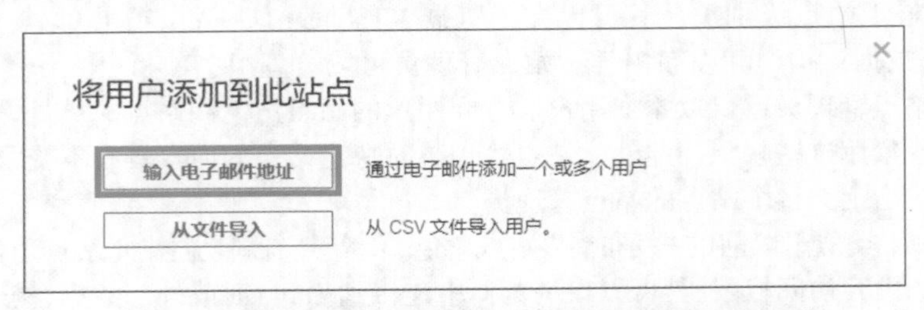

图 8-30 选择“输入电子邮件地址”的方式添加新用户

然后在空白文本框中输入一个或多个电子邮件地址，使用分号分隔各个地址，选择用户的站点权限角色，最后单击“添加用户”按钮即可，如图 8-31 所示。

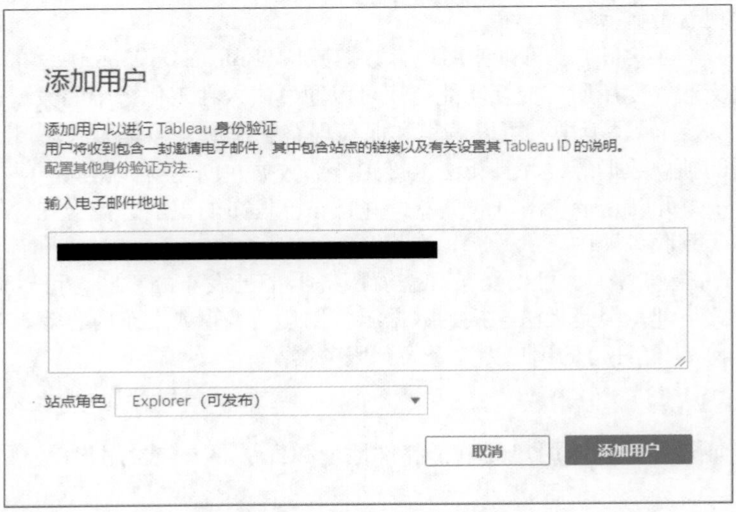

添加用户
添加用户以进行 Tableau 身份验证
用户将收到包含一封邀请电子邮件，其中包含站点的链接以及有关设置其 Tableau ID 的说明。
配置其他身份验证方法...
输入电子邮件地址
站点角色 Explorer（可发布）
取消 添加用户

图 8-31 设置“添加用户”

如果要批量向站点中添加用户，就可以创建一个包含用户信息的 CSV 文件，文件中各列的顺序依次是用户名、用户密码、显示名称、许可级别 [Creator、Explorer、Viewer（查看者）或 Unlicensed]、管理员级别（System、Site 或 None）、发布者权限（Yes/True/1 或 No/False/0）、电子邮件地址，例如我们这里批量导入两个用户，如图 8-32 所示。

shwangguoping@126.com	Wren2014	wang2019	Creator	None	Yes	shwangguoping@126.com
shanghaiabc123@126.com	Wren2014	wang2020	Creator	None	Yes	shanghaiabc123@126.com

图 8-32 CSV 文件

注意：CSV 文件中的各列顺序不能颠倒，否则无法正常导入，同时没有列标题。批量导入用户的步骤具体如下。

步骤 1 登录 Tableau Online 站点后，选择“用户”，单击“添加用户”按钮，然后单击“从文件导入”按钮，如图 8-33 所示。

将用户添加到此站点
输入电子邮件地址
通过电子邮件添加一个或多个用户
从文件导入
从 CSV 文件导入用户。

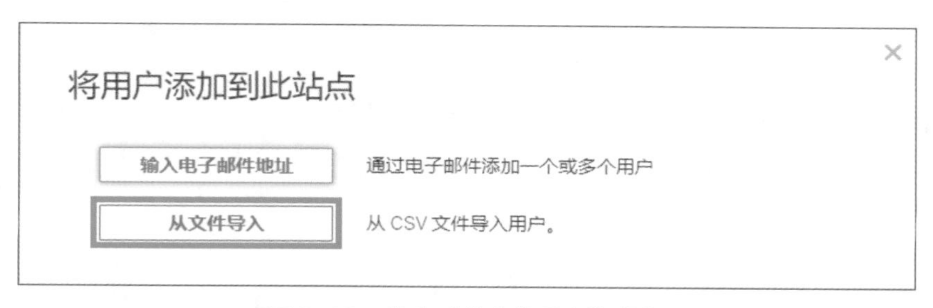

图 8–33　单击“从文件导入”按钮

步骤 02 单击“浏览”按钮，选择 CSV 文件，然后单击“导入用户”按钮，如图 8–34 所示。

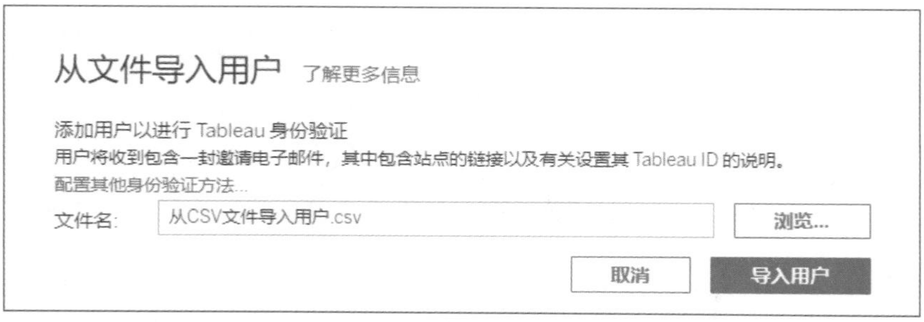

从文件导入用户
了解更多信息
添加用户以进行 Tableau 身份验证
用户将收到包含一封邀请电子邮件，其中包含站点的链接以及有关设置其 Tableau ID 的说明。
配置其他身份验证方法...
文件名:
从CSV文件导入用户.csv
浏览...
取消
导入用户

图 8–34　选择 CSV 文件

步骤 03 当出现导入完成的信息时单击“完成”按钮，如图 8–35 所示。

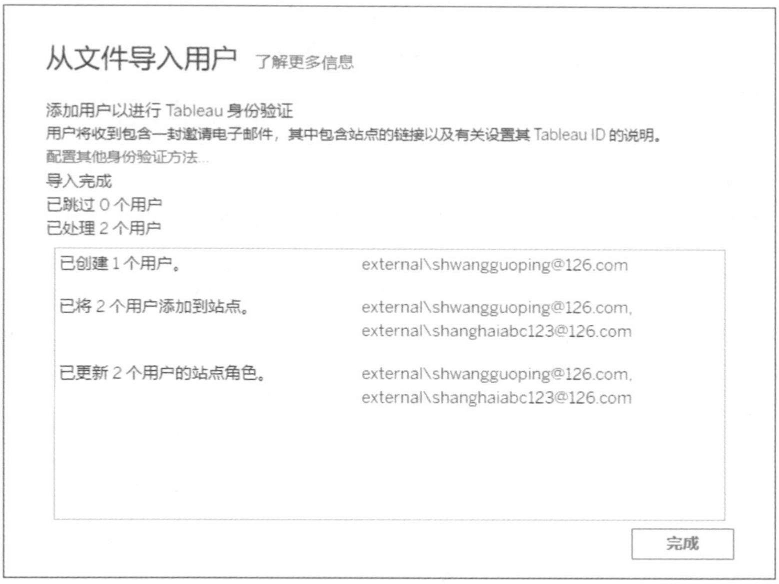

从文件导入用户
了解更多信息
添加用户以进行 Tableau 身份验证
用户将收到包含一封邀请电子邮件，其中包含站点的链接以及有关设置其 Tableau ID 的说明。
配置其他身份验证方法...
导入完成
已跳过 0 个用户
已处理 2 个用户
已创建 1 个用户。
external\shwangguoping@126.com
已将 2 个用户添加到站点。
external\shwangguoping@126.com,
external\shanghaiabc123@126.com
已更新 2 个用户的站点角色。
external\shwangguoping@126.com,
external\shanghaiabc123@126.com
完成

图 8–35　导入完成

8.3.3　创建和管理群组

在站点页面中单击“群组”，然后单击“新建组”按钮，如图 8–36 所示。

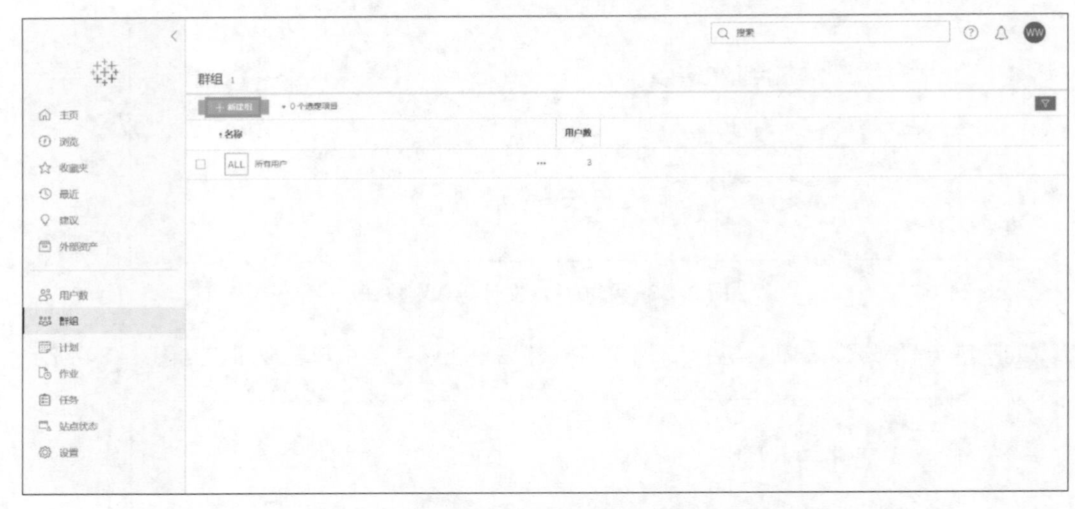

图 8-36　创建群组

为新群组输入一个名称，如“电商分析”，然后单击“创建”按钮，如图 8-37 所示。

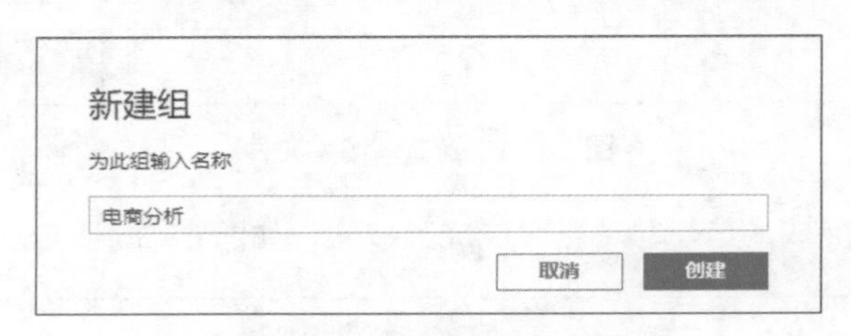

图 8-37　输入群组的名称

默认情况下，每个站点都存在“所有用户”这个组，且该组无法删除，添加到服务器的每个用户都将自动成为“所有用户”组的成员。

向组中添加用户的步骤如下。

步骤 01 在站点中单击“电商分析”组，如图 8-38 所示。

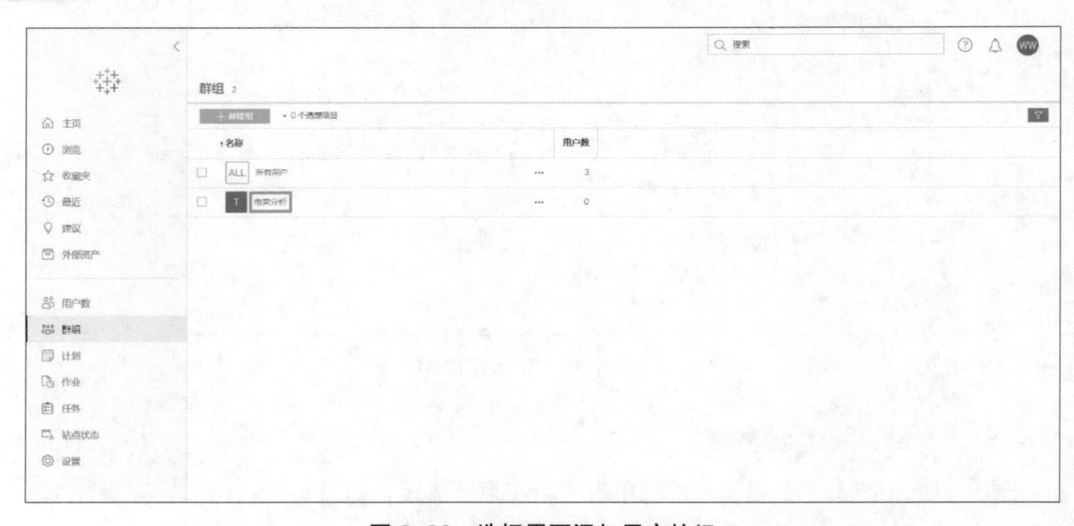

图 8-38　选择需要添加用户的组

步骤 02 在“电商分析”页面中单击“添加用户”按钮，如图 8–39 所示。

图 8–39　单击“添加用户”按钮

在“添加用户”对话框中勾选需要添加到组中的用户，然后单击“添加用户”按钮，如图 8–40 所示。

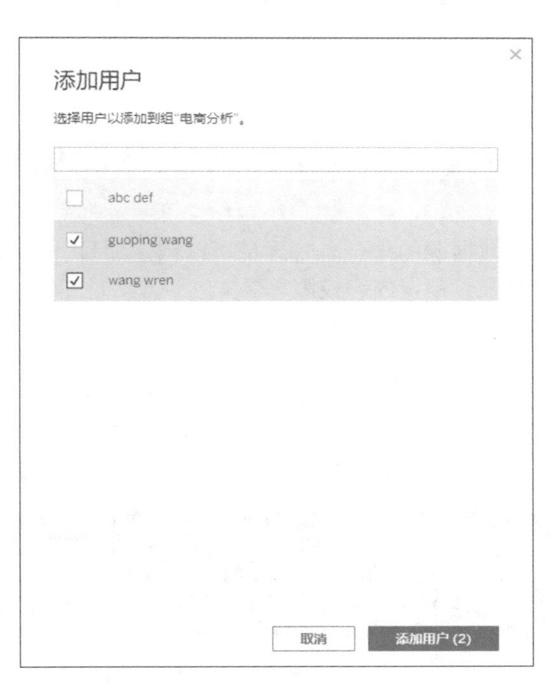

图 8–40　勾选需要添加到组中的用户

如果需要从站点中移除用户，首先选择需要移除的用户，然后单击其右侧的“…”按钮，选择“移除”选项，如图 8–41 所示。

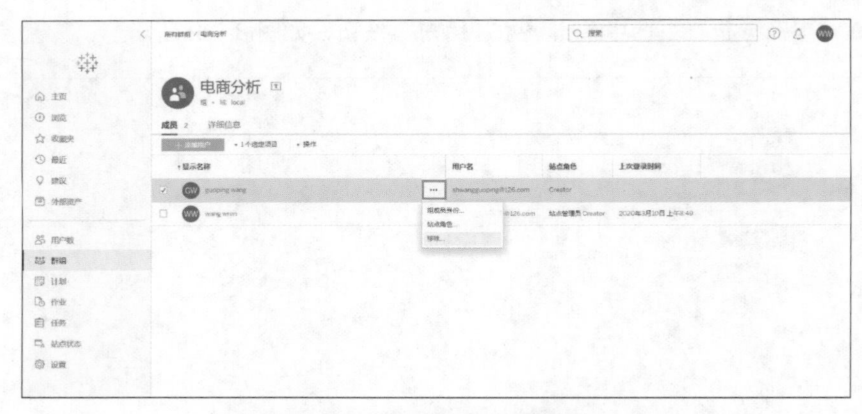

图 8-41　选择需要移除的用户

在确认对话框中单击“移除 (1) 个”按钮，该用户将会从站点中移除，如图 8-42 所示。

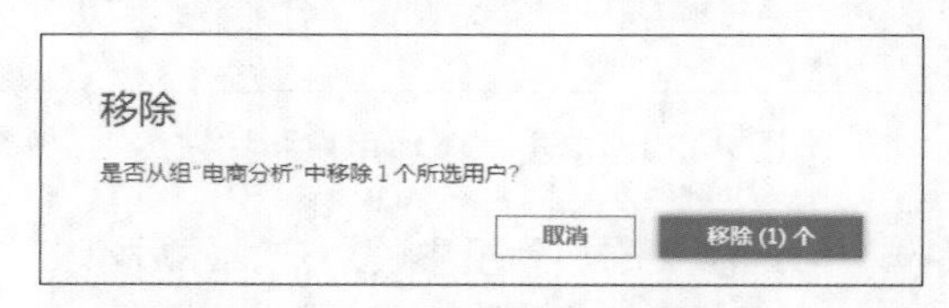

图 8-42　确认是否移除所选用户

8.4　Tableau 在线服务器项目操作

项目是工作簿、视图和数据源的集合。管理员可以创建项目、重命名项目、更改项目所有者、为项目及其内容设置权限、锁定内容权限等。

8.4.1　创建和管理项目

下面介绍如何创建项目。在“主页”页面下单击“管理项目”按钮，如图 8-43 所示。

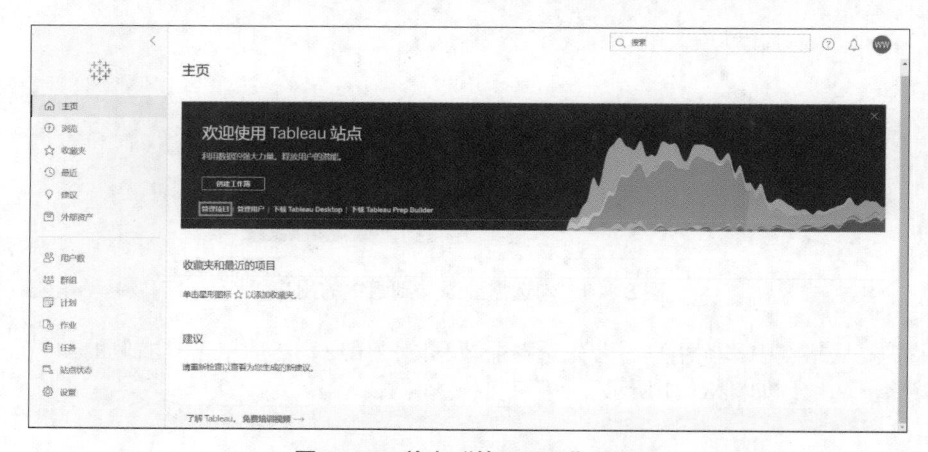

图 8-43　单击“管理项目”按钮

然后单击“创建”按钮，在弹出的下拉列表中选择“项目”选项，如图 8-44 所示。

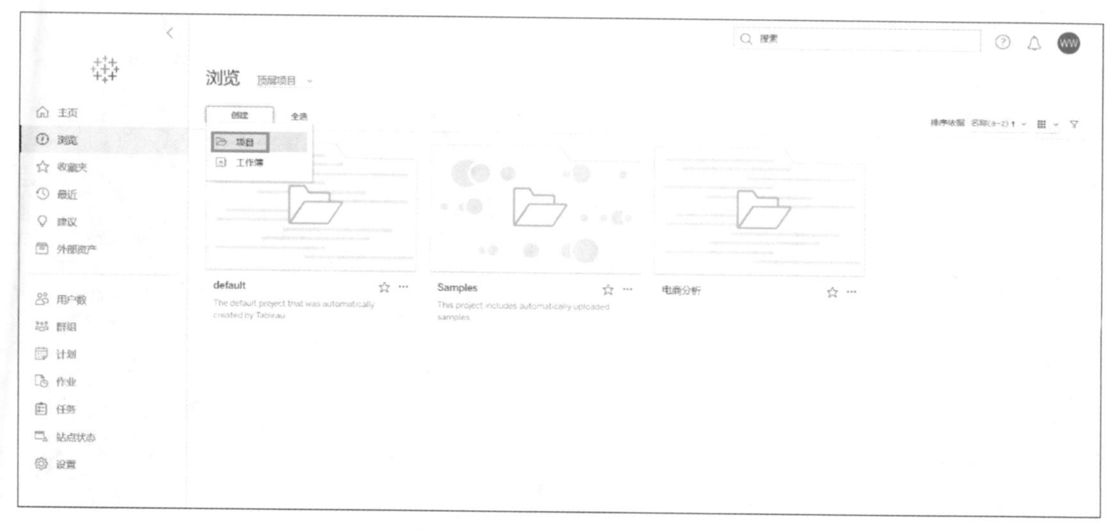

图 8-44 选择“项目”选项

输入新建项目的名称，还可以在“说明”文本框中输入项目简介，然后单击“创建”按钮，如图 8-45 所示。

图 8-45 配置新项目

项目测试结束后，可以删除不需要的项目。选择需要删除的项目，然后单击其右侧的“…”按钮，在下拉列表中选择“删除”选项，如图 8-46 所示。注意：删除项目需要站点管理员权限，且删除项目后，该项目所包含的工作簿和视图都会从服务器中删除。

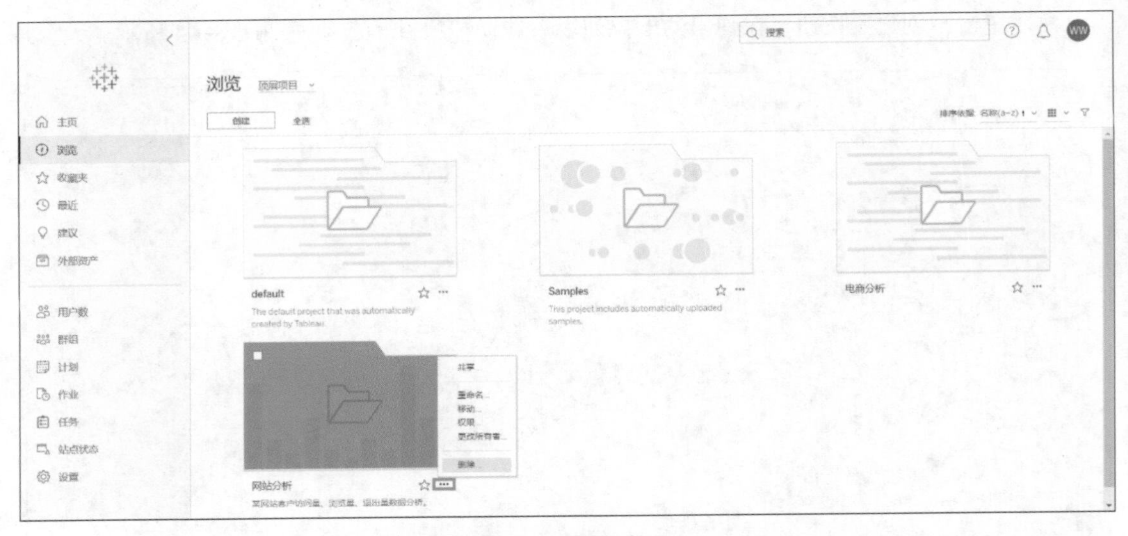

图 8-46　删除项目

也可以先选择需要删除的项目，然后单击上方的“操作”右侧的下拉按钮，在下拉列表中选择“删除”选项，如图 8-47 所示。

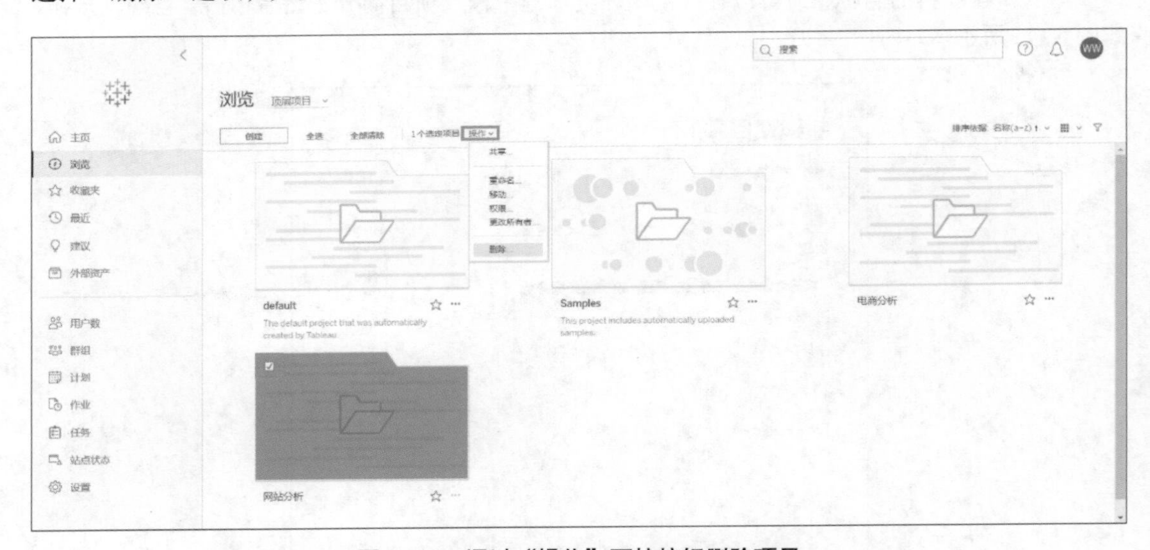

图 8-47　通过“操作”下拉按钮删除项目

在“删除”对话框中单击“删除 (1) 个”按钮，就可以实现对指定项目的删除，如图 8-48 所示。注意站点中的“default”项目是无法删除的。

图 8-48　确认是否删除所选项目

8.4.2 创建项目工作簿

工作簿是我们制作视图的基础，下面介绍如何创建工作簿。在“主页”页面下单击“管理项目”按钮，然后单击“创建”按钮，在弹出的下拉列表中选择“工作簿”选项，如图 8–49 所示。

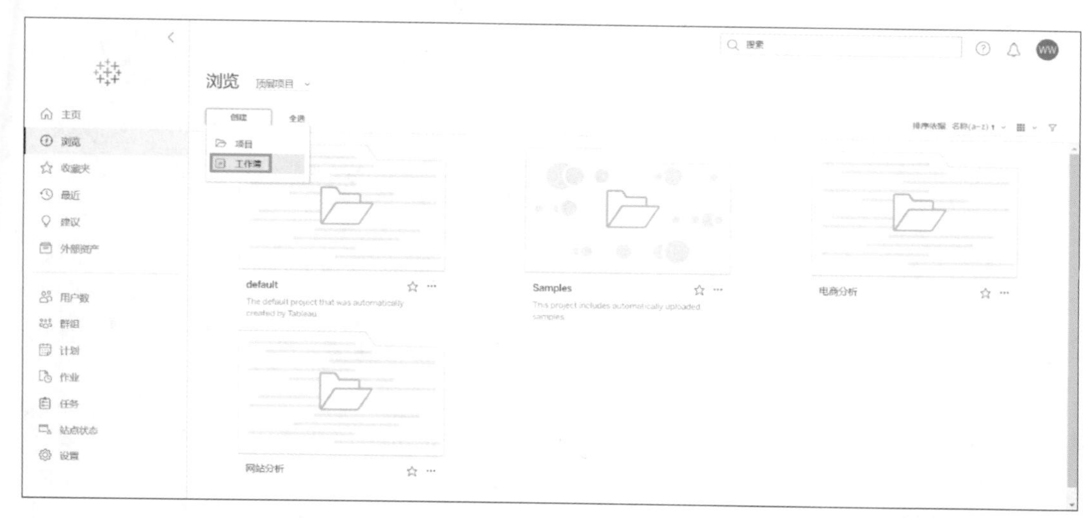

图 8–49 创建项目工作簿

也可以直接在“主页”页面中单击“创建工作簿”按钮，如图 8–50 所示。

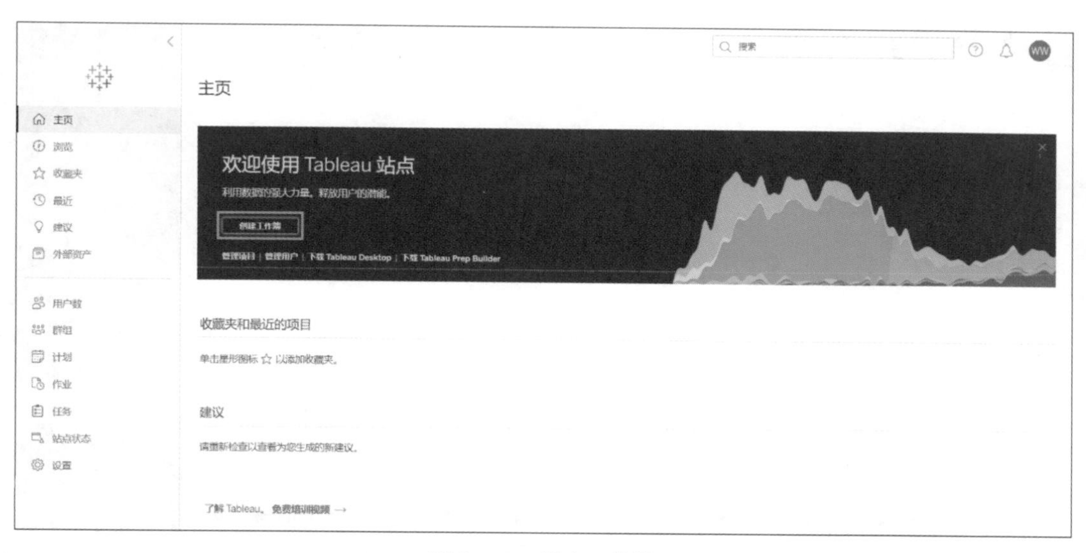

图 8–50 创建工作簿

在 Tableau Online 中，创建工作簿有以下 4 种方式：此站点上、文件、连接器和仪表板起始模板。下面逐一进行介绍。

（1）连接到“此站点上”的数据，即浏览或搜索已发布的数据源。在“名称”下选择数据源，并单击“连接”按钮，如图 8–51 所示。注意：如果启用了 Tableau Catalog 的数据管理加载项，可以通过“此站点上”连接数据库、表及数据源。

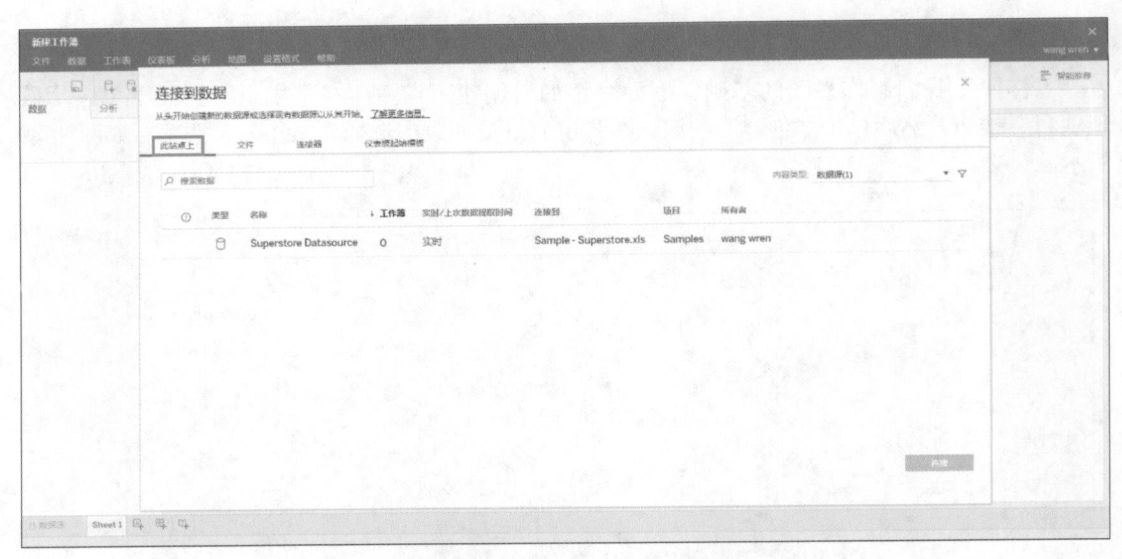

图 8-51　连接“此站点上”数据

（2）Tableau Online 支持在线上传 Excel 类型的数据，包括 xlsx、csv、tsv 等格式，以及空间文件类型的数据，包括 kml、geojson、topojson、json 等格式。

在“连接到数据”窗口的“文件”选项卡中，将文件拖曳到字段中并单击“从计算机上载”按钮连接该文件，如图 8-52 所示。Tableau 连接到数据后，“数据源”页面将会被打开，以便准备要分析的数据并开始构建视图。

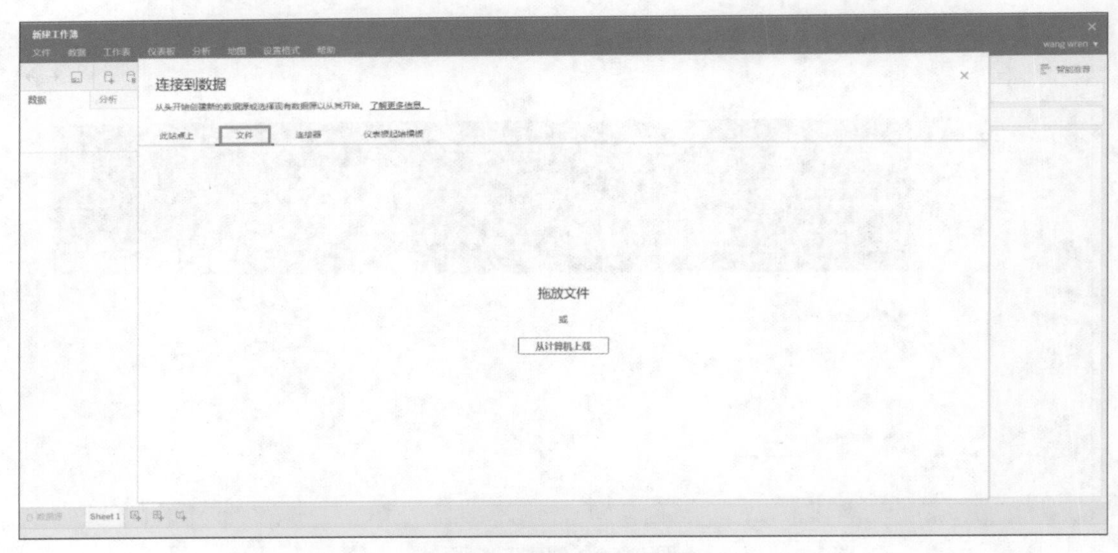

图 8-52　连接“文件”数据

（3）Tableau Online 的“连接器”选项卡可以用于连接存放于企业中的云数据库中或服务器上的数据，操作时需要为想要进行的每个数据连接提供连接信息。例如，大多数数据连接需要提供服务器名称和登录信息。

支持的连接器应包含有关将 Tableau 连接到其中每种连接器类型以设置数据源的信息。如果所需的连接器未出现在“连接器”选项卡中，可以使用 Tableau Desktop 连接到数据，并将数据源发布到 Tableau Online 或 Tableau Server 中来实现 Web 制作，如图 8–53 所示。

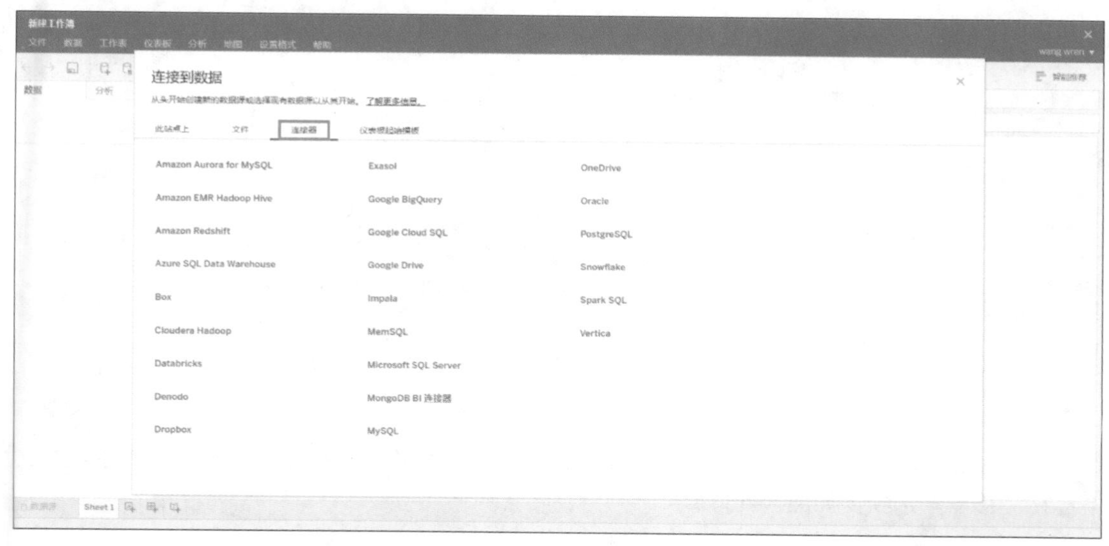

图 8–53　连接“连接器”数据

（4）Tableau Online 还可以导入已有的仪表板起始模板，如图 8–54 所示。

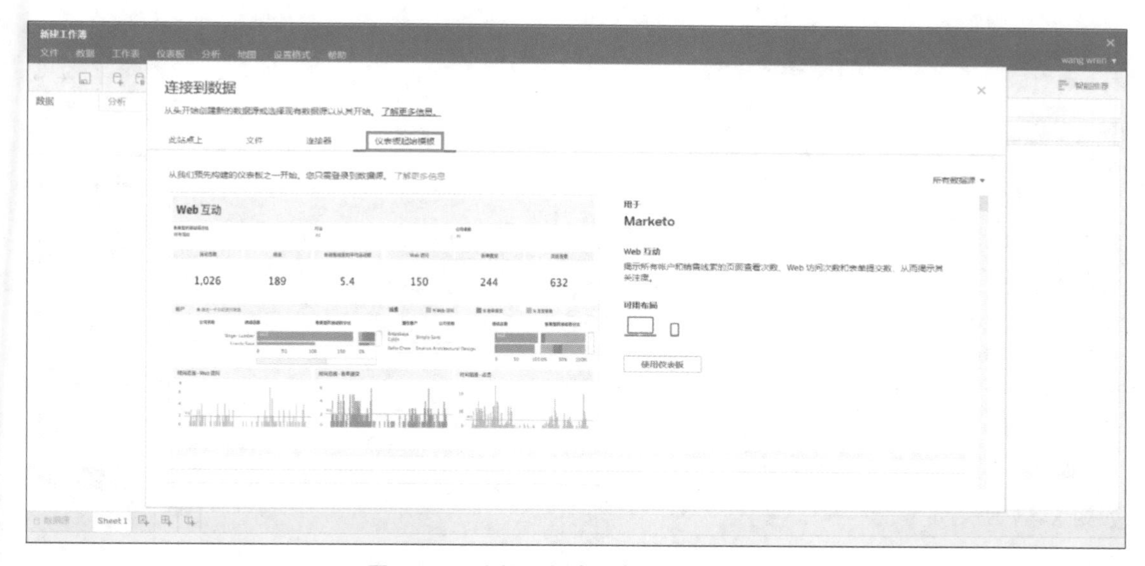

图 8–54　连接“仪表板起始模板”数据

8.4.3　移动项目工作簿

要将工作簿从一个项目移动到另一个项目，可以选择需要移动的工作簿，然后单击其右侧的“…”按钮，在下拉列表中选择“移动”选项，如图 8–55 所示。

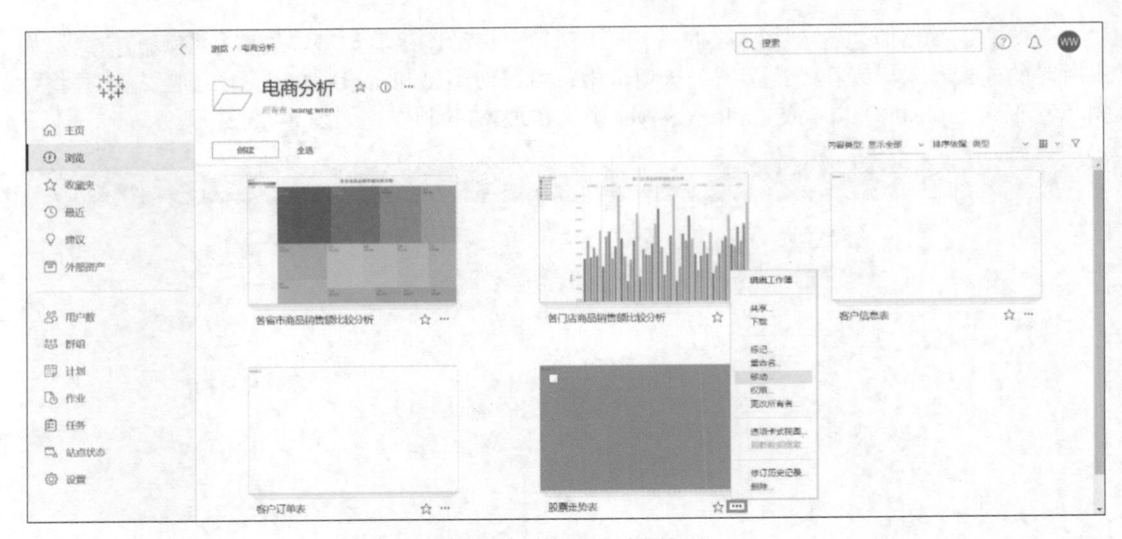

图 8-55　移动工作簿

也可以先选择需要移动的工作簿，然后单击上方的“操作”右侧的下拉按钮，在下拉列表中选择“移动”选项，如图 8-56 所示。

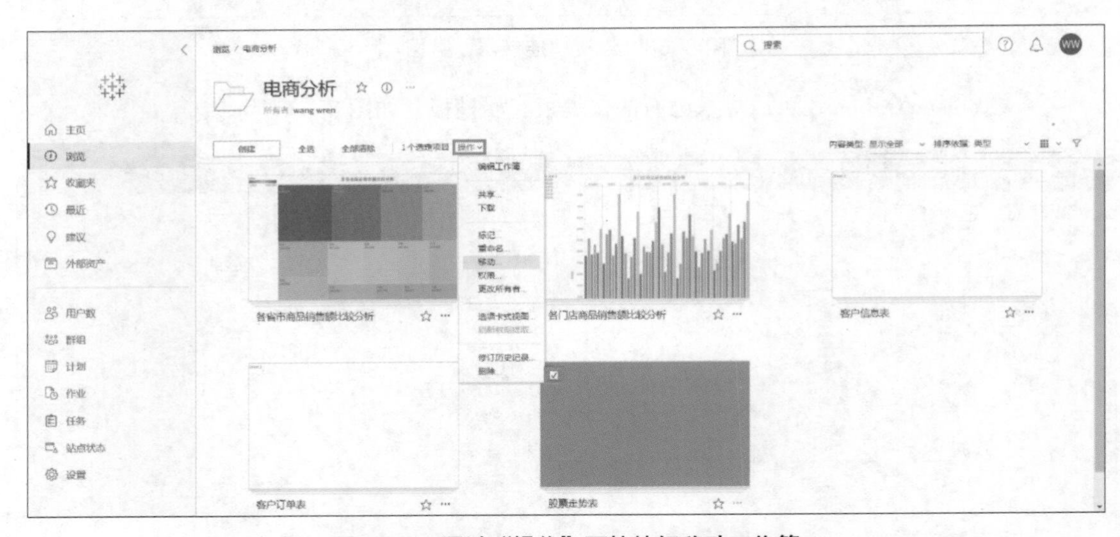

图 8-56　通过“操作”下拉按钮移动工作簿

为工作簿选择移动的目标项目，然后单击“移动内容（1）”按钮即可实现工作簿的移动，如图 8-57 所示。

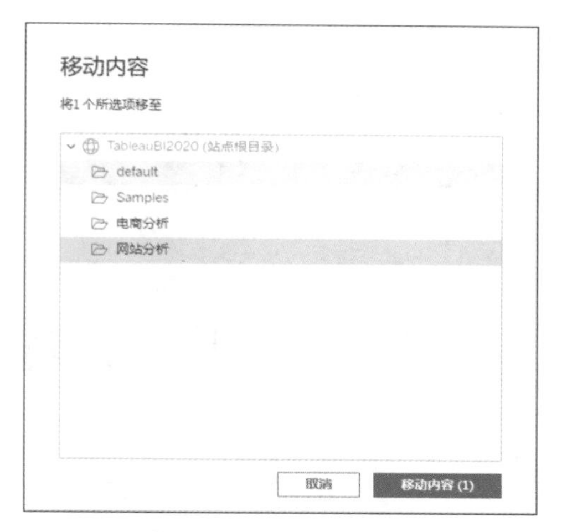

图 8–57　选择目标项目

8.5　练习题

（1）在 Tableau 官网上注册 Tableau Online 用户。
（2）尝试导入已有数据源、快速搜索内容和设置账户。
（3）尝试设置用户的角色、添加用户和创建群组。

CHAPTER 09

第9章 电商行业案例实战

电商即电子商务，是指在互联网、内部网和增值网上以电子交易方式进行交易活动和相关服务活动，是传统商业活动各环节的电子化和网络化。随着电子商务的快速发展，我国出现了众多的电子商务平台，网络购物成为人们日常的一种购物模式。在电子商务发展向好的大环境中，平台和商家获得了很多发展机遇。但是随着市场的不断扩大，市场竞争的不断加剧，如果平台和商家无法满足消费者的购买需求，无法及时关注到自身商品存在的问题从而影响销售，最终就会被市场所淘汰。

电商涵盖的范围很广，一般可分为企业对企业（B2B）、企业对客户（B2C）、客户对客户（C2C）三大类。B2C 电子商务平台作为一类有代表性的网上购物平台深受用户的喜爱。在 4G 时代，商家基于用户的线上行为，做到线上互联、精准营销、竞价排名、算法推荐等。5G 时代会将用户的线下行为数据化，再通过云端，最终实现取代客户购买商品决定权的算法。

本章将以某电商企业在 2014 年至 2020 年 6 月共计 6.5 年的商品订单数据（商品订单表 .xlsx）和客户信息表（客户信息表 .xlsx）为数据源，围绕电商的客户价值、商品配送、商品退货和业绩预测等 4 个主题进行全面深入的分析。

在使用 Tableau 进行数据可视化分析之前，我们需要收集、整理、清洗原始数据源，再使用 Tableau 连接数据源。相关操作可以参考第 2 章的内容，本章将不再做详细说明，只介绍导入数据源后的数据可视化分析过程。

9.1 客户价值分析

客户价值是企业从客户的商品购买中所获得的利润，即顾客为企业贡献的利润。客户价值分析是深度分析客户需求、应对客户需求变化的重要手段。通过合理、系统的分析，企业可以洞察客户有什么样的消费特征，以便及时使运营策略得到最优的规划。

在本节中，客户价值主题分析将围绕 2014 年至 2020 年上半年有效订单的客户数、2020 年上半年有效订单客户的分布、2020 年上半年不同学历客户购买额、2020 年上半年有效订单量客户排名等 4 个方面进行阐述，仪表板如图 9-1 所示。

微课视频

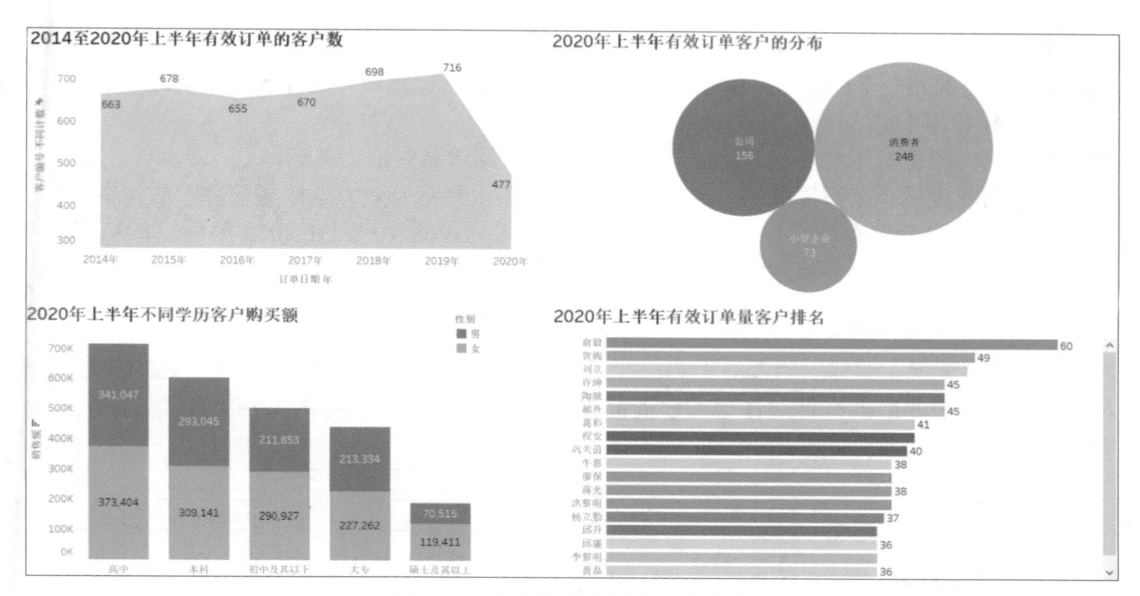

图 9-1　客户价值主题分析仪表盘

9.1.1　2014 年至 2020 年上半年有效订单的客户数

对企业来说，增加客户数量的方法有维持老客户和让老客户介绍新客户。店铺经营过程中，可以通过营销等手段向新客户推荐商品或服务。一般情况下，客户数量的多少决定了销售额和利润额，因此我们先统计一下 2014 年至 2020 年上半年有效订单的客户数，如图 9-2 所示。

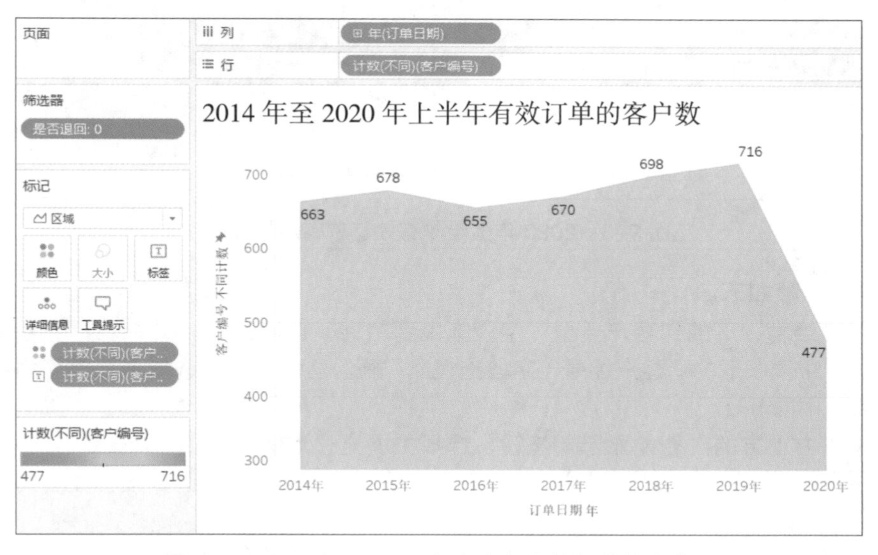

图 9-2　2014 年至 2020 年上半年有效订单的客户数

主要操作步骤如下。

步骤 01 将“维度”下的“订单日期”字段拖曳到“列”功能区。

步骤 02 将“维度”下的“客户编号”字段拖曳到“行”功能区中，选择聚合类型为“度量（计数（不同））”。

步骤 03 单击右上方的“智能显示”按钮，选择“面积图（连续）”选项。

步骤 04 将“维度”下的“客户编号”字段拖曳到“标签”标记上，选择聚合类型为“度量（计数（不同））”。

步骤 05 将“维度”下的“是否退回”字段拖曳到“筛选器”中，并选择 0，即没有退回。

步骤 06 美化视图，为视图添加“2014 年至 2020 年上半年有效订单的客户数”的标题。

从视图中可以看出：2014 年至 2020 年上半年有效订单的客户数在 2018 年是 698 人、2019 年是 716 人、2020 年上半年达到 477 人，基本呈现上升趋势。

9.1.2 2020 年上半年有效订单客户的分布

由于受到类型、偏好等因素的影响，客户在选择不同类型的商品时也存在较大的差异。深入分析有助于企业后期有针对性地调整商品类别和开展营销活动，2020 年有效订单客户分布的气泡图如图 9-3 所示。

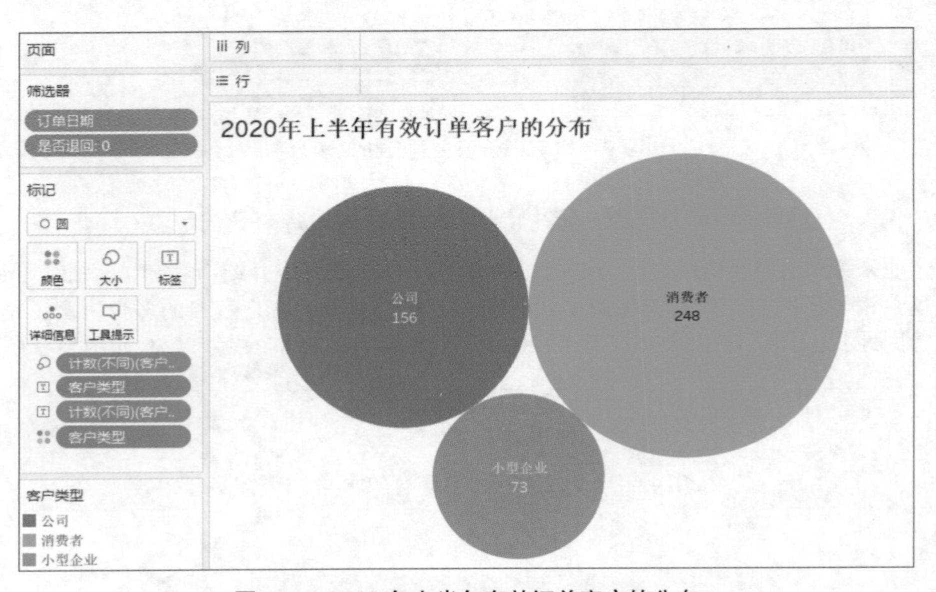

图 9-3 2020 年上半年有效订单客户的分布

主要操作步骤如下。

步骤 01 将“维度”下的“客户类型”字段拖曳到“列”功能区中。

步骤 02 将“维度”下的“客户编号”字段拖曳到“行”功能区中，选择聚合类型为“度量（计数（不同））”。

步骤 03 单击右上方的“智能显示”按钮，选择“填充气泡图”选项。

步骤 04 将“维度”下的“客户编号”字段拖曳到“标签”标记上，选择聚合类型为“度量（计数（不同））”。

步骤 05 将“维度”下的“订单日期”和“是否退回”字段拖曳到“筛选器”中，分别选择 2020 和 0。

步骤 06 美化视图，为视图添加“2020 年上半年有效订单客户的分布”的标题。

从视图中可以看出：在 2020 年上半年，有效订单的客户主要以普通消费者为主，数量为 248 人，公司为 156 人，小型企业为 73 人。

9.1.3　2020 年上半年不同学历客户购买额

目前“以客户为中心”的个性化服务越来越受重视，研究客户的个性化需求和分析不同客户对企业经营效益的影响，可以做出更好的决策。不同学历背景和性别的客户，他们的购买能力存在较大的差异，2020 年不同学历用户购买额条形图如图 9–4 所示。

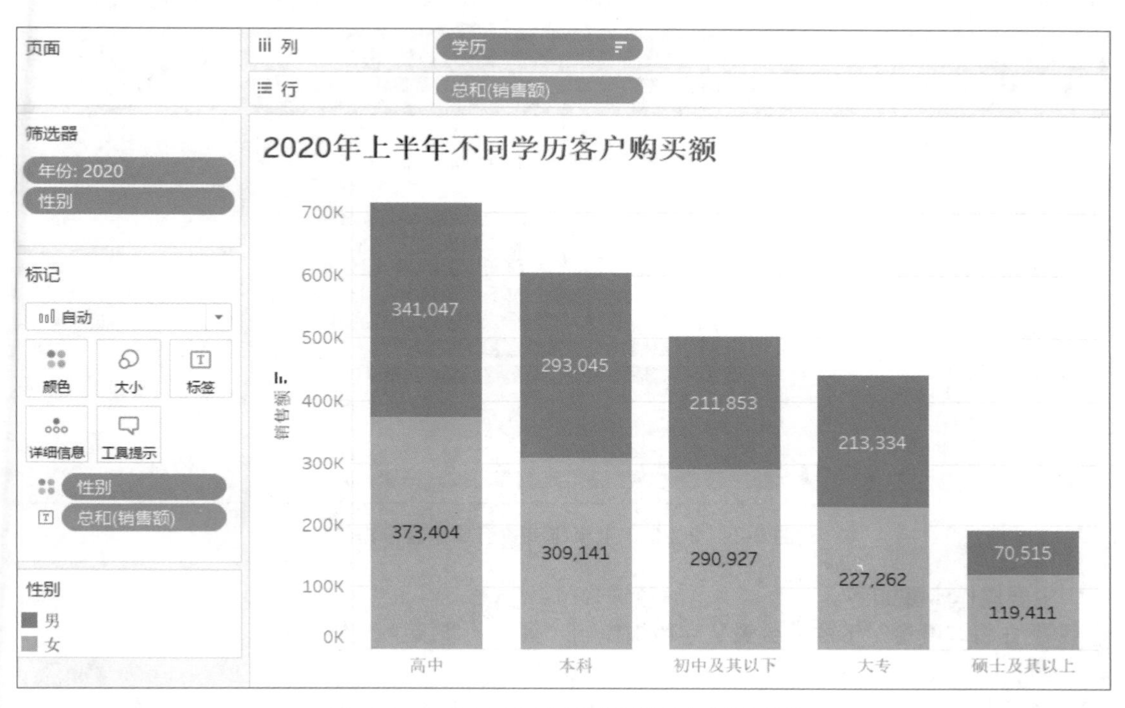

图 9–4　2020 年上半年不同学历客户购买额

主要操作步骤如下。

步骤 01 将“维度”下的“学历”字段拖曳到“列”功能区中。

步骤 02 将“度量”下的“销售额”字段拖曳到“行”功能区中，选择聚合类型为“总和”。

步骤 03 将“度量”下的“性别”字段拖曳到“标记”卡的“颜色”上。

步骤 04 将“度量”下的“销售额”字段拖曳到“标记”卡的“标签”上，选择聚合类型为“总和”。

步骤 05 将“维度”下的“订单日期”和“性别”字段拖曳到“筛选器”中，分别选择 2020 和全部。

步骤 06 美化视图，为视图添加“2020 年上半年不同学历客户购买额”的标题。

从视图中可以看出：2020 年上半年的客户主要是以中低学历的客户为主，其中高中学历的客户购买金额超过了 70 万元，本科学历的客户购买金额超过 60 万元。

9.1.4　2020 年上半年有效订单量客户排名

有效订单量是指某段时间内客户购买商品的数量，不包含客户的退单。通过分析客户的有效订单数量，企业可以了解客户的忠诚度，进一步挖掘客户的价值。一般有效订单量越大的客户价值越大。每位客户商品的购买量是不一样的，2020 年有效订单量客户排名如图 9–5 所示。

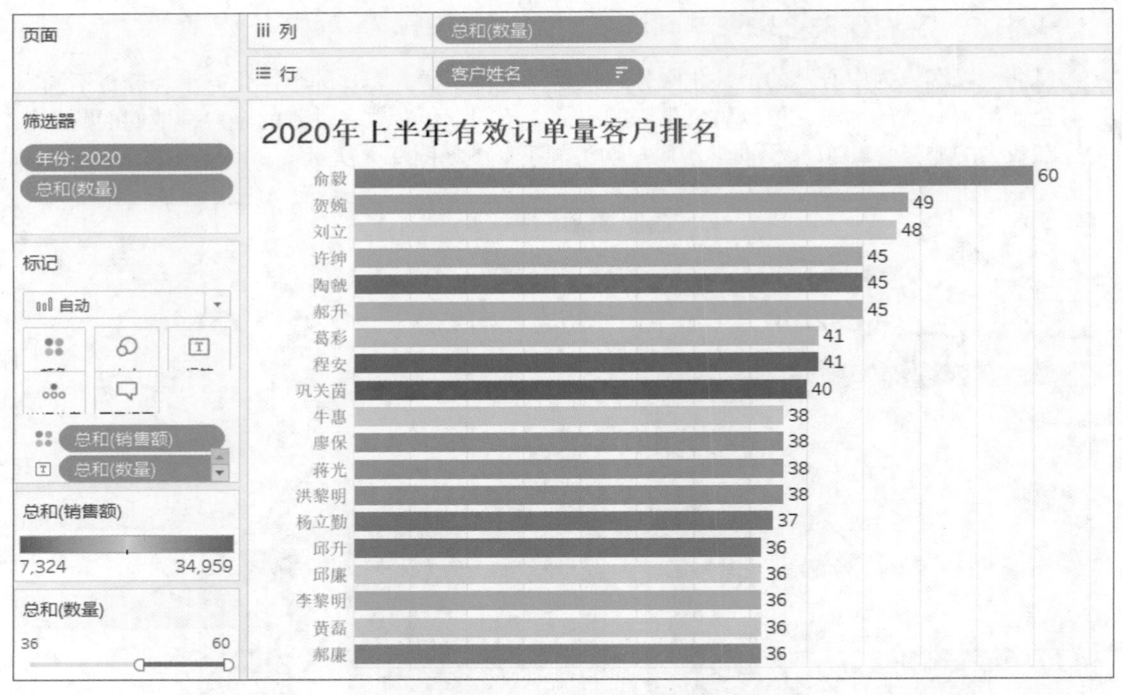

图 9-5　2020 年上半年有效订单量客户排名

主要操作步骤如下。

步骤 01 将“度量”下的“数量”字段拖曳到“列”功能区中，选择聚合类型为“总和”。

步骤 02 将“维度”下的“客户姓名”字段拖曳到行功能区中。

步骤 03 将“度量”下的“销售额”字段拖曳到“标记”卡的“颜色”上。

步骤 04 将“度量”下的“数量”字段拖曳到“标记”卡的“标签”上。

步骤 05 将“维度”下的“订单日期”和“性别”字段拖曳到“筛选器”中，分别选择 2020 和全部。

步骤 06 美化视图，为视图添加“2020 年上半年有效订单量客户排名”的标题。

从视图中可以看出：在 2020 年上半年，商品有效订单量排名前三的客户是俞毅、贺婉和刘立，有效订单数分别是 60、49 和 48。

9.2　商品配送分析

微课视频

商品配送是指将从供应者手中接手的商品，进行必要的储存保管，并按用户的订货要求进行分类、挑选、整理、加工、包装等配货活动后，将配好的商品在规定的时间内，安全、准确地送达指定地点的一系列活动。

在本节中，商品配送主题分析主要围绕 2020 年上半年各月份平均延迟天数、2020 年上半年各地区平均延迟天数、2020 年上半年各类型商品平均延迟天数、2020 年上半年各门店平均延迟天数等 4 个方面进行分析，仪表板如图 9-6 所示。

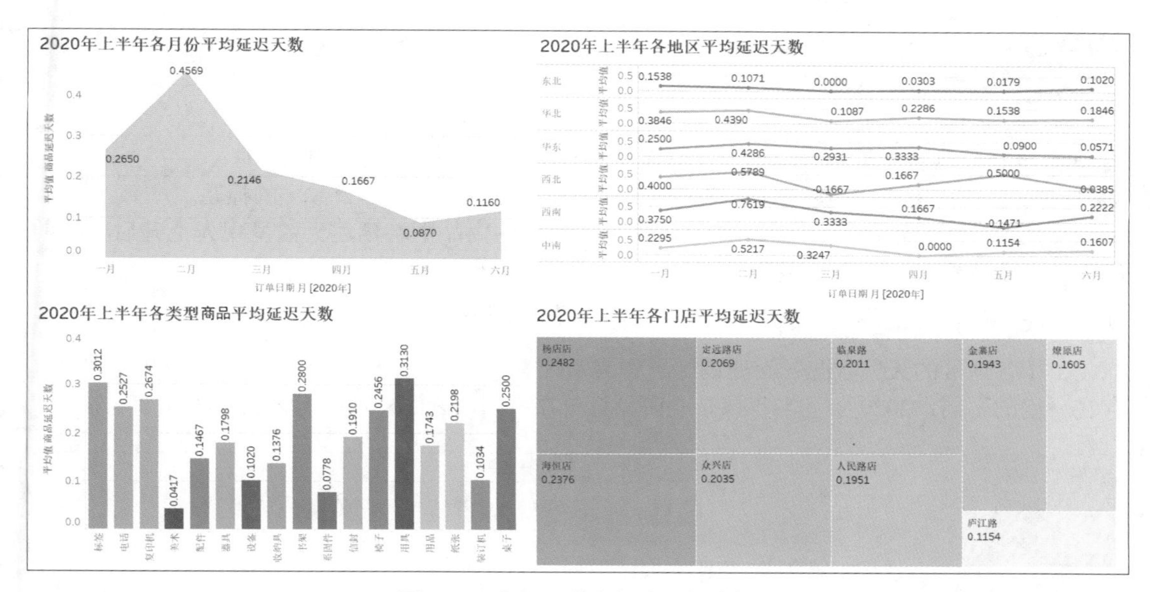

图 9–6　商品配送主题分析仪表板

9.2.1　2020 年上半年各月份平均延迟天数

配送时间是指商品从下单到客户收到商品所需要的时间。由于受到天气状况、距离远近、配送条件等因素影响，因此存在不同程度的发货配送延迟现象。2020 年上半年各月份的平均延迟天数如图 9–7 所示。

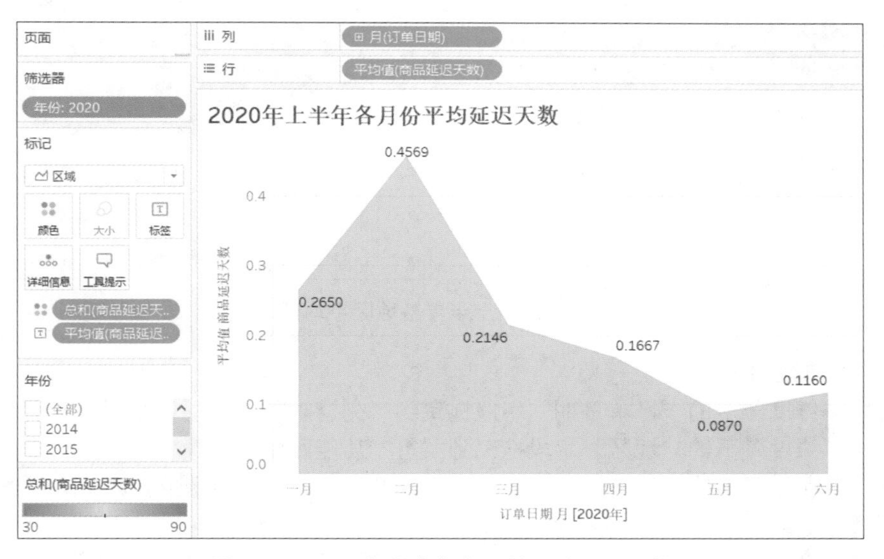

图 9–7　2020 年上半年各月份平均延迟天数

主要操作步骤如下。

步骤 01 将“维度”下的“订单日期”字段拖曳到“列”功能区中，调整频率为“月”。

步骤 02 将“度量”下的“商品延迟天数”字段拖曳到“行”功能区中，选择聚合类型为“平均值”。

步骤 03 单击右上方的“智能显示”按钮，选择“面积图（连续）”选项。

步骤 04 将“度量”下的“商品延迟天数”字段拖曳到“标签”标记上，选择聚合类型为“平均值”。

步骤 05 将“维度”下的“年份”字段拖曳到“筛选器”中，选择 2020。

步骤 06 美化视图，为视图添加“2020 年上半年各月份平均延迟天数”的标题。

从视图中可以看出：在 2020 年上半年，各月份的商品平均延迟天数呈现先上升后下降的趋势；由于受春节等因素的影响，在 2 月达到峰值 0.4569。

9.2.2 2020 年上半年各地区平均延迟天数

由于各地区的天气状况、交通设施、物流系统等存在较大的差异，因此商品的配送时间也存在一定的不同，2020 年上半年该企业商品订单在不同地区的平均延迟天数如图 9–8 所示。

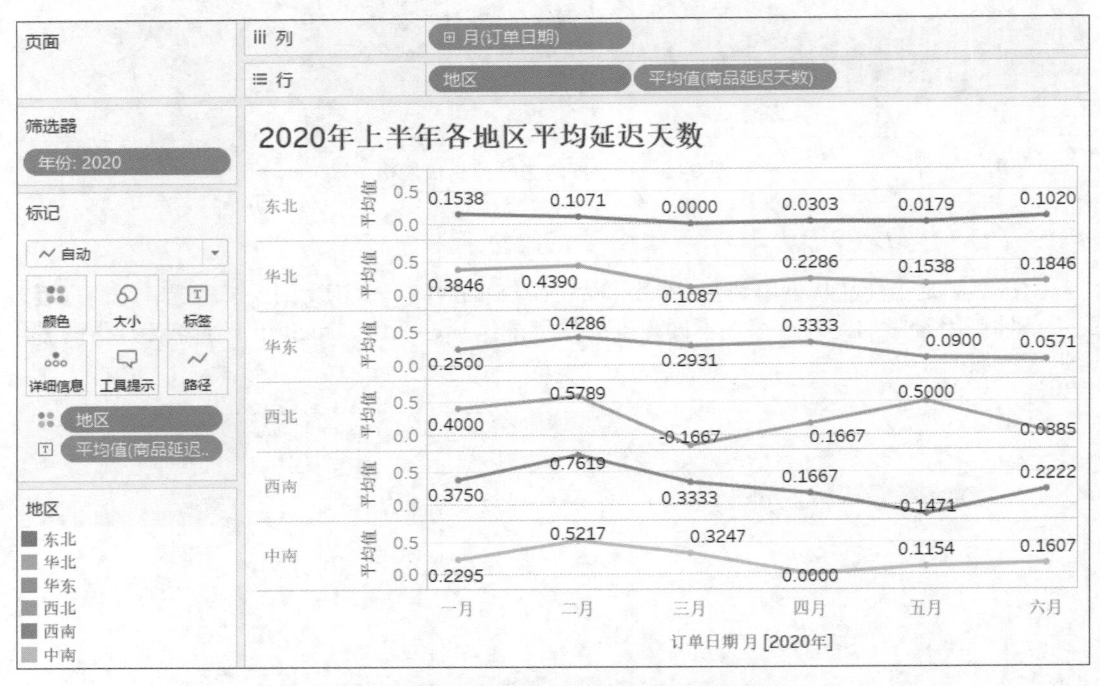

图 9–8 2020 年上半年各地区平均延迟天数

主要操作步骤如下。

步骤 01 将“维度”下的“订单日期”字段拖曳到“列”功能区中，调整频率为“月”。

步骤 02 将“维度”下的“地区”字段拖曳到“行”功能区中和“颜色”标记上。

步骤 03 将“度量”下的“商品延迟天数”字段拖曳到“行”功能区中，选择聚合类型为“平均值”。

步骤 04 将“度量”下的“商品延迟天数”字段拖曳到“标签”标记上，选择聚合类型为“平均值”。

步骤 05 将“维度”下的“年份”字段拖曳到“筛选器”中，选择 2020。

步骤 06 美化视图，为视图添加“2020 年上半年各地区平均延迟天数”的标题。

从视图中可以看出：在 2020 年上半年，商品在各地区的平均延迟天数也存在明显差异；东北地区的平均延迟天数值较小，且相对其他地区波动幅度较小。

9.2.3　2020 年上半年各类型商品平均延迟天数

不同类型的商品，其配送要求不同，特别是一些易碎或易腐的商品。此外，商品还具有大小、重量和包装等方面的特点，2020 年上半年该企业不同商品类型的平均延迟天数如图 9–9 所示。

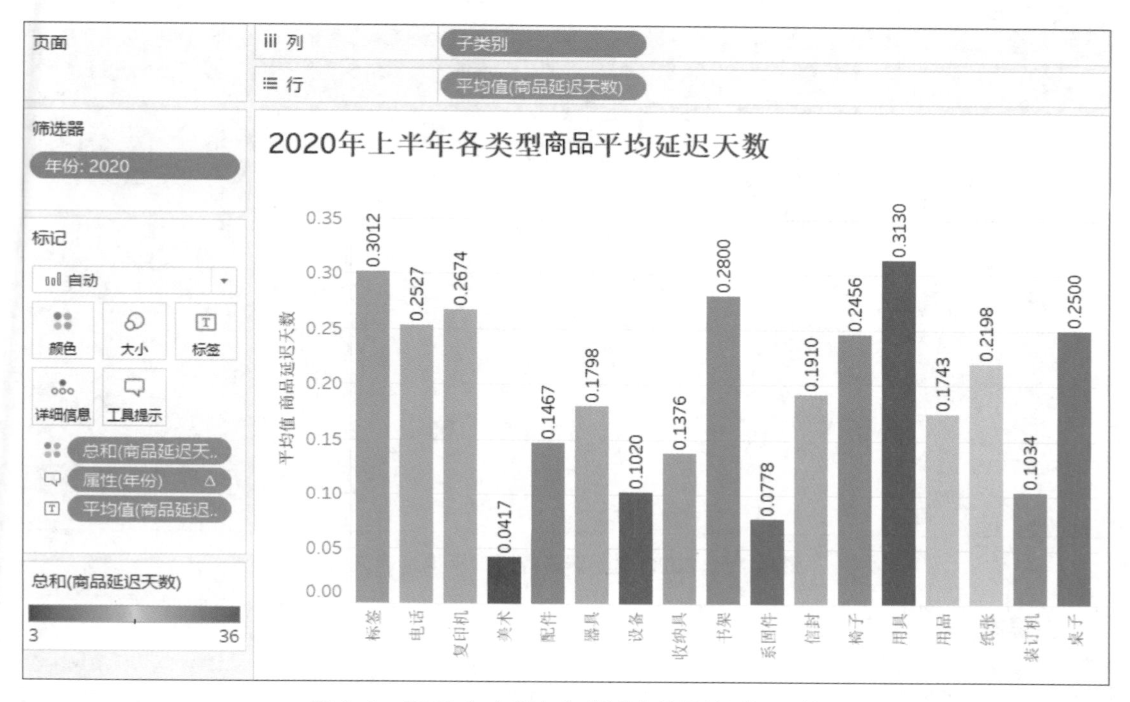

图 9–9　2020 年上半年各类型商品平均延迟天数

主要操作步骤如下。

步骤 01 将“维度”下的“子类别”字段拖曳到“列”功能区中。

步骤 02 将“度量”下的“商品延迟天数”字段拖曳到“行”功能区中，选择聚合类型为“平均值”。

步骤 03 将“度量”下的“商品延迟天数”字段拖曳到“颜色”标记上，选择聚合类型为“平均值”。

步骤 04 将“度量”下的“商品延迟天数”字段拖曳到“标签”标记上，选择聚合类型为“平均值”。

步骤 05 将“维度”下的“年份”字段拖曳到“筛选器”中，选择 2020。

步骤 06 美化视图，为视图添加“2020 年上半年各类型商品平均延迟天数”的标题。

从视图可以看出：在 2020 年上半年，不同类型的商品的平均延迟天数也有所不同；其中用具类商品的平均延迟天数值最大，为 0.3130，美术类商品的平均延迟天数值最小，为 0.0417。

9.2.4　2020 年上半年各门店平均延迟天数

目前该企业的各个门店，在人员、管理和工作效率上参差不齐，门店的订单量也存在较大波动，2020 年上半年该企业各门店的平均延迟天数如图 9–10 所示。

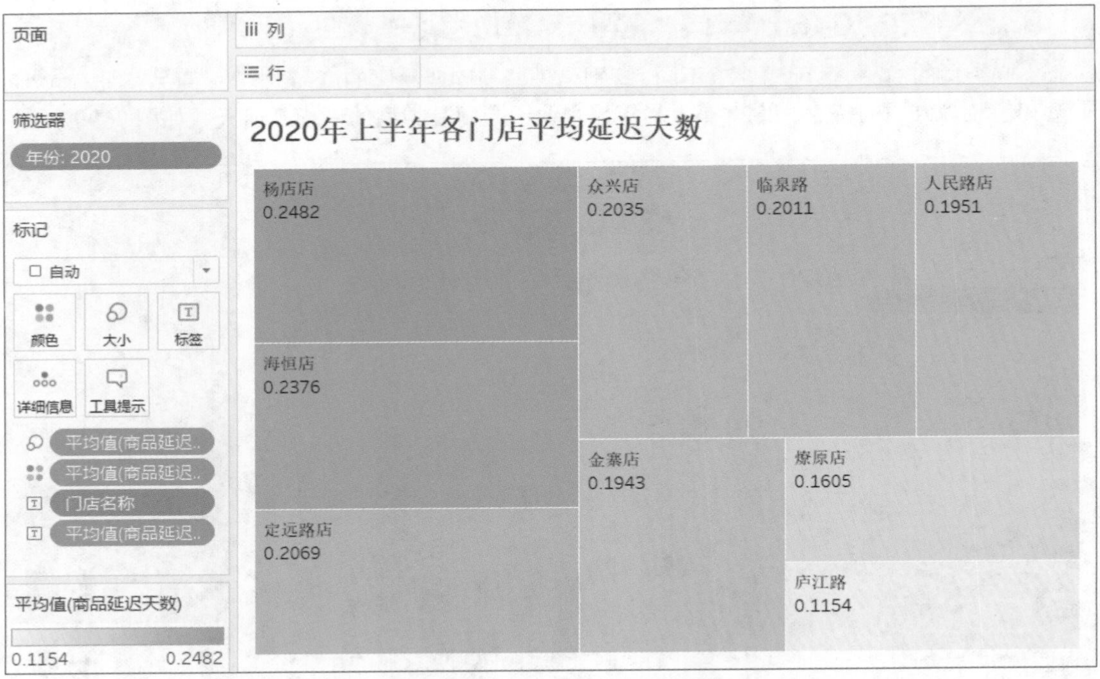

图 9-10　2020 年上半年各门店平均延迟天数

主要操作步骤如下。

步骤 01 将“维度”下的“门店名称”字段拖曳到“列”功能区中。

步骤 02 将“度量”下的“商品延迟天数”字段拖曳到“行”功能区中，选择聚合类型为“平均值”。

步骤 03 单击右上方的“智能显示”按钮，选择“树状图”选项。

步骤 04 将“度量”下的“商品延迟天数”字段拖曳到“标签”标记上，选择聚合类型为“平均值”。

步骤 05 将“维度”下的“年份”字段拖曳到“筛选器”中，选择 2020。

步骤 06 美化视图，为视图添加“2020 年上半年各门店平均延迟天数”的标题。

从视图中可以看出：在 2020 年上半年，各门店的商品平均延迟天数也存在一定差异；其中杨店平均延迟天数值最大；为 0.2482，其次是海恒店，为 0.2376。

9.3　商品退货分析

微课视频

退货是指买方将不满意的商品退还给卖方的过程。常见的退货原因有：商品质量或包装有问题，顾客退回后，门店收货部再转退给供应商；存货量太大或商品滞销，门店消化不了，退还给供应商；商品未在保质期内即已变质或损坏。对卖家而言，常用的规避退货的方法主要有：提供真实商品图片、精确商品描述、正确交付商品、确保按时发货、避免商品损坏、收集退货原因。

在本节中，客户分析将围绕 2020 年上半年各月份商品退货次数、2020 年上半年各地区商品退货金额、2020 年上半年各类型商品退货金额、2020 年上半年主要退货商品及数量等 4 个方面进行。退货主题分析的仪表板如图 9-11 所示。

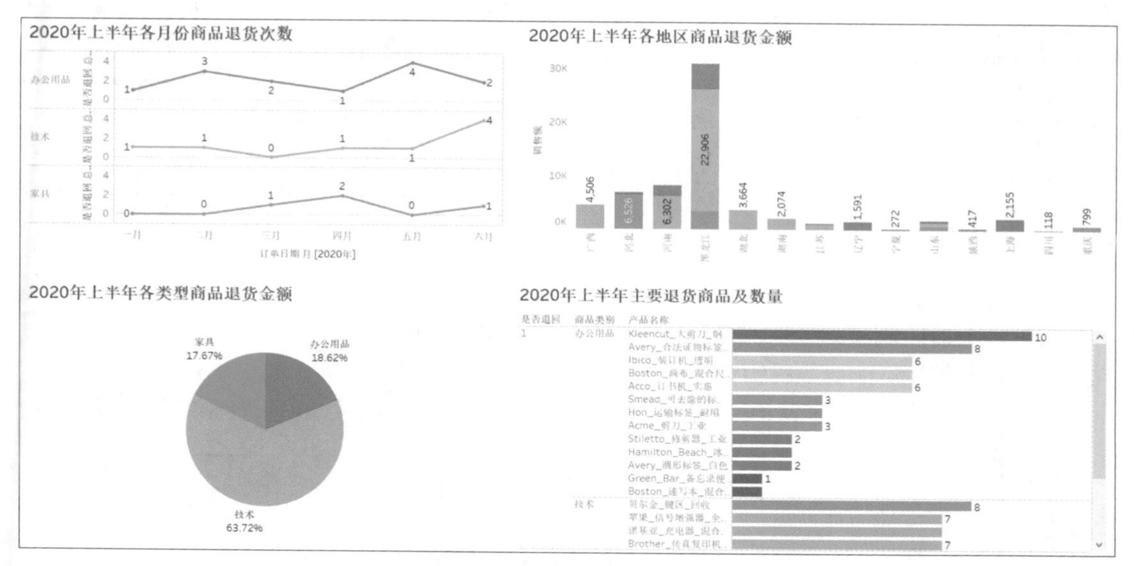

图 9-11　商品退货主题分析仪表板

9.3.1　2020 年上半年各月份商品退货次数

一般认为，退货的次数越少越好。企业可以通过严把生产质量关，减少运输、包装、装卸、配送等环节的失误和损耗，利用信息技术最短路径解决问题等方式达到这一目的。该企业 2020 年各月份商品退货次数如图 9-12 所示。

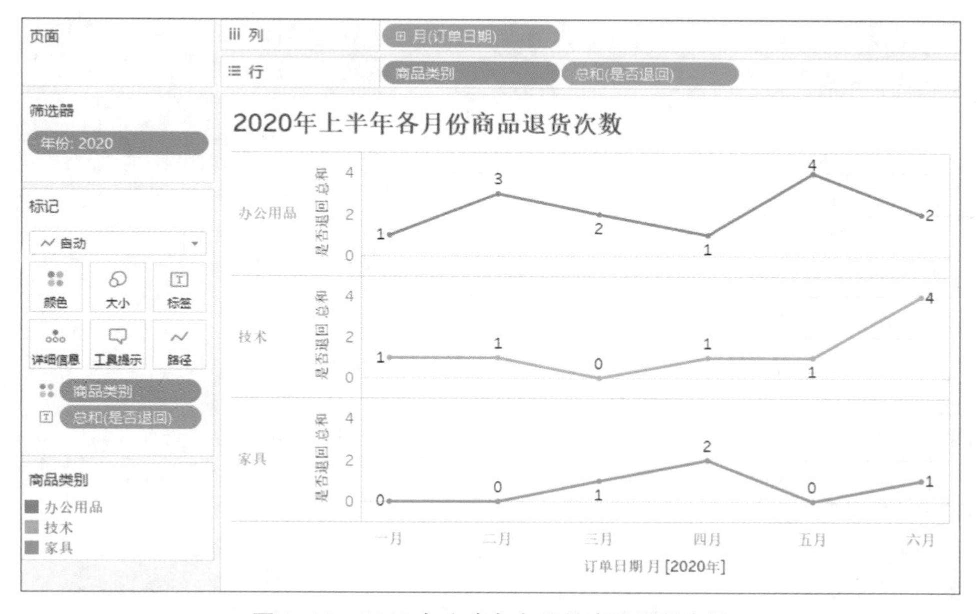

图 9-12　2020 年上半年各月份商品退货次数

主要操作步骤如下。

步骤 01 将“维度”下的“订单日期”字段拖曳到“列”功能区中，调整频率为“月”。

步骤 02 将“维度”下的“商品类别”字段拖曳到“行”功能区中和“颜色”标记上。

步骤 03 将“度量”下的“是否退回”字段拖曳到“行”功能区中，选择聚合类型为“总和”。

步骤 04 将“度量”下的“是否退回”字段拖曳到“标签”标记上，选择聚合类型为“总和”。

步骤 05 将“维度”下的“年份”字段拖曳到“筛选器”中，选择 2020。

步骤 06 美化视图，为视图添加“2020 年上半年各月份商品退货次数”的标题。

从视图中可以看出：在 2020 年上半年，各月份不同类型的商品退货次数虽然不是很多，但是有一定的波动性。

9.3.2 2020 年上半年各地区商品退货金额

由于各个地区地理、文化、政治、语言、风俗、宗教不同，消费者的消费习惯也有很大差异这些因素会间接影响商品的销售，因此企业必须正视各地区的差异，实事求是、因地制宜，有针对性地制订经营战略和营销推广策略。该企业 2020 年各地区的商品退货金额如图 9-13 所示。

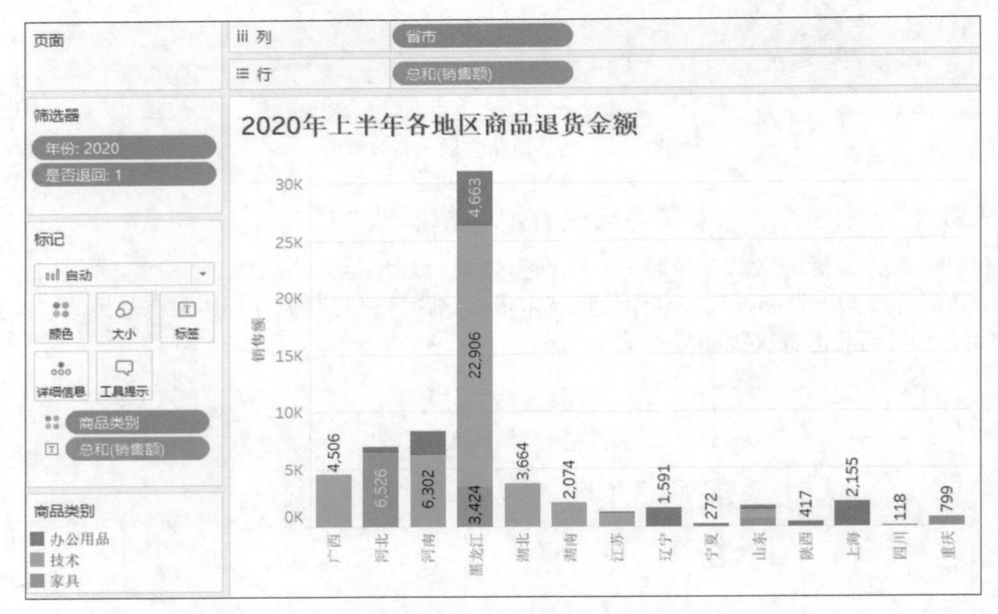

图 9-13 2020 年上半年各地区商品退货金额

主要操作步骤如下。

步骤 01 将“维度”下的“省市”字段拖曳到“列”功能区中。

步骤 02 将“维度”下的“商品类别”字段拖曳到“颜色”标记上。

步骤 03 将“度量”下的“销售额”字段拖曳到“行”功能区中和“标签”标记上，选择聚合类型为“总和”。

步骤 04 将“维度”下的“年份”字段拖曳到“筛选器”中，选择 2020。

步骤 05 将“维度”下的“是否退回”字段拖曳到“筛选器”中，选择数值 1。

步骤 06 美化视图，为视图添加“2020 年上半年各地区商品退货金额”的标题。

从视图中可以看出：在 2020 年上半年，各地区商品的退货金额差异较大，其中黑龙江的退货金额超过了 3 万元，需要进一步深入分析其出现退货异常的具体原因。

9.3.3　2020 年各类型商品退货金额

退货是指经销商在收货时货物完好正常收入，但在其负责销售期间因各种原因未能将货物售出，根据销售协议退回相关货物的退货行为。该企业 2020 年各类型商品的退货金额如图 9–14 所示。

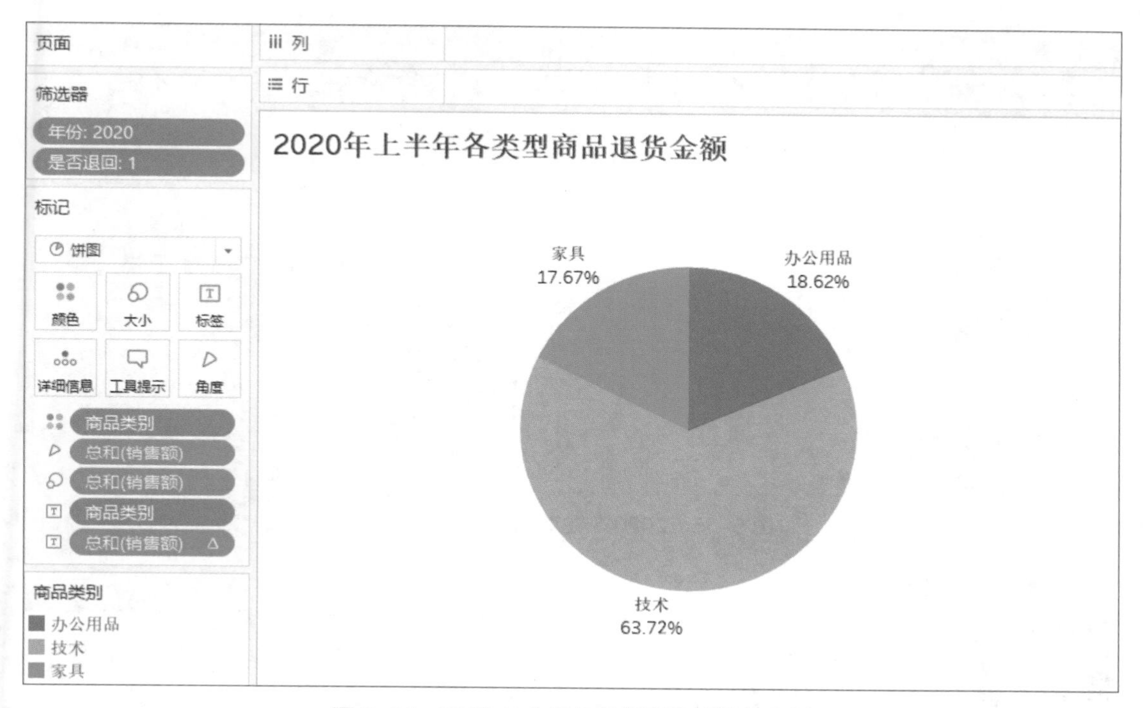

图 9–14　2020 年上半年各类型商品退货金额

主要操作步骤如下。

步骤 01 将“维度”下的“商品类别”字段拖曳到“列”功能区中。

步骤 02 将“度量”下的“销售额”字段拖曳到“行”功能区中。

步骤 03 单击右上方的“智能显示”按钮，选择“饼图”选项。

步骤 04 将“商品类别”和“销售额”字段拖曳到“标签”标记上，选择表计算类型为“合计百分比”。

步骤 05 将“维度”下的“年份”和“是否退回”字段拖曳到“筛选器”中，分别选择 2020 和 1。

步骤 06 美化视图，为视图添加“2020 年上半年各类型商品退货金额”的标题。

从视图中可以看出：在 2020 年上半年，各类型商品的退货金额占比差异较大，其中技术类占比为 63.71%，办公用品类占比 18.62%，家具类占比 17.67%。

9.3.4　2020 年上半年主要退货商品及数量

退货商品一般不会立即退还给供应商，而是积存一段时间后，再退还给供应商。这类退货商品往往类型杂、状态多、数量大。该企业 2020 年上半年主要退单商品及数量如图 9–15 所示。

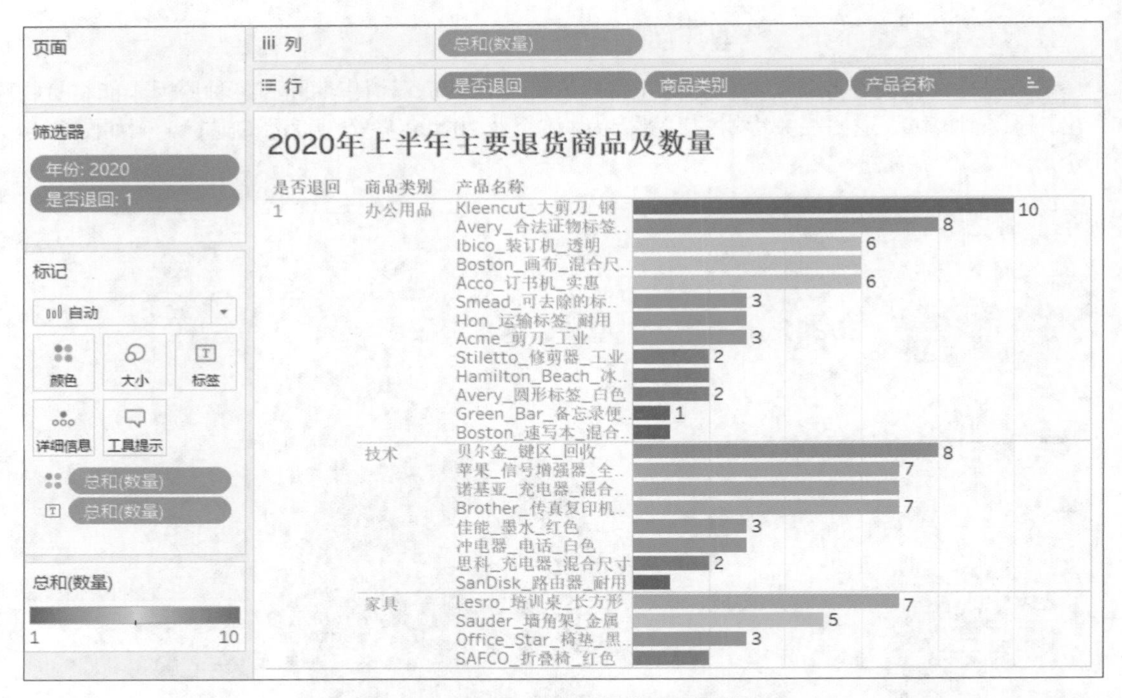

图 9-15　2020 年主要退货商品及数量

主要操作步骤如下。

步骤 01 将“维度”下的“数量”字段拖曳到“列”功能区中，选择聚合类型为“总和”。

步骤 02 将“维度”下的“是否退回”“商品类别”“产品名称”字段拖曳到“行”功能区中。

步骤 03 将“维度”下的“数量”字段拖曳到“颜色”标记上，选择聚合类型为“总和”。

步骤 04 将“维度”下的“数量”字段拖曳到“标签”标记上，选择聚合类型为“总和”。

步骤 05 将“维度”下的“年份”拖曳到“筛选器”中，选择 2020。

步骤 06 将“维度“下的“是否退回”拖曳到“筛选器”中，选择数值 1。

步骤 07 美化视图，为视图添加“2020 年上半年主要退货商品及数量”的标题。

从视图中可以看出：在 2020 年上半年，办公用品类中的“Kleencut_ 大剪刀 _ 钢”退货数量最多，技术类中的“贝尔金 _ 键区 _ 回收”退货数量最多，家具类中的“Lesro_ 培训桌 _ 长方形”退货数量最多。

9.4　商品预测分析

时间序列分析法是根据过去的变化趋势预测未来的发展，它的前提是假定事物的过去可以延续到未来。预测分析是一种统计或数据挖掘解决方案，是可在结构化和非结构化数据中使用以确定未来结果的算法和技术。

微课视频

在本节中，我们可以根据该企业 2014 年至 2020 年 6 月共计 6.5 年的销售数据，预测 2020 年下半年该企业各月份的销售额和利润额，以及商品的销售量和退货量情况；同时为了提高时间序列预测的准确度，统计频率采用了月度，仪表板如图 9-16 所示。

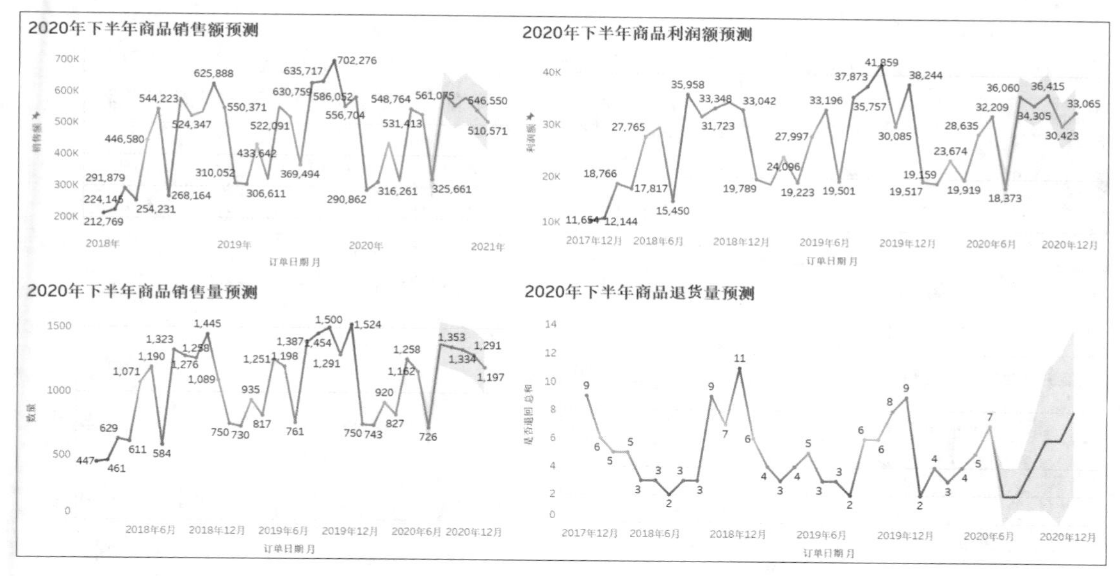

图 9-16　预测分析仪表板

9.4.1　2020 年下半年商品销售额预测

销售额预测是指对未来特定时间内全部产品或特定产品的销售数量与销售金额的估计，是在充分考虑未来各种影响因素的基础上，结合本企业的销售实绩，通过一定分析方法预估的切实可行的销售目标。

在本案例中，我们可以通过该企业 2014 年至 2020 年上半年商品的销售额预测其 2020 年下半年各月份商品的销售额，如图 9-17 所示。

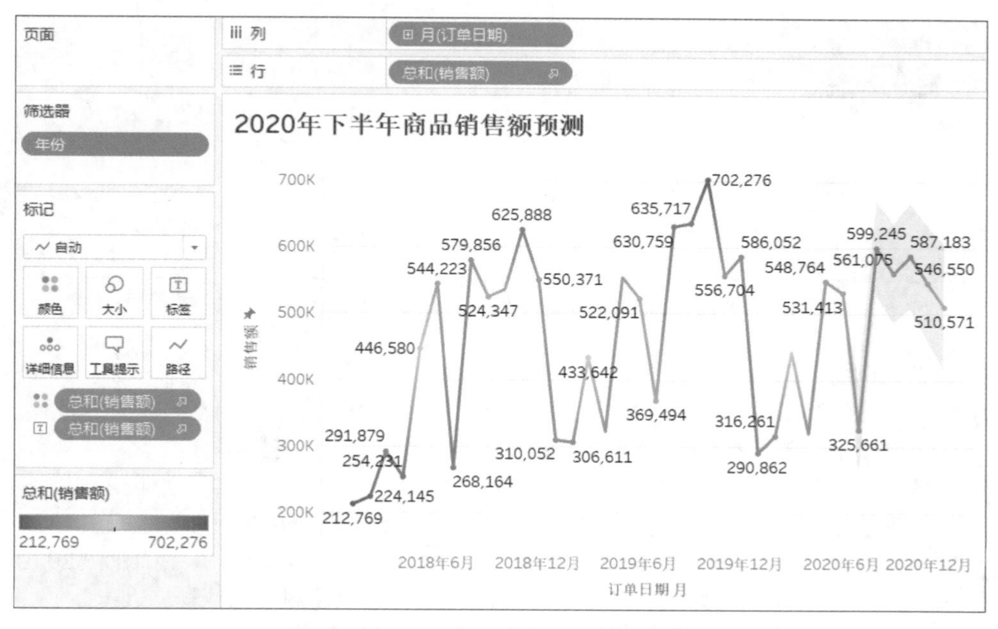

图 9-17　2020 年下半年商品销售额预测

主要操作步骤如下。

步骤 01 将“维度”下的“订单日期”字段拖曳到“列”功能区中，调整频率为“月”。

步骤 02 将“度量”下“销售额”字段拖曳到“行”功能区中，选择聚合类型为“总和”。

步骤 03 将“维度”下的“销售额”字段拖曳到“标记”卡的“颜色”和“标签”上。

步骤 04 在菜单栏中执行“分析”→“预测”→“显示预测”命令进行时间序列预测。

步骤 05 将“维度”下的“年份”字段拖曳到“筛选器”中，选择 2018、2019 和 2020。

步骤 06 美化视图，为视图添加“2020 年下半年商品销售额预测”的标题。

从视图中可以看出：2020 年下半年商品各个月份的销售额位于 51 万元 ~ 60 万元，基本呈现逐月下降的趋势。

9.4.2 2020 年下半年商品利润额预测

利润额预测是对公司未来某一时期可实现的利润的预计和测算，因素来可以预测公司将来所能达到的利润水平的。

在本案例中，我们可以通过企业 2014 年至 2020 年上半年商品的利润额预测 2020 年下半年各月份商品的利润额，如图 9-18 所示。

图 9-18　2020 年下半年商品利润额预测

主要操作步骤如下。

步骤 01 将“维度”下的“订单日期”字段拖曳到“列”功能区中，调整频率为“月”。

步骤 02 将“度量”下“利润额”字段拖曳到“行”功能区中，选择聚合类型为“总和”。

步骤 03 将“维度”下的“利润额”字段拖曳到“标记”卡的“颜色”和“标签”上。

步骤 04 在菜单栏中执行“分析”→“预测”→“显示预测”命令进行时间序列预测。

步骤 05 将“维度”下的“年份”字段拖曳到“筛选器”中，选择 2018、2019 和 2020。

步骤 06 美化视图，为视图添加“2020 年下半年商品利润额预测”的标题。

从视图中可以看出：2020 年下半年商品各个月份的利润额位于 3.04 万元 ~ 3.65 万元，呈现逐月波动的趋势。

9.4.3　2020 年下半年商品销售量预测

销售量预测是指根据以往的销售情况以及使用用户自定义的销售预测模型获得的对未来销售情况的预测，可以直接生成商品的销售计划。

在本案例中，我们可以通过企业 2014 年至 2020 年上半年商品的销售量预测 2020 年下半年各月份商品的销售量，如图 9–19 所示。

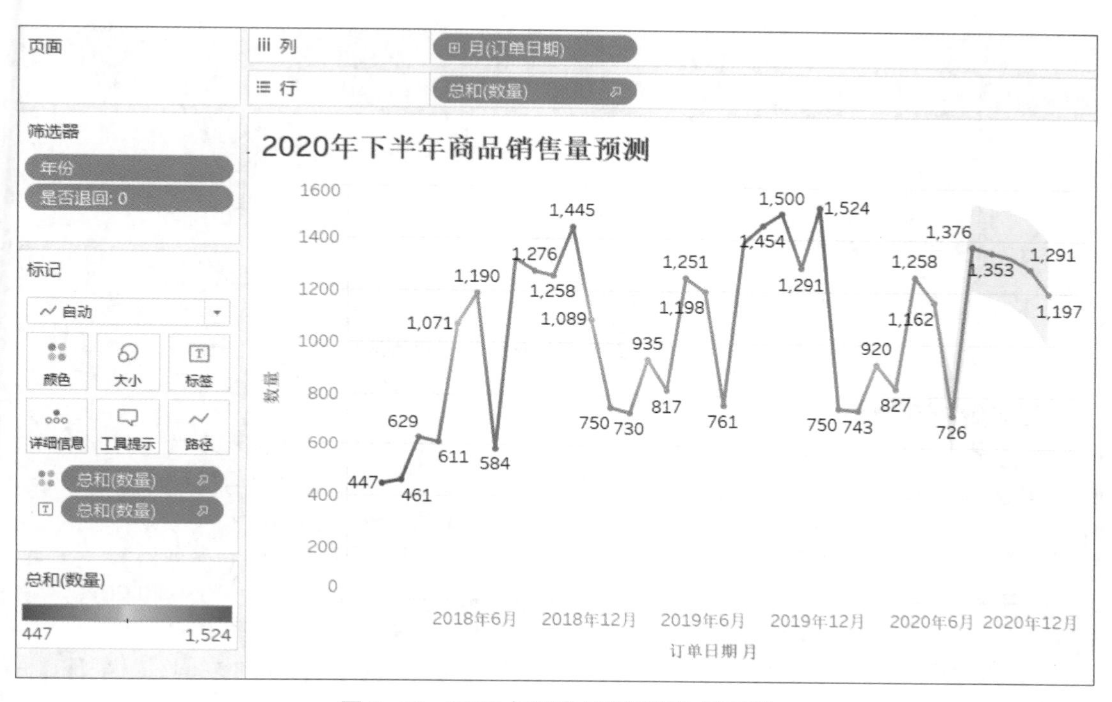

图 9–19　2020 年下半年商品销售量预测

主要操作步骤如下。

步骤 01 将“维度”下的“订单日期”字段拖曳到“列”功能区中，调整频率为“月”。

步骤 02 将“度量”下“数量”字段拖曳到“行”功能区中，选择聚合类型为“总和”。

步骤 03 将“维度”下的“数量”字段拖曳到“标记”卡的“颜色”和“标签”上。

步骤 04 在菜单栏中执行“分析”→“预测”→“显示预测”命令进行时间序列预测。

步骤 05 将“维度”下的“年份”字段拖曳到“筛选器”中，选择 2018、2019 和 2020。

步骤 06 美化视图，为视图添加“2020 年下半年商品销售量预测”的标题。

从视图中可以看出：2020 年下半年商品各个月份的销售量位于 1197 到 1376 之间，呈现逐月下降的趋势。

9.4.4　2020 年下半年商品退货量预测

除了之前讲过的退货原因外，通常发生退货的原因还有协议退货、有质量问题的退货、搬运途中的损坏退货、商品过期退货、商品送错退货。

在本案例中，我们可以通过企业 2014 年至 2020 年上半年商品的退货量预测 2020 年下半年各月份商品的退货量，如图 9–20 所示。

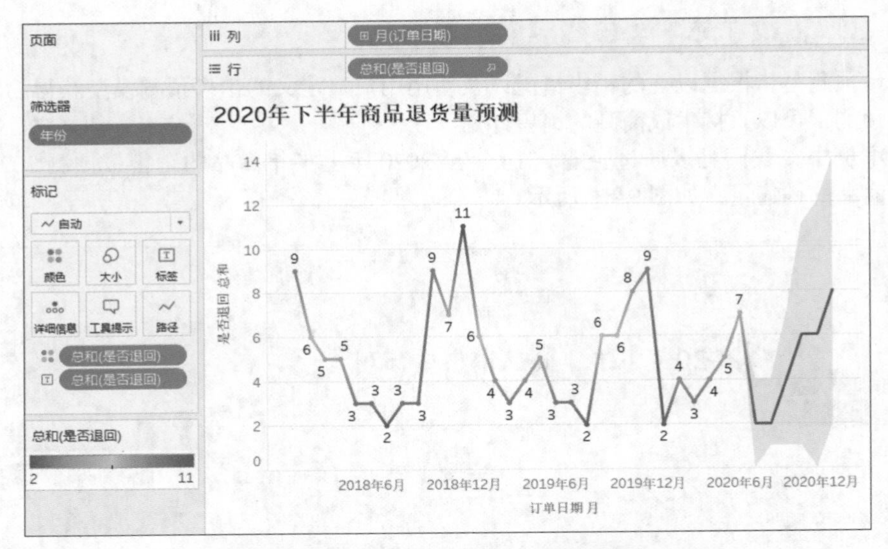

图 9-20　2020 年下半年商品退货量预测

主要操作步骤如下。

步骤 01 将“维度”下的“订单日期”字段拖曳到“列”功能区中，调整频率为“月”。

步骤 02 将“度量”下“是否退回”字段拖曳到“行”功能区中，选择聚合类型为“总和”。

步骤 03 将“维度”下的“是否退回”字段拖曳到“标记”卡的“颜色”和“标签”上。

步骤 04 在菜单栏中执行“分析”→“预测”→“显示预测”命令进行时间序列预测。

步骤 05 将“维度”下的“年份”字段拖曳到“筛选器”中，选择 2018、2019 和 2020。

步骤 06 美化视图，为视图添加“2020 年下半年商品退货量预测”的标题。

从视图中可以看出：2020 年下半年商品各个月份的退货量位于 2 到 8 之间，且呈现逐月上升的趋势。

9.5 练习题

（1）使用“商品订单表 .xlsx”文件，创建销售经理的仪表板，该仪表板中包括以下报表：

- 近 3 年各个销售经理的销售额；
- 近 3 年各个销售经理的利润额；
- 近 3 年各个销售经理的退货量；
- 近 3 年各个销售经理的满意度。

（2）将第（1）题创建的销售经理仪表板发布到 Tableau Online 服务器中。

CHAPTER 10

第10章 客户价值画像实战

在面向客户制订运营计划、销售策略时，我们希望针对不同价值的客户采用不同的策略，从而实现精准化营销，获得最高的转化率。精准运营的前提是客户关系管理（CRM），而客户关系管理的核心是客户价值分类。

企业可以通过客户分层有效地区分高价值客户与低价值客户，针对不同价值的客户群体采用不同的营销服务，将有限的资源合理地投入不同价值的客户群体中，实现利润收益最大化。企业还可以根据结果对客户分类运营，降低营销成本，从而提高投资回报率（ROI）。

本章将通过商品订单数据（商品订单表.xlsx），综合使用Tableau（包括基础操作、表计算、函数、可视化视图、仪表板等功能），详细介绍客户价值画像的分析。

10.1 认识RFM模型

10.1.1 RFM模型简介

微课视频

客户画像研究是当前的一个热门话题，最早是由“交互设计之父”Alan Cooper提出的，他认为客户画像是根据一系列客户的真实数据而挖掘出的目标客户模型。客户画像的本质是消费者特征的“可视化”，通过收集与分析客户的基本属性、购买特征、行为特征等多个维度的主要信息，将客户标签综合起来，即可勾勒出客户的整体特征与轮廓。在商业领域，客户画像所能实现的客户识别、精准营销、改善经营、拓展市场等功能是企业应用客户画像的主要驱动力。

客户价值的研究一直是学术界的焦点，业界内对于如何定义客户价值也一直众说纷纭。例如，有的学者将客户的价值定义为客户当前及将来所产生的货币收益的净现值；而有的学者则认为客户的价值是客户在整个生命周期内所产生的货币价值的折现值。但是对一般的企业或者经销商来说，客户购买商品的金额和次数越多，客户的价值越高，发展潜力也越高，也越值得付出较高的服务成本。因此，亚瑟·休斯（Arthur Hughes）根据最近一次消费、消费频率和消费金额3个指标提出了RFM模型（客户关系管理模型）来衡量客户价值的大小。该模型更加直观地体现了客户对于企业的直接价值，可以说购买企业产品总金额越高的客户对企业的价值就越大。

10.1.2 RFM 模型的维度

RFM 模型是衡量客户价值和购买力的重要工具和手段。该模型通过客户的近期购买行为、购买的总体频率及消费金额来描述该客户的客户价值画像。RFM 模型的 3 个指标：R 是指客户最近一次消费（Recency）、F 是指消费频率（Frequency）、M 是指消费金额（Monetary）。

（1）最近一次消费（Recency）是指客户最近一次的购买时间。理论上，最近一次的消费时间越近，客户价值越高。这个指标用于决定客户接触策略、接触频次、刺激力度等。

（2）消费频率（Frequency）是指在一定时间内客户的消费次数，一定时间内的消费次数越多，客户的忠诚度越高。这个指标用于决定客户的资源投入、营销优先级、活动方案决策等。

（3）消费金额（Monetary）是指在一定时间内的消费总金额，金额越高说明该客户的消费能力越强。这个指标用于决定用户的推荐商品、折扣门槛、活动方案等。

10.1.3 RFM 模型的客户价值分类

RFM 模型将客户细分为 8 类，以此分析不同客户群体的价值。根据客户的订单数据和整体消费情况，找出 R、F、M的中值，高于中值就是高，低于中值就是低，这样将客户价值分为 2 × 2 × 2 = 8 类，如表 10-1 所示。

表 10-1　客户价值分类

客户类型	最近交易日期	累计下单次数数	累计交易金额	客户价值类型
重要价值客户	↑	↑	↑	R、F、M 都很大，为优质客户
重要唤回客户	↑	↓	↑	F、M 较大，需要唤回
重要深耕客户	↓	↑	↑	R、M 较大，需要识别
重要挽留客户	↓	↓	↑	M 较大，为有潜在有价值的客户
潜力客户	↑	↑	↓	R、F 较大，需要挖掘
新客户	↑	↓	↓	R 较大，有推广价值
一般维持客户	↓	↑	↓	F 较大，贡献小，需要维持
流失客户	↓	↓	↓	R、F、M 都很小，为流失客户

10.2 数据处理与标准化

在本节中，我们使用商品订单表中的“订单日期”“订单编号”“销售额”3 个字段。在进行数据分析之前，首先需要对数据进行处理和标准化。

微课视频

10.2.1 指标数据处理

原始数据中没有 R、F、M3 个指标，因此需要分别进行计算，具体步骤如下。

1. 计算 R

首先根据订单日期找出每个客户最后一次下单的日期，公式为 {FIXED [客户姓名]:MAX([订单日期])}，如图 10-1 所示。

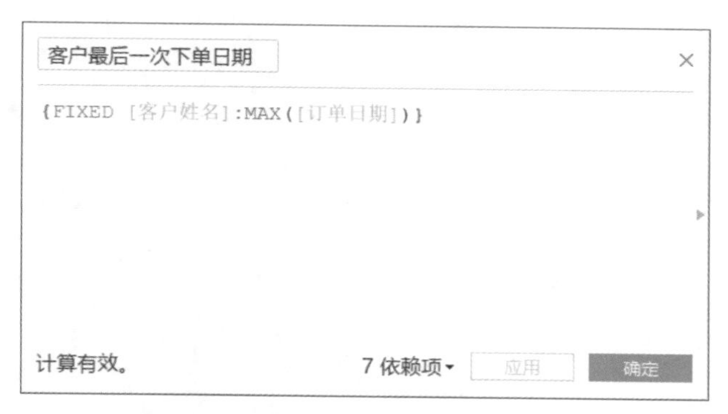

图 10-1　找出客户最后一次下单日期

创建每个客户最近一次下单距离某个日期的天数，这个日期自己确定，可以是当前时间，也可以是数据提取那天的时间。这里设置为 2020 年 6 月 30 日，计算 R 的公式为 DATEDIFF('day',[客户最后一次下单日期],2020-06-30)，如图 10-2 所示。

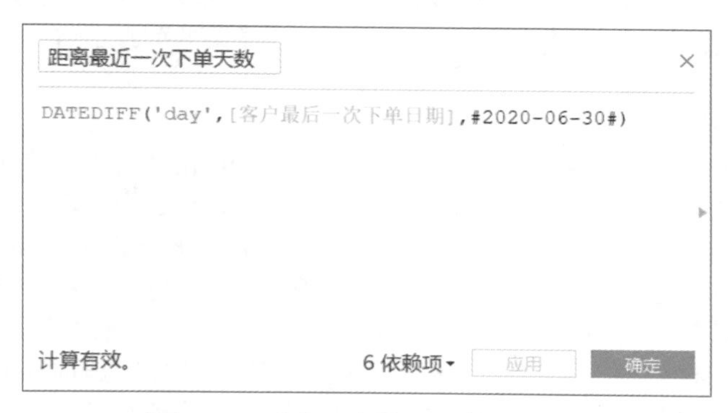

图 10-2　求出距离最近一次下单天数

2. 计算 F

求出每个客户累计下单次数，公式为 {FIXED [客户姓名]:COUNT([订单编号])}，如图 10-3 所示。

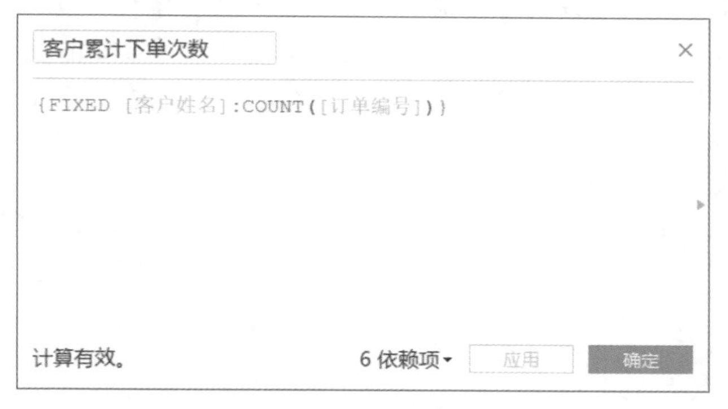

图 10-3　求出客户累计下单次数

3. 计算 M

求出每个客户累计交易金额，公式为 {FIXED [客户姓名]:SUM([销售额])}，如图 10-4 所示。

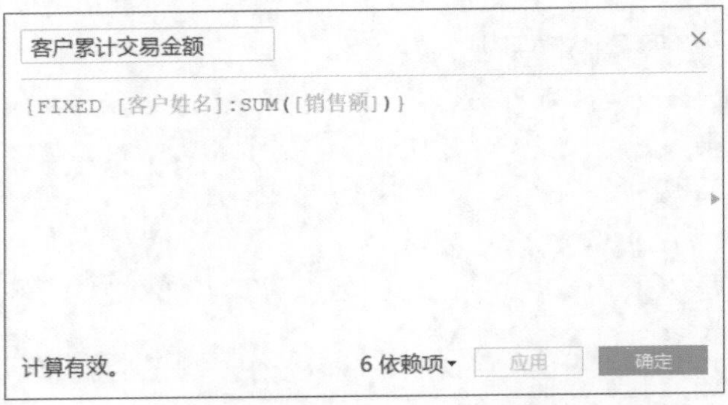

客户累计交易金额

```
{FIXED [客户姓名]:SUM([销售额])}
```

计算有效。 6 依赖项 应用 确定

图 10-4 求出客户累计交易金额

10.2.2 指标数据标准化

在数据分析中，由于各指标的性质不同，因此具有不同的量纲和数量级。当各指标间的水平相差很大时，直接用原始指标值进行分析，就会突出数值较高的指标在综合分析中的作用，从而相对削弱数值较低的指标的作用。所以，为了保证结果的可靠，需要对原始指标数据进行标准化处理。

数据的标准化是指将数据按比例缩放，使之落入一个小的特定区间。在某些比较和评价的指标处理中经常会用到，用于去除数据的单位限制，将其转化为无量纲的纯数值，使不同单位或量级的指标能够进行比较和加权。其中，最典型的就是数据的归一化处理，即将数据统一映射到 [0,1] 区间内，常见的数据归一化方法有 MIN–MAX 标准化和 Z–SCORE 标准化等。

（1）MIN–MAX 标准化，是对原始数据进行线性变换。将 A 的一个原始值 x 通过 MIN–MAX 标准化映射成区间 [0,1] 中的值 x'，其公式为新数据 =(原数据 – 最小值)/(最大值 – 最小值)。

（2）Z–SCORE 标准化，基于原始数据的均值和标准差进行数据的标准化。将 A 的原始值 x 使用 Z–SCORE 标准化为 x'，其公式为新数据 =（原数据 – 均值）/ 标准差。

在本案例中，我们使用的数据标准化方法是 MIN–MAX 标准化，分别对 R、F、M3 个指标进行标准化，具体步骤如下。

1. 标准化 R 值

对 R 值标准化的公式为 (LOG([距离最近一次下单天数],10)–{FIXED:MIN(LOG([距离最近一次下单天数],10))})/({FIXED:MAX(LOG([距离最近一次下单天数],10))}–{FIXED:MIN(LOG([距离最近一次下单天数],10))})，如图 10–5 所示。

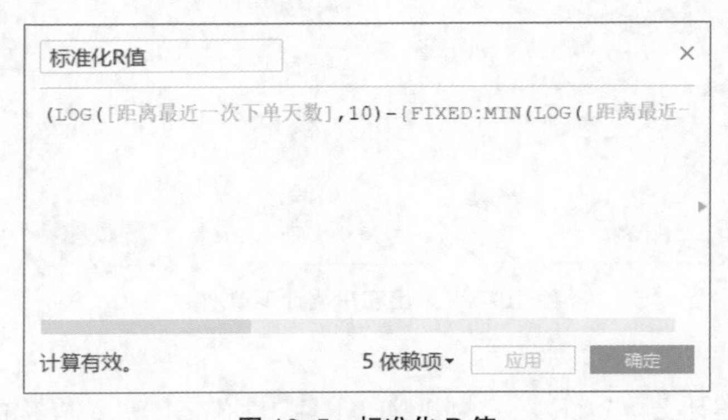

图 10–5 标准化 R 值

2. 标准化 F 值

对 F 值标准化的公式为 (LOG([客户累计下单次数],10)–{FIXED:MIN(LOG([客户累计下单次数],10))})/({FIXED:MAX(LOG([客户累计下单次数],10))}–{FIXED:MIN(LOG([客户累计下单次数],10))})，如图 10–6 所示。

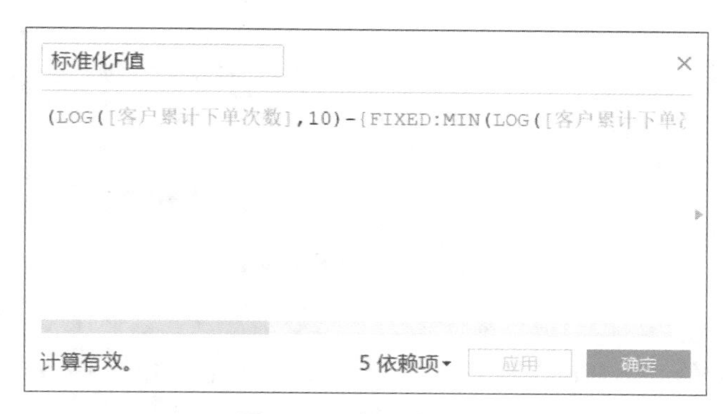

图 10–6　标准化 F 值

3. 标准化 M 值

对 M 值标准化的公式为 (LOG([客户累计交易金额],10)–{FIXED:MIN(LOG([客户累计交易金额],10))})/({FIXED:MAX(LOG([客户累计交易金额],10))}–{FIXED:MIN(LOG([客户累计交易金额],10))})，如图 10–7 所示。

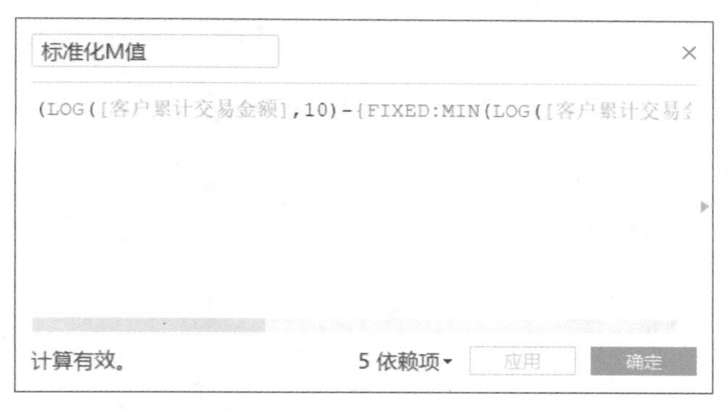

图 10–7　标准化 M 值

10.3　数据分析与建模

在进行 RFM 分析与建模时，需要设置指标的参考值、判断 3 个指标值高与低及划分客户价值类型等。

微课视频

10.3.1　设置指标参考值

对于 3 个指标的参考值，我们选择中值作为划分标准。这个标准不是固定的，也可以是平均值、众数等，要结合业务进行调整。

1. 计算 R 参考值

计算 R 参考值的公式为 {FIXED:MEDIAN([标准化 R 值])}，如图 10-8 所示。

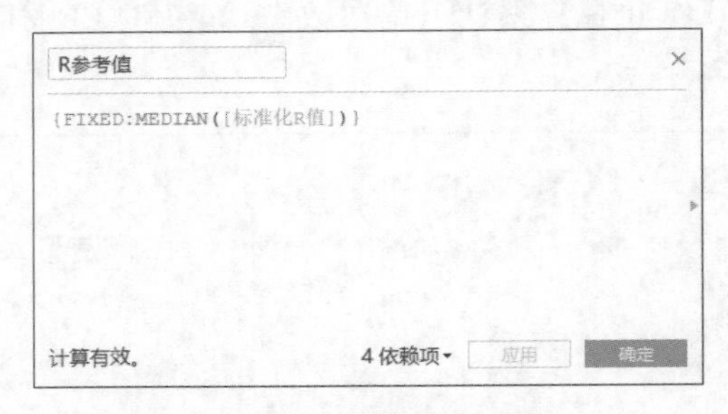

图 10-8　计算 R 参考值

2. 计算 F 参考值

计算 F 参考值的公式为 {FIXED:MEDIAN([标准化 F 值])}，如图 10-9 所示。

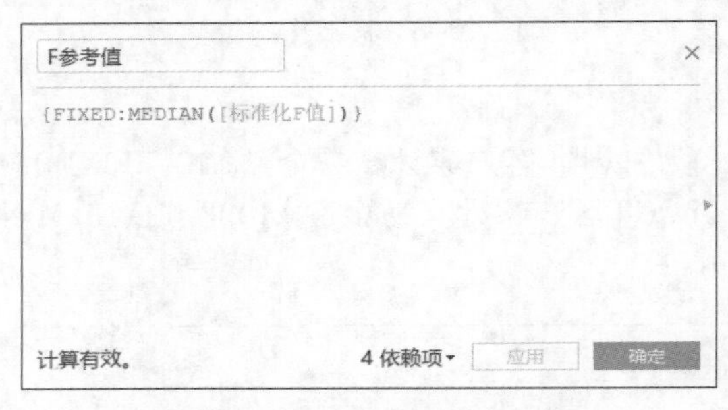

图 10-9　计算 F 参考值

3. 计算 M 参考值

计算 M 参考值的公式为 {FIXED:MEDIAN([标准化 M 值])}，如图 10-10 所示。

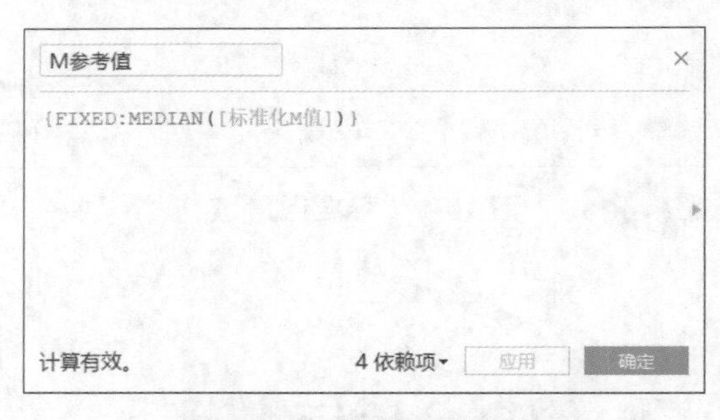

图 10-10　计算 M 参考值

10.3.2　判断指标数据优劣

我们通过比较 R、F、M 值相对于它们各自参考值的高与低来间接判断 3 个指标数据的优劣，具体步骤如下。

1. 判断 R 值高与低

判断 R 值高与低的公式为 IF [标准化 R 值]>[R 参考值] THEN 0 ELSE 1 END，如图 10-11 所示。

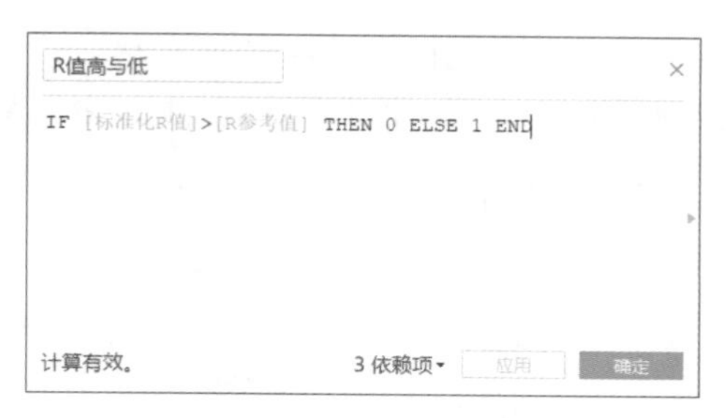

图 10-11　判断 R 值高与低

2. 判断 F 值高与低

判断 F 值高与低的公式为 IF [标准化 F 值]>[F 参考值] THEN 0 ELSE 1 END，如图 10-12 所示。

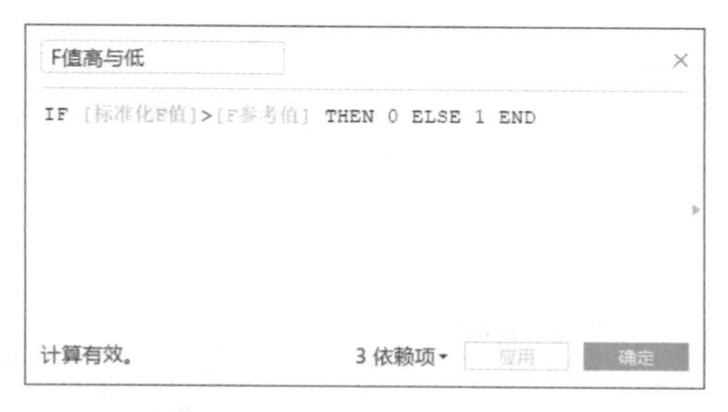

图 10-12　判断 F 值高与低

3. 判断 M 值高与低

判断 M 值高与低的公式为 IF [标准化 M 值]>[M 参考值] THEN 0 ELSE 1 END，如图 10-13 所示。

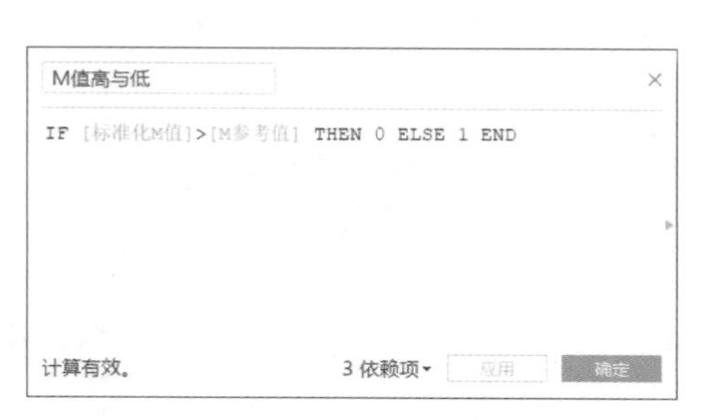

图 10-13　判断 M 值高与低

10.3.3　划分客户价值类型

下面根据 R、F、M3 个指标的数据优劣划分客户价值的类型，可以分为以下 8 类，判断语句为：

```
IF [R值高与低]=1 AND [F值高与低]=1 AND [M值高与低]=1 THEN '重要价值客户'
ELSEIF [R值高与低]=0 AND [F值高与低]=1 AND [M值高与低]=1 THEN '重要唤回客户'
ELSEIF [R值高与低]=1 AND [F值高与低]=0 AND [M值高与低]=1 THEN '重要深耕客户'
ELSEIF [R值高与低]=0 AND [F值高与低]=0 AND [M值高与低]=1 THEN '重要挽留客户'
ELSEIF [R值高与低]=1 AND [F值高与低]=1 AND [M值高与低]=0 THEN '潜力客户'
ELSEIF [R值高与低]=1 AND [F值高与低]=0 AND [M值高与低]=0 THEN '新客户'
```

```
ELSEIF [R值高与低]=0 AND [F值高与低]=1 AND [M值高与低]=0 THEN '一般维持客户'
ELSEIF [R值高与低]=0 AND [F值高与低]=0 AND [M值高与低]=0 THEN '流失客户' END
```

创建“客户价值类型”字段，使用 IF-ELSEIF-END 条件语句判断，如图 10-14 所示。

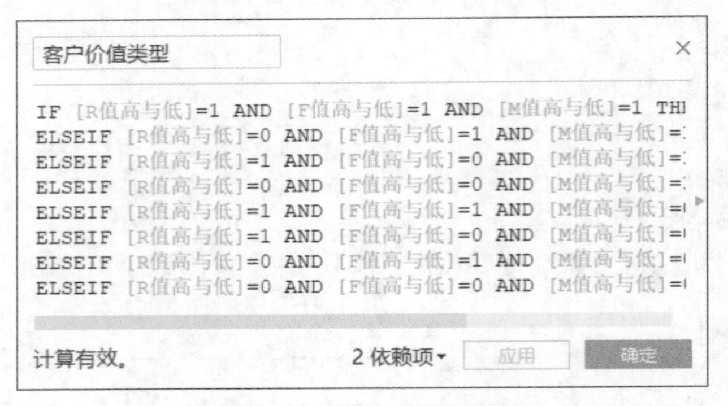

图 10-14 客户价值类型判断

10.4 数据可视化分析

截至目前，RFM 模型已经创建完毕。下面结合 R、F、M 指标从客户价值类型的数量分析、占比分析、地区分析和详细名单等 4 个方面进行可视化分析。

微课视频

10.4.1 客户价值类型的数量分析

为了研究 2020 年不同客户价值类型的客户数量，我们绘制了其数量分布的水平条形图，如图 10-15 所示。

图 10-15 客户价值类型的数量分析

主要操作步骤如下。

步骤 01 将“维度”下的“客户编号”字段拖曳到“列”功能区中，修改其类型为“度量 (计数 (不同))”。

步骤 02 将“维度”下的“客户价值类型” 字段拖曳到“行”功能区中。

步骤 03 将“维度”下的“客户编号” 字段拖曳到“颜色”标记上，修改其类型为“度量 (计数 (不同))”。

步骤 04 将“维度”下的“客户编号” 字段拖曳到“标签”标记上，修改其类型为“度量 (计数 (不同))”。

步骤 05 将“维度”下的“年份”字段拖曳到“筛选器”中，选择 2020。

步骤 06 美化视图，为视图添加“2020 年客户价值类型的数量分析”的标题。

从视图中可以看出：在 2020 年，8 类客户价值类型的客户数量存在明显的差异；其中，新客户最多，为 209 人；其次是重要价值客户，为 121 人。

10.4.2 客户价值类型的占比分析

为了研究 2020 年不同客户价值类型的客户占比，我们绘制了其数量分布的饼图，如图 10–16 所示。

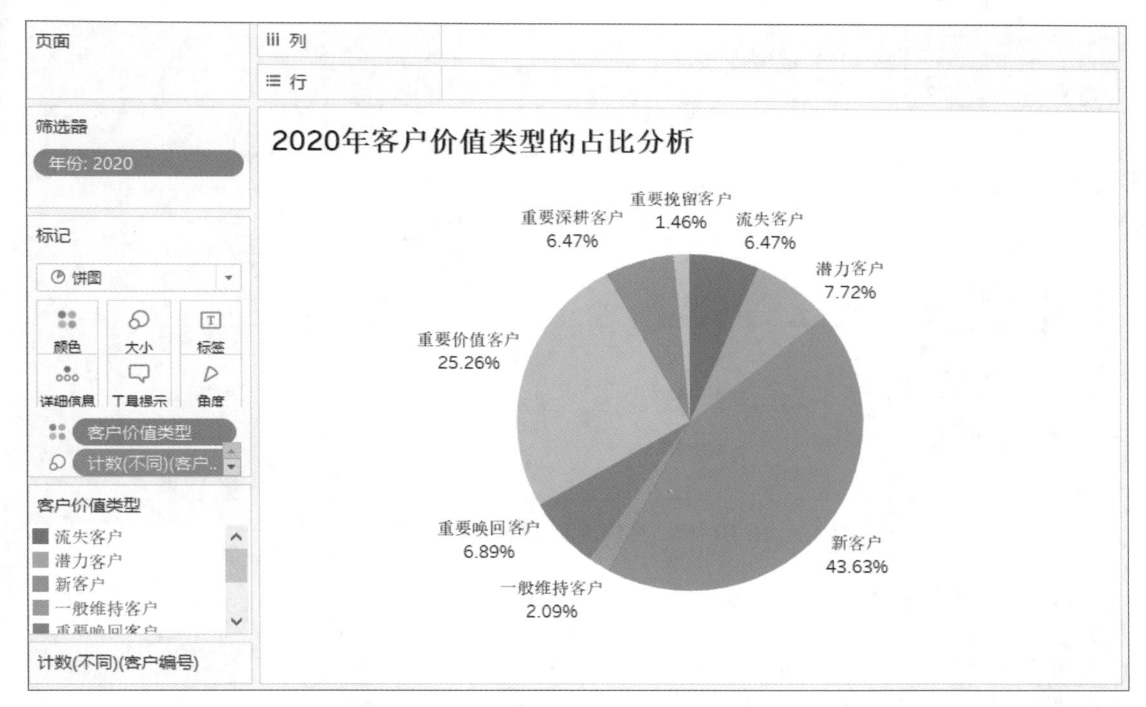

图 10–16 客户价值类型的占比分析

主要操作步骤如下。

步骤 01 将“维度”下的“客户价值类型”字段拖曳到“列”功能区中。

步骤 02 将“度量”下的“记录数”字段拖曳到“行”功能区中，选择“智能显示”中的“饼图”视图样式。

步骤 03 将“维度”下的“客户编号”字段拖曳到“大小”标记和“角度”标记上，并修改其类型为“度量 (计数 (不同))”。

步骤 04 将“维度”下的“客户价值类型”字段拖曳到“标签”标记上。

步骤 05 将“维度”下的“客户编号”字段拖曳到“标签”标记上，修改其类型为“度量（计数（不同））”，添加表计算类型为“合计百分比”。

步骤 06 将“维度”下的“年份”字段拖曳到“筛选器”中，选择 2020。

步骤 07 美化视图，为视图添加“2020 年客户价值类型的占比分析”的标题。

从视图中可以看出：在 2020 年，8 类客户价值类型的占比也存在明显的差异；其中，新客户最多，占比为 43.63%；其次是重要价值客户，占比为 25.26%。

10.4.3 客户价值类型的地区分析

为了研究 2020 年不同客户价值类型的客户区域分布情况，我们绘制了其数量分布的条形图，如图 10-17 所示。

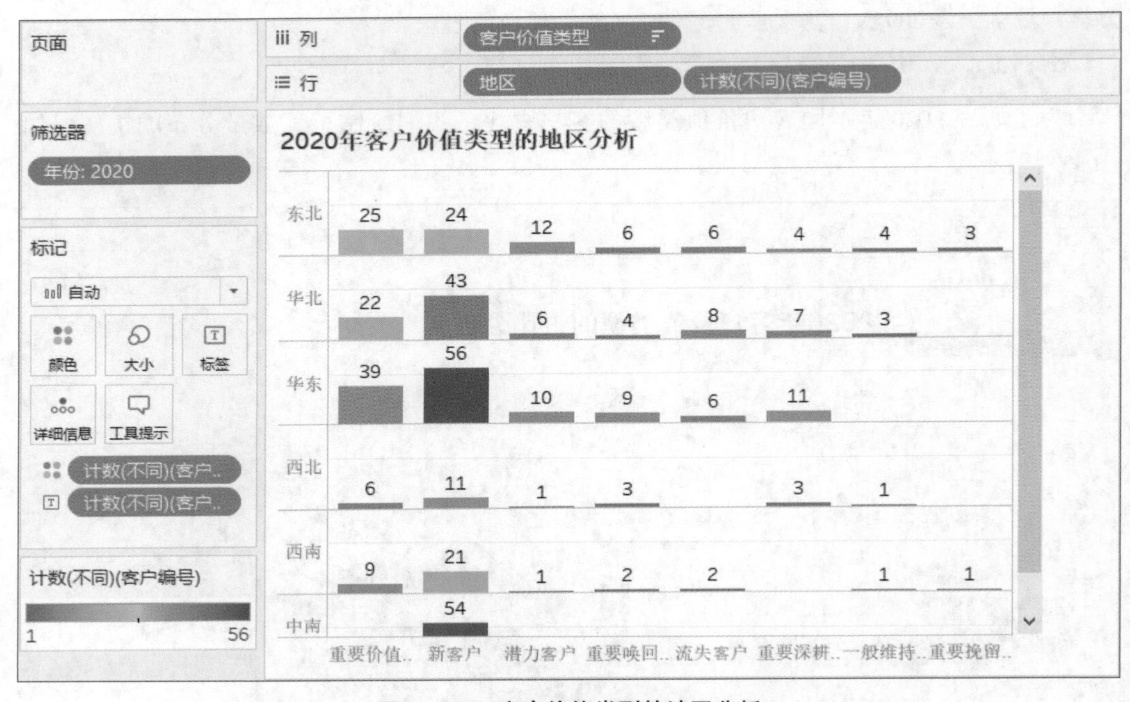

图 10-17 客户价值类型的地区分析

主要操作步骤如下。

步骤 01 将“维度”下的“客户价值类型”字段拖曳到“列”功能区中。

步骤 02 将“维度”下的“地区”字段拖曳到“行”功能区中。

步骤 03 将“维度”下的“客户编号”字段拖曳到行功能区中，修改其类型为“度量（计数（不同））”。

步骤 04 将“维度”下的“客户编号”字段拖曳到“颜色”标记和“标签”标记上，并修改其类型为“度量（计数（不同））”。

步骤 05 将“维度”下的“年份”字段拖曳到“筛选器”中，选择 2020。

步骤 06 美化视图，为视图添加“2020 年客户价值类型的地区分析”的标题。

从视图中可以看出：在 2020 年，8 类客户价值类型的地区分布也存在明显的差异；其中，新客户最多的是华东地区，重要价值客户最多的也是华东地区。

10.4.4　客户价值类型的详细名单

为了深入研究 2020 年不同客户价值类型的客户，我们描绘了每个客户在 RFM 模型中的具体指标信息，如图 10-18 所示。

客户价值..	客户..	标准化R值	标准化F值	标准化M值	R值高与低	F值高与低	M值高与低
流失客户	曹伟	0.662	0.716	0.773	0.000	0.000	0.000
	陈丽雪	0.670	0.680	0.860	0.000	0.000	0.000
	范刚	0.698	0.813	0.894	0.000	0.000	0.000
	范雯	0.693	0.769	0.829	0.000	0.000	0.000
	封乐	0.677	0.782	0.832	0.000	0.000	0.000
	冯青	0.677	0.670	0.766	0.000	0.000	0.000
	付松	0.669	0.670	0.802	0.000	0.000	0.000
	郭莲	0.656	0.762	0.853	0.000	0.000	0.000
	郝璧	0.659	0.740	0.808	0.000	0.000	0.000
	何惠	0.642	0.932	0.934	0.000	0.000	0.000
	贺伟	0.705	0.670	0.763	0.000	0.000	0.000
	黄丽	0.677	0.755	0.759	0.000	0.000	0.000
	李丽丽	0.678	0.762	0.818	0.000	0.000	0.000
	廖乐	0.680	0.660	0.769	0.000	0.000	0.000
	刘明	0.708	0.851	0.920	0.000	0.000	0.000
	潘丽美	0.682	0.689	0.797	0.000	0.000	0.000
	彭博	0.651	0.851	0.851	0.000	0.000	0.000
	任婵娟	0.687	0.856	0.906	0.000	0.000	0.000
	余平	0.653	0.801	0.851	0.000	0.000	0.000

图 10-18　客户价值类型的详细名单

主要操作步骤如下。

步骤 01 将“度量”下的“标准化 R 值”“标准化 F 值”“标准化 M 值”“R 值高与低”“F 值高与低”“M 值高与低”等 6 个指标拖曳到“列”功能区中。

步骤 02 将“维度”下的“客户价值类型”和“客户姓名”字段拖曳到“行”功能区中。

步骤 03 选择“智能显示”中的“文本表”视图样式。

步骤 04 将“维度”下的“年份”字段拖曳到“筛选器”中，选择 2020。

步骤 05 美化视图，为视图添加“2020 年客户价值类型的详细名单”的标题。

从视图中可以看出每个客户在标准化 R 值、标准化 F 值、标准化 M 值、R 值高与低、F 值高与低、M 值高与低等方面的信息。

10.4.5　客户价值类型分析仪表板

根据前面对于客户价值类型的分析，将创建的 4 张报表分别拖曳到仪表板中并进行适当的调整，从而创建客户价值类型分析的仪表板，如图 10-19 所示。

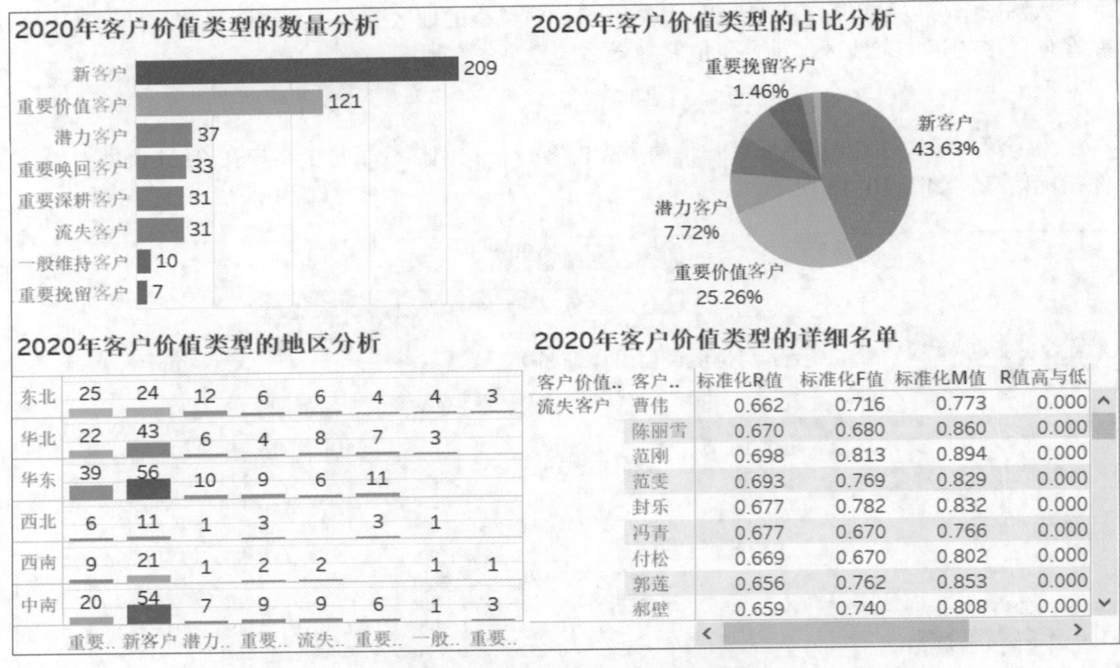

图 10-19 客户价值类型分析仪表板

10.5 练习题

（1）使用“商品订单表 .xlsx”文件，应用 Z-SCORE 标准化法对 R、F、M3 个指示进行数据处理。

（2）使用“商品订单表 .xlsx”文件，选择 R、F、M 指标的平均值作为划分指标高低的标准。

附录

Tableau 函数

Tableau 函数丰富，包括数学函数、字符串函数、日期函数、数据类型转换函数、逻辑函数、聚合函数、直通函数、用户函数、表计算函数等，下面介绍每类函数的用法及范例。

一、数学函数

1. ABS(number)

返回给定数字的绝对值。例如，ABS(−7)=7；ABS([Budget Variance]) 返回 Budget Variance 字段中所包含的所有数字的绝对值。

2. ACOS(number)

返回给定数字的反余弦值，结果以弧度表示。例如，ACOS(−1)=3.14159265358979。

3. ASIN(number)

返回给定数字的反正弦值，结果以弧度表示。例如，ASIN(1)=1.5707963267949。

4. ATAN(number)

返回给定数字的反正切值，结果以弧度表示。例如，ATAN(180)=1.5652408283942。

5. ATAN2(number1, number2)

返回两个给定数字的反正切值，结果以弧度表示。例如，ATAN2(2,1)=1.10714871779409。

6. CEILING(number)

将数字舍入为值相等或更大的最近整数。例如，CEILING(3.1415)=4。

7. COS(number)

返回给定数字的余弦值，结果以弧度表示。例如，COS(PI()/4)=0.707106781186548。

8. COT(number)

返回给定数字的余切值，结果以弧度表示。例如，COT(PI()/4)=1。

9. DEGREES(number)

将以弧度表示的给定数字转换为度数值。例如，DEGREES(PI()/4)=45.0。

10. DIV((number 1, (number 2)

返回 (number 1 除以 (number 2（(number 均为整数）后得到的结果的整数部分。例如，DIV(11,2)=5。

11. EXP(number)

返回 e 的给定数字次幂。例如，EXP(2)=7.389。

12. FLOOR((number)

将数字舍入为值相等或更小的最近整数。例如，FLOOR(3.1415)=3。

13. HEXBINX((x,y)

将 x、y 坐标映射到最接近六边形数据桶的 x 坐标上，数据桶的边长为 1，因此可能需要相应地缩放输入。例如，HEXBINX([Longitude],[Latitude])。

14. HEXBINY(x,y)

将 x、y 坐标映射到最接近六边形数据桶的 y 坐标上，数据桶的边长为 1，因此可能需要相应地缩放输入。例如，HEXBINY([Longitude],[Latitude])。

15. LN(number)

返回数字的自然对数。如果数字小于或等于 0，就返回 Null。

16. LOG(number[,base])

返回数字以给定底数为底的对数。如果省略底数值，就默认使用底数 10。

17. MAX(number,number)

返回两个参数（必须为相同类型）中的较大值。如果有一个参数为 Null，就返回 Null。该函数也可以用于聚合计算中。例如，MAX(4,7)、MAX([FirstName], [LastName])。

18. MIN(number,number)

返回两个参数（必须为相同类型）中的较小值。如果有一个参数为 Null，就返回 Null。该函数也可用于聚合计算中的单个字段。例如，MIN(4,7)、MIN(Sales, Prof it)。

19. PI()

返回数字常量。例如，PI()=3.14159。

20. POWER(number,power)

返回给定数字的指定次幂，例如 POWER(5,2)=25。也可以使用“^”符号，例如 5^2=POWER(5,2)=25。

21. RADIANS(number)

将给定数字从度数值转换为弧度值。例如，RADIANS(180)=3.14159。

22. ROUND(number,[decimals])

将给定数字舍入为指定位数。decimals 参数用于指定最终结果中包含的小数位数。如果省略 decimals，结果就舍入为最接近的整数。例如，将每个 Sales 值舍入为整数。

23. SIGN(number)

返回给定数字的符号。可能的返回值为：当数字为负时为 -1，当数字为零时为 0，当数字为正时为 1。例如，若 prof it 字段的平均值为负值，则 SIGN(AVG(prof it))=-1。

24. SIN(number)

返回给定数字的正弦值，结果以弧度表示。例如，SIN(0)=1.0，SIN(PI()/4)=0.707106781186548。

25. SQRT(number)

返回给定数字的平方根。例如，SQRT(25)=5。

26. SQUARE(number)

返回给定数字的平方。例如，SQUARE(5)=25。

27. TAN(number)

返回给定数字的正切值，结果以弧度表示。例如，TAN(PI()/4)=1.0。

28. ZN(expression)

如果表达式不为 Null，就返回该表达式，否则返回 0，使用此函数时可使用 0 值而不可以为 Null。例如，ZN([Profit])=[Profit]。

二、字符串函数

1. ASCII(string)

返回给定字符串的第一个字符的 ASCII 值。例如，ASCII('B')=66。

2. CHAR(number)

返回通过 ASCII 值给定数字编码的字符。例如，CHAR(66)='B'。

3. CONTAINS(string, substring)

如果给定字符串中包含指定子字符串，就返回 true，否则就返回 false。例如，CONTAINS("Calculation","alcu")=true。

4. ENDSWITH(string,substring)

如果给定字符串中以指定子字符串结尾，就返回 true，否则就返回 false，此时会忽略尾随空格。例如，ENDSWITH("Tableau","leau")=true。

5. FIND(string,substring,[start])

返回指定子字符串在给定字符串中的索引位置，如果未找到指定子字符串，就返回0。如果添加了可选参数start，函数就会忽略在索引位置start之前出现的所有指定子字符串实例。字符串中第一个字符的索引位置为1。例如，FIND("Calculation","alcu")=2，FIND("Calculation","a",3)=7。

6. FINDNTH(string,substring,occurrence)

返回给定字符串内第*n*个子字符串的位置，其中*n*由occurrence参数定义。例如，FINDNTH("Calculation","a",2)=7。

7. LEFT(string,number)

返回字符串最左侧一定数量的字符。例如，LEFT("Matador",4)="Mata"。

8. LEN(string)

返回字符串的长度。例如，LEN("Matador")=7。

9. LOWER(string)

返回字符串，其所有字符为小写。例如，LOWER("ProductVersion")="productversion"。

10. LTRIM(string)

返回移除所有前导空格后的字符串。例如，LTRIM("Matador")="Matador"。

11. MAX(a,b)

返回a和b（必须为相同类型）中的较大值。此函数常用于比较数字，不过也对字符串有效。对于字符串，该函数查找数据库为该列定义的排序序列中的最高值。如果有一个参数为Null，就返回Null。例如，MAX("Apple","Banana")="Banana"。

12. MID(string,start,[length])

返回从索引位置start开始的字符串，字符串中第一个字符的索引位置为1。如果添加了可选参数length，返回的字符串就仅包含该数量的字符。例如，MID("Calculation",2)="alculation"，MID("Calculation",2,5)="alcul"。

13. MIN(a,b)

返回a和b（必须为相同类型）中的较小值。此函数常用于比较数字，不过对字符串也有效。对于字符串，该函数查找排序序列中的最低值。如果有一个参数为Null，就返回Null。例如，MIN("Apple","Banana")="Apple"。

14. REPLACE(string,substring,replacement)

在给定字符串中搜索指定子字符串，并将其替换为replacement。如果未找到指定子字符串，字符串就保持不变。例如，REPLACE("Version8.5","8.5","9.0")="Version9.0"。

15. RIGHT(string,number)

返回给定字符串最右侧一定数量的字符。例如，RIGHT("Calculation",4)="tion"。

16. RTRIM(string)

返回移除所有尾随空格后的字符串。例如，RTRIM("Calculation")="Calculation"。

17. SPACE(number)

返回由指定数字个重复空格组成的字符串。例如，SPACE(1)=" "。

18. SPLIT(string,delimiter,tokennumber)

返回字符串中一个子字符串，并使用分隔符字符将字符串分为一系列标记。字符串将被解释为分隔符和标记的交替序列。例如，字符串abc-defgh-i-jkl的分隔符字符为"-"，标记为abc、defgh、i和jkl。这些标记的编号从左往右依次为1到4，该函数将返回与标记编号对应的标记。如果标记编号为正，就从字符串左侧开始计算标记；如果标记编号为负，就从右侧开始

计算标记。例如，SPLIT('a-b-c-d', '-',2)= 'b'，SPLIT('a|b|c|d', '|',-2)= 'c'。

19. STARTSWITH(string,substring)

如果给定字符串以指定子字符串开头，就返回 true，此时会忽略前导空格。否则就返回 false。例如，STARTSWITH ("Joker","Jo")=true。

20. TRIM(string)

返回移除前导和尾随空格后的字符串。例如，TRIM("Calculation")="Calculation"。

21. UPPER(string)

返回字符串，其所有字符为大写。例如，UPPER("Calculation")="CALCULATION"。

三、日期函数

1. DATEADD(date_part,increment,date)

返回 increment 与 date 相加的结果，增量的类型在 date_part 中指定。例如，DATEADD('month',3,#2020-04-15#)=2020-07-15，其中表达式向日期 #2020-04-15# 中添加了 3 个月。

2. DATEDIFF(date_part,date1,date2,[start_of_week])

返回 date1 与 date2 的差（以 date_part 的单位表示），start_of_week 参数是可选参数，如果省略，一周的开始就由给定数据源确定，可参考数据源的日期属性。例如，DATEDIFF('week',#2020-09-22#,#2020-09-24#,'monday')=1，DATEDIFF('week',#2020-09-22#,#2020-09-24#,'sunday')=0。第一个表达式返回 1，因为当 start_of_week 为 'monday' 时，9 月 22（星期日）和 9 月 24（星期二）不属于同一周；第二个表达式返回 0，因为当 start_of_week 为 'sunday' 时，9 月 22（星期日）和 9 月 24（星期二）属于同一周。

3. DATENAME(date_part,date,[start_of_week])

以字符串的形式返回 date 的 date_part，start_of_week 参数是可选参数。例如，DATENAME('year',#2020-04-15#)="2020"，DATENAME('month',#2020-04-15#)="April"。

4. DATEPARSE(format,string)

将字符串转换为指定格式的日期时间，是否支持某些区域设置的特定格式由计算机系统设置确定。数据中出现的不需要解析的字母应该用单引号 (") 引起来。对于值之间没有分隔符的格式（如 MMddyy），需要验证它们是否按日期解析。该格式必须是常量字符串，而非字段值。如果数据与格式不匹配，就返回 Null。此函数适用于非旧版 Microsoft Excel 和文本文件连接、MySQL、Oracle、PostgreSQL 和 Tableau 数据提取数据源，但有些格式可能并非适用于所有数据源。例如，DATEPARSE("dd.MMMM.yyyy","15.April.2020")=#April15,2020#，DATEPARSE ("h'h'm'm's's'","10h5m3s")=#10:05:03#。

5. DATEPART(date_part,date,[start_of_week])

以整数的形式返回 date 的 date_part，start_of_week 参数是可选参数。如果省略，一周的开始由给定数据源确定。当 date_part 为工作日时，会忽略 start_of_week 参数。这是因为 Tableau 依赖固定工作日顺序应用偏移。例如，DATEPART('year',#2020-04-15#)=2020，DATEPART('month',#2020-04-15#)=4。

6. DATETRUNC(date_part,date,[start_of_week])

按 date_part 指定的准确度截断指定日期，返回新日期。例如，以月份为单位截断处于月份中间的日期时，此函数返回当月的第一天。start_of_week 参数是可选参数，如果省略，一周的开始由给定数据源确定。例如，DATETRUNC('quarter',#2020-08-15#)=2020-07-01，DATETRUNC('month', #2020-04-15#)=2020-04-01。

7. DAY(date)

以整数形式返回给定日期的天。例如，DAY(#2020-11-12#)=12。

8. ISDATE(string)

如果给定字符串为有效日期，就返回 true。否则就返回 false。例如，ISDATE("April15, 2020")=true。

9. MAKEDATE(year,month,day)

返回一个依据指定年份、月份和日期构造的日期值，可用于 Tableau 数据提取，检查在其他数据源中的可用性。例如，MAKEDATE(2020,4,15)=#April15,2020#。

10. MAKEDATETIME(date,time)

返回合并了日期和时间的日期时间。日期可以是日期、日期时间或字符串类型，时间必须是日期时间。此函数仅适用于 MySQL 连接。例如，MAKEDATETIME("1899-12-30",#07:59:00#)=#12/30/18997:59:00AM#。

11. MAKETIME(hour,minute,second)

返回一个依据指定小时、分钟和秒构造的日期值，可用于 Tableau 数据提取，检查在其他数据源中的可用性。例如，MAKETIME(14,52,40)=#14:52:40#。

12. MAX(expression) 或 MAX(expr1,expr2)

通常应用于数字，不过也适用于日期。返回 a 和 b 中的较大值（a 和 b 必须为相同类型）。如果有一个参数为 Null，就返回 Null。例如，MAX(#2020-11-01#,#2020-12-01#)=2020-12-01。

13. MIN(expression) 或 MIN(expr1,expr2)

通常应用于数字，不过也适用于日期。返回 a 和 b 中的较小值（a 和 b 必须为相同类型）。如果有一个参数为 Null，就返回 Null，例如，MIN(#2020-11-01#,#2020-12-01#)=2020-11-01。

14. MONTH(date)

以整数形式返回给定日期的月份。例如，MONTH(#2020-10-15#)=10。

15. NOW()

返回当前日期和时间。返回值因连接的特性而异：对于实时、未发布的连接，该函数返回数据源服务器时间；对于实时、已发布的连接，该函数返回数据源服务器时间；对于未发布的数据提取，该函数返回本地系统时间；对于发布的数据提取，该函数返回 Tableau Server 数据引擎的本地时间。如果在不同时区中有多台计算机工作，就可能产生不一致的结果。例如，NOW()=2020-10-15 10:10:21PM。

16. TODAY()

返回当前日期。例如，TODAY()=2020-10-15。

17. YEAR(date)

以整数形式返回给定日期的年份。例如，YEAR(#2020-10-15#)=2020。

四、数据类型转换函数

计算中任何表达式的结果都可以转换为特定数据类型。转换函数有 STR、DATE、DATETIME、INT 和 FLOAT。例如，要将浮点数（如 3.14）转换为整数，可以编写 INT(3.14)，结果为 3（这是整数）。可以将布尔值转换为整数、浮点数或字符串，但不能将其转换为日期。true 为 1、1.0 或字符“1”，而 false 为 0、0.0 或字符“0”。unknown 映射到 Null。

1. DATE(expression)

在给定数字、字符串或日期表达式的情况下返回日期。例如，DATE("April15, 2020")=#April15,2020#，引号不可省略。

2. DATETIME(expression)

在给定数字、字符串或日期表达式的情况下返回日期时间。例如，DATETIME("April15, 2020 07:59:00")=April15,2020 07:59:00。

3. FLOAT(expression)

将参数转换为浮点数。例如，FLOAT(3)=3.000，FLOAT([Age]) 会将"Age"字段中的每个值转换为浮点数。

4. INT(expression)

将参数转换为整数。对于表达式，此函数将结果截断为最接近于 0 的整数。例如，INT(8.0/3.0)=2、INT(4.0/1.5)=2、INT(0.50/1.0)=0、INT(-9.7)=-9。字符串转换为整数时会先转换为浮点数，然后舍入。

5. STR(expression)

将参数转换为字符串。例如，STR([Age]) 会提取名为"Age"的度量字段中的所有值，并将这些值转换为字符串。

五、逻辑函数

1. CASE expression WHEN value1 THEN return1 WHEN value2 THEN return2 … ELSE default return END

使用 CASE 函数执行逻辑测试并返回合适的值。CASE 函数比 IIF 或 IFTHENELSE 函数更易于使用。CASE 函数可评估 expression，并将其与一系列值（value1、value2 等）比较，然后返回结果。当遇到一个与 expression 匹配的值时，CASE 会返回相应的返回值。如果未找到匹配值，就使用默认返回表达式。如果不存在默认返回表达式并且没有任何值匹配，就会返回 Null。

通常，可以使用一个 IF 函数执行一系列任意测试，并使用 CASE 函数搜索与表达式的匹配值。不过 CASE 函数都可以重写为 IF 函数，CASE 函数一般更加简明。很多时候可以使用组获得与复杂 CASE 函数相同的结果。

例如，CASE [Region] WHEN "West" THEN 1 WHEN "East" THEN 2 ELSE 3 END。

2. IIF(test,then,else,[unknown])

使用 IIF 函数执行逻辑测试并返回合适的值。第一个参数 test 必须是布尔值，也就是数据源中的布尔字段或使用运算符的逻辑表达式的结果（或 AND、OR、NOT 的逻辑比较）。如果 test 的计算结果为 rtue，IIF 函数就返回 then 值；如果 test 的计算结果为 false，IIF 函数就返回 else 值。

布尔比较还可以生成值 unknown（既不是 true 也不是 false），通常因为测试中存在 Null 值。当比较结果为 unknown 时，会返回 IIF 函数的最后一个参数。如果省略此参数，就会返回 Null。

例如，IIF(7>5,"Seven is greater than five","Seven is less than five")。

3. IF test THEN value END/IF test THEN value ELSE else END

使用 IF-THEN-ELSE 函数执行逻辑测试并返回合适的值。IF-THE-NELSE 函数计算一系列测试条件并返回第一个条件为 true 的值。如果没有条件为 true，就返回 else 值。每个测试结果都必须为布尔值（可以为数据源中的布尔字段或逻辑表达式的结果）。最后一个 ELSE 可选，但是如果未提供且没有任何 teue 测试表达式，函数就返回 Null。所有值表达式值都必须为相同类型。

例如，IF [Cost]>[BudgetCost] THEN "OverBudget" ELSE "UnderBudget" END。

4. IF test1 THEN value1 ELSE IF test2 THEN value2 ELSE else END

使用此版本的 IF 函数递归执行逻辑测试。IF 函数中 ELSE IF 值的数量没有固有限制，但是各个数据库可能会对 IF 函数的复杂度有所限制。尽管 IF 函数可以重写为一系列嵌套 IIF 语句，不过在表达式计算方式方面有所差异。具体而言，IIF 函数会区分 rtue、false 和 unknown，而 IF 函数仅仅关注 true 和非 true（包括 false 和 unknown）。

例如，IF [Region]="West" THEN 1 ELSE IF [Region]="East" THEN 2 ELSE 3 END。

5. IFNULL(expression1, expression2)

如果结果不为 Null，IFNULL 函数就返回第一个表达式，否则返回第二个表达式。

例如，IFNULL([Proft],0)=[Profit]。

6. ISDATE(string)

如果字符串参数可以转换为日期，ISDATE 函数就返回 true，否则返回 false。

例如，ISDATE("January1,2020")=TRUE，ISDATE("Janxx12020")=false。

7. ISNULL(expression)

如果表达式为 Null，ISNULL 函数就返回 true，否则返回 false。

例如，ISNULL（[sales]）返回 falle。

8. MIN(expression) 或 MIN(expression1,expression2)

例如，MIN（[Proft]）返回利润额的最小值。

MIN 函数返回一个表达式在所有记录间的最小值，或两个表达式每个记录的最小值。

六、聚合函数

有些聚合的结果可能并非总是完全符合预期。例如，SUM 函数返回值 -1.42e-14 作为列数，而求和结果正好为 0。出现这种情况的原因是电气电子工程师学会（IEEE）要求数字以二进制格式存储，这意味着数字有时会以极高的精度级别舍入，可以使用 ROUND 函数或通过将数字格式设置为显示较少小数位消除这种潜在误差。

1. ATTR(expression)

如果所有行都有一个值，就返回该表达式的值；否则返回 "*" 符号。此时会忽略 Null 值。

2. AVG(expression)

返回表达式中所有值的平均值，该函数只能用于数字字段。此时会忽略 Null 值。

3. COUNT(expression)

返回组中的项目数，不对 Null 值计数。

4. COUNTD(expression)

返回组中不同项目的数量，不对 Null 值计数。此函数不可用的情况有在 Tableau Desktop8.2 之前使用 Microsoft Excel 或文本文件数据源的工作簿，以及使用旧版连接的工作簿和使用 Microsoft Access 数据源的工作簿。需将数据提取到数据提取文件以使用此函数。

5. MAX(expression)

返回表达式在所有记录中的最大值。如果表达式为字符串值，此函数就返回按字母顺序定义的最后一个值。

6. MEDIAN(expression)

返回表达式在所有记录中的值，中位数只能用于数字字段。此时将忽略 Null 值。此函数不可用的情况有：在 Tableau Desktop 8.2 之前使用 Microsoft Excel 或文本文件数据源的工作簿，使用旧版连接的工作簿和使用 Microsoft Access、Microsoft SQLServer 数据源的工作簿。需将数据提取到数据提取文件以使用此函数。

7. MIN(expression)

返回表达式在所有记录中的最小值。如果表达式为字符串值，此函数就返回按字母顺序定义的第一个值。

8. PERCENTILE(expression,number)

从给定表达式返回与指定数字对应的百分位处的值。数字必须介于 0~1（含 0 和 1，如 0.66），并且必须是数值常量。

9. STDEV(expression)

基于群体样本返回给定表达式中所有值的统计标准差。

10. STDEVP(expression)

基于有偏差群体返回给定表达式中所有值的统计标准差。

11. SUM(expression)

返回表达式中所有值的总计值。该函数只能用于数字字段。此时会忽略 Null 值。

12. VAR(expression)

基于群体样本返回给定表达式中所有值的统计方差。

13. VARP(expression)

对整个群体返回给定表达式中所有值的统计方差。

七、直通函数

RAWSQL 直通函数可用于将 SQL 表达式直接发送到数据库，而不由 Tableau 进行解析。如果有 Tableau 不能识别的自定义数据库函数，就可以使用直通函数调用这些自定义函数。

由于 Tableau 不会解释包含在直通函数中的 SQL 表达式，因此在表达式中使用 Tableau 字段名称可能会出现错误。可以使用替换语法将用于 Tableau 计算的正确字段名称或表达式插入直通 SQL 表达式中。例如，假设有一个计算一组中值的函数，可以对 Tableau 的列 [Sales] 调用该函数，如 RAWSQLAGG_REAL("MEDIAN(%1)",[Sales])。

Tableau 提供了以下 12 种 RAWSQL 直通函数。

1. RAWSQL_BOOL("sql_expr",[arg1],…,[argN])

根据给定 SQL 表达式返回布尔结果，SQL 表达式直接传递给基础数据库。在 SQL 表达式中，将 %n 用作数据库值的替换语法。在下例中，%1 等于 [Sales]，%2 等于 [Profit]：

RAWSQL_BOOL("IIF(%1>%2, True,False)",[Sales],[Profit])

2. RAWSQL_DATE("sql_expr",[arg1],…,[argN])

根据给定 SQL 表达式返回日期结果，SQL 表达式直接传递给基础数据库。在 SQL 表达式中，将 %n 用作数据库值的替换语法。在下例中，%1 等于 [OrderDate]：

RAWSQL_DATE("%1",[OrderDate])

3. RAWSQL_DATETIME("sql_expr",[arg1],…,[argN])

根据给定 SQL 表达式返回日期时间结果，SQL 表达式直接传递给基础数据库。在 SQL 表达式中，将 %n 用作数据库值的替换语法。在下例中，%1 等于 [DeliveryDate]：

RAWSQL_DATETIME("MIN(%1)",[DeliveryDate])

4. RAWSQL_INT("sql_expr",[arg1],…,[argN])

根据给定 SQL 表达式返回整数结果，SQL 表达式直接传递给基础数据库。在 SQL 表达式中，将 %n 用作数据库值的替换语法。在下例中，%1 等于 [Sales]：

RAWSQL_INT("500+%1",[Sales])

5. RAWSQL_REAL("sql_expr",[arg1],…,[argN])

根据直接传递给基础数据库的给定 SQL 表达式返回数字结果。在 SQL 表达式中，将 %n 用作数据库值的替换语法。在下例中，%1 等于 [Sales]：

RAWSQL_REAL("-123.98*%1",[Sales])

6. RAWSQL_STR("sql_expr",[arg1],…,[argN])

根据直接传递给基础数据库的给定 SQL 表达式返回字符串。在 SQL 表达式中，将 %n 用作数据库值的替换语法。在下例中，%1 等于 [CustomerName]：

RAWSQL_STR("%1",[CustomerName])

7. RAWSQLAGG_BOOL("sql_expr",[arg1],…,[argN])

根据给定聚合 SQL 表达式返回布尔结果，SQL 表达式直接传递给基础数据库。在 SQL 表达式中，将 %n 用作数据库值的替换语法。在下例中，%1 等于 [Sales]，%2 等于 [Prof it]：

RAWSQLAGG_BOOL("SUM(%1)>SUM(%2)",[Sales],[Profit])：

8. RAWSQLAGG_DATE("sql_expr",[arg1],…,[argN])

根据给定聚合 SQL 表达式返回日期结果，SQL 表达式直接传递给基础数据库。在 SQL 表达式中，将 %n 用作数据库值的替换语法。在下例中，%1 等于 [OrderDate]：

RAWSQLAGG_DATE("MAX(%1)",[OrderDate])

9. RAWSQLAGG_DATETIME("sql_expr",[arg1],…,[argN])

根据给定聚合 SQL 表达式返回日期时间结果，SQL 表达式直接传递给基础数据库。在 SQL 表达式中，将 %n 用作数据库值的替换语法。在下例中，%1 等于 [DeliveryDate]：

RAWSQLAGG_DATETIME("MIN(%1)",[DeliveryDate])

10. RAWSQLAGG_INT("sql_expr",[arg1],…,[argN])

根据给定聚合 SQL 表达式返回整数结果，SQL 表达式直接传递给基础数据库。在 SQL 表达式中，将 %n 用作数据库值的替换语法。在下例中，%1 等于 [Sales]：

RAWSQLAGG_INT("500+SUM(%1) ",[Sales])

11. RAWSQLAGG_REAL("sql_expr",[arg1],…,[argN])

根据直接传递给基础数据库的给定聚合 SQL 表达式返回数字结果。在 SQL 表达式中，将 %n 用作数据库值的替换语法。在下例中，%1 等于 [Sales]：

RAWSQLAGG_REAL("SUM(%1)",[Sales])

12. RAWSQLAGG_STR("sql_expr",[arg1],…,[argN])

根据直接传递给基础数据库的给定聚合 SQL 表达式返回字符串。在 SQL 表达式中，将 %n 用作数据库值的替换语法。在下例中，%1 等于 [CustomerName]：

RAWSQLAGG_STR("AVG(%1)",[Discount])

八、用户函数

使用用户函数可以创建基于数据源的用户列表的用户筛选器。例如，创建一个视图用于显示每个员工的销售业绩。发布该视图时仅允许员工查看自己的销售额数据，这时可以使用函数 CURRENTUSER 创建一个字段，该字段会在登录到服务器的人员用户名与视图中的员工姓名相同时返回 true，否则返回 false。在使用此计算字段筛选视图时，只会显示当前已登录用户的数据。

1. FULLNAME()

返回当前用户的全名。当用户已登录时，该函数使用 Tableau Server 或 Tableau Online 全名；否则为 Tableau Desktop 用户的本地或网络全名。例如，[Manager]=FULLNAME()。

如果经理 Dave Hallsten 已登录，就仅当视图中的 Manager 字段中包含 Dave Hallsten 时才会返回 true。用作筛选器时，此计算字段可用于创建用户筛选器，该筛选器将仅显示与登录到服务器的人员相关的数据。

2. ISFULLNAME(string)

如果当前用户的全名与指定的全名匹配，就返回 true；如果不匹配，就返回 false。当用户已登录时，此函数使用 Tableau Server 或 Online 全名；否则使用 Tableau Desktop 用户的本地或网络全名。例如，ISFULLNAME("Dave Hallsten")，如果 Dave Hallsten 为当前用户，就返回 true，否则返回 false。

3. ISMEMBEROF(string)

如果当前使用 Tableau 的用户是与给定字符串匹配的组中的成员，就返回 true。如果当前使用Tableau的用户已登录，组成员身份就由Tableau Server或Tableau Online中的组确定。如果该用户未登录，此函数就返回false。例如，IFISMEMBEROF("Sales") THEN "Sales" ELSE "Other" END。

4. ISUSERNAME(string)

如果当前用户的用户名与指定的用户名匹配，就返回true；如果不匹配，就返回false。当用户已登录时，此函数使用Tableau Server或Online用户名；否则使用Tableau Desktop用户的本地或网络用户名。例如，ISUSERNAME("dhallsten")，如果dhallsten为当前用户，就返回true，否则返回false。

5. USERDOMAIN()

当前用户已登录Tableau Server时，返回该用户的域。如果Tableau Desktop用户在域中，就返回Windows域；否则返回一个空字符串。例如，[Manager]=USERNAME() AND [Domain]=USERDOMAIN()。

6. USERNAME()

返回当前用户的用户名。当用户已登录时，该函数使用Tableau Server或Tableau Online用户名；否则返回Tableau Desktop用户的本地或网络用户名。例如，[Manager]=USERNAME()。

如果经理dhallsten已登录，就仅当视图中的Manager字段为dhallsten时，此函数才返回true。用作筛选器时，此计算字段可用于创建用户筛选器，该筛选器将仅显示与登录到服务器的人员相关的数据。

九、表计算函数

使用表计算函数可以快速自定义表计算。表计算应用于整个表中值的计算，通常依赖表结构本身。

1. FIRST()

返回从当前行到分区中第一行的行数。例如，计算每季度销售额。在Date分区中计算FIRST()函数时，第一行与第二行之间的偏移为-1。

例如，当前行索引为3时，FIRST()=-2。

2. INDEX()

返回分区中当前行的索引，不包含与值有关的任何排序。例如，计算每季度销售额。当在Date分区中计算INDEX()函数时，各行的索引分别为1、2、3、4等。

例如，对于分区中的第三行，INDEX()=3。

3. LAST()

返回从当前行到分区中最后一行的行数。例如，计算每季度销售额。在Date分区中计算LAST()函数时，最后一行与第二行之间的偏移为5。

例如，当前行索引为3（共7行）时，LAST()=4。

4. LOOKUP(expression,[offset])

返回目标行（指定为与当前行的相对偏移）中表达式的值。使用FIRST()+n和LAST()-n作为相对于分区第一行和最后一行的目标偏移量定义的一部分。如果省略offset，就可以在字段菜单中设置要比较的行。如果无法确定目标行，此函数就返回Null。

例如，计算每季度销售额。在Date分区中计算LOOKUP(SUM(Sales),2)时，每行都会显示接下来两个季度的销售额。

例如，LOOKUP(SUM([Profit]),FIRST()+2)计算分区第3行中的SUM(Profit)。

5. PREVIOUS_VALUE(expression)

返回此计算在上一行中的值。如果当前行是分区的第一行，就返回给定表达式。

例如，使用 SUM([Profit])*PREVIOUS_VALUE(1) 计算 SUM(Profit) 的运行产品。

6. RANK(expression,['asc'|'desc'])

返回分区中当前行的标准竞争排名，为相同的值分配相同的排名。使用可选的 'asc'|'desc' 参数指定升序或降序，默认为降序。利用此函数对值集 (6,9,9,14) 进行排名 (4,2,2,1)，在排名函数中会忽略 Null 值。

7. RANK_DENSE(expression,['asc'|'desc'])

返回分区中当前行的密集排名。为相同的值分配相同的排名，但不会向数字序列中插入间距。使用可选的 'asc'|'desc' 参数指定升序或降序，默认为降序。利用此函数对值集 (6,9,9,14) 进行排名 (3,2,2,1)，在排名函数中会忽略 Null 值。

8. RANK_MODIFIED(expression,['asc'|'desc'])

返回分区中当前行调整后的竞争排名，为相同的值分配相同的排名。使用可选的 'asc'|'desc' 参数指定升序或降序，默认为降序。利用此函数对值集 (6,9,9,14) 进行排名 (4,3,3,1)，在排名函数中会忽略 Null 值。

9. RANK_PERCENTILE(expression,['asc'|'desc'])

返回分区中当前行的百分位排名。使用可选的 'asc'|'desc' 参数指定升序或降序，默认为升序。利用此函数对值集 (6,9,9,14) 进行排名 (0.25,0.75,0.75,1.00)，在排名函数中会忽略 Null 值。

10. RANK_UNIQUE(expression,['asc'|'desc'])

返回分区中当前行的唯一排名，为相同的值分配相同的排名。使用可选的 'asc'|'desc' 参数指定升序或降序，默认为降序。利用此函数对值集 (6,9,9,14) 进行排名 (4,2,3,1)，在排名函数中会忽略 Null 值。

11. RUNNING_AVG(expression)

返回给定表达式从分区中第一行到当前行的运行平均值。例如，计算每季度销售额。在 Date 分区中计算 RUNNING_AVG(SUM([Sales]) 时，结果为每个季度的销售额值的运行平均值。

例如，使用 RUNNING_AVG(SUM([Profit])) 计算 SUM(Profit) 的运行平均值。

12. RUNNING_COUNT(expression)

返回给定表达式从分区中第一行到当前行的运行计数。

例如，使用 RUNNING_COUNT(SUM([Profit])) 计算 SUM(Profit) 的运行计数。

13. RUNNING_MAX(expression)

返回给定表达式从分区中第一行到当前行的运行最大值。

例如，使用 RUNNING_MAX(SUM([Profit])) 计算 SUM(Profit) 的运行最大值。

14. RUNNING_MIN(expression)

返回给定表达式从分区中第一行到当前行的运行最小值。

例如，使用 RUNNING_MIN(SUM([Profit])) 计算 SUM(Profit) 的运行最小值。

15. RUNNING_SUM(expression)

返回给定表达式从分区中第一行到当前行的运行总计。

例如，使用 RUNNING_SUM(SUM([Profit])) 计算 SUM(Profit) 的运行总计。

16. SIZE()

返回分区中的行数。例如，计算每季度销售额。在 Date 分区中有 7 行，因此 Date 分区的 SIZE() 为 7。

例如，当前分区包含 5 行时，SIZE()=5。

17. SCRIPT_BOOL

返回指定 R 表达式的布尔结果。R 表达式直接传递给正在运行的分析扩展服务实例。可在

R 表达式中使用 .argn 引用参数（.arg1、.arg2 等）。

18. SCRIPT_BOOL("is. finite(. arg1)",SUM([Profit]))

对于商店 ID，函数返回 true 或 false。

例如，SCRIPT_BOOL('grepl(".*_WA",.arg1,perl=TRUE)',ATTR([StoreID]))

19. SCRIPT_INT

返回指定表达式的整数结果。表达式直接传递给运行的外部服务实例。在 R 表达式中，使用 .argn（带前导句点）引用参数（.arg1、.arg2 等）。

例如，在 R 表达式中，.arg1 等于 SUM([Profit])：SCRIPT_INT("is.finite(.arg1)",SUM([Profit]))。

20. SCRIPT_REAL

返回指定表达式的实数结果。表达式直接传递给运行的外部服务实例。在 R 表达式中，使用 .argn（带前导句点）引用参数（.arg1、.arg2 等）。

例如，在 R 表达式中，.arg1 等于 SUM([Profit])：SCRIPT_REAL("is.finite(.arg1)",SUM ([Profit]))。

21. SCRIPT_STR

返回指定表达式的字符串结果。表达式直接传递给运行的外部服务实例。在 R 表达式中，使用 .argn（带前导句点）引用参数（.arg1、.arg2 等）。

例如，在 R 表达式中，.arg1 等于 SUM([Profit])：SCRIPT_STR("is.finite(.arg1)",SUM([Profit]))。

22. TOTAL(expression)

返回表计算分区内表达式的总计。

23. WINDOW_AVG(expression,[start,end])

返回窗口中表达式的平均值。窗口用于当前行的偏移定义。使用 FIRST()+n 和 LAST()-n 表示与分区中第一行或最后一行的偏移。如果省略开头和结尾，就使用整个分区。

例如，使用 WINDOW_AVG(SUM([Profit]),FIRST()+1,0) 计算从第二行到当前行的 SUM(Profit) 平均值。

24. WINDOW_COUNT(expression,[start,end])

返回窗口中表达式的计数。窗口用于当前行的偏移定义。使用 FIRST()+n 和 LAST()-n 表示与分区中第一行或最后一行的偏移。如果省略开头和结尾，就使用整个分区。

例如，使用 WINDOW_COUNT(SUM([Profit]),FIRST()+1,0) 计算从第二行到当前行的 SUM(Profit) 计数。

25. WINDOW_MEDIAN(expression,[start,end])

返回窗口中表达式的中值。窗口用于当前行的偏移定义。使用 FIRST()+n 和 LAST()-n 表示与分区中第一行或最后一行的偏移。如果省略开头和结尾，就使用整个分区。

例如，使用 WINDOW_MEDIAN(SUM([Profit]),FIRST()+1,0) 计算从第二行到当前行的 SUM(Profit) 中值。

26. WINDOW_MAX(expression,[start,end])

返回窗口中表达式的最大值。窗口用于当前行的偏移定义。使用 FIRST()+n 和 LAST()-n 表示与分区中第一行或最后一行的偏移。如果省略开头和结尾，就使用整个分区。

例如，使用 WINDOW_MAX(SUM([Profit]),FIRST()+1,0) 计算从第二行到当前行的 SUM(Profit) 最大值。

27. WINDOW_MIN(expression,[start,end])

返回窗口中表达式的最小值。窗口用于当前行的偏移定义。使用 FIRST()+n 和 LAST()-n 表示与分区中第一行或最后一行的偏移。如果省略开头和结尾，就使用整个分区。

例如，使用 WINDOW_MIN(SUM([Profit]),FIRST()+1,0) 计算从第二行到当前行的 SUM(Profit)

最小值。

28. WINDOW_PERCENTILE(expression,number,[start,end])

返回与窗口中指定百分位相对应的值。窗口用于当前行的偏移定义。使用 FIRST()+n 和 LAST()–n 表示与分区中第一行或最后一行的偏移。如果省略开头和结尾，就使用整个分区。

例如，使用 WINDOW_PERCENTILE(SUM([Profit]),0.75,–2,0) 返回 SUM(Profit) 的前面两行到当前行的第 75 个百分位。

29. WINDOW_STDEV(expression,[start,end])

返回窗口中表达式的样本标准差。窗口用于当前行的偏移定义。使用 FIRST()+n 和 LAST()–n 表示与分区中第一行或最后一行的偏移。如果省略开头和结尾，就使用整个分区。

例如，使用 WINDOW_STDEV(SUM([Profit]),FIRST()+1,0) 计算从第二行到当前行的 SUM(Profit) 标准差。

30. WINDOW_STDEVP(expression,[start,end])

返回窗口中表达式的有偏差标准差。窗口用于当前行的偏移定义。使用 FIRST()+n 和 LAST()–n 表示与分区中第一行或最后一行的偏移。如果省略开头和结尾，就使用整个分区。

例如，使用 WINDOW_STDEVP(SUM([Profit]),FIRST()+1,0) 计算从第二行到当前行的 SUM(Profit) 标准差。

31. WINDOW_SUM(expression,[start,end])

返回窗口中表达式的总计。窗口用于当前行的偏移定义。使用 FIRST()+n 和 LAST()–n 表示与分区中第一行或最后一行的偏移。如果省略开头和结尾，就使用整个分区。

例如，使用 WINDOW_SUM(SUM([Profit]),FIRST()+1,0) 计算从第二行到当前行的 SUM(Profit) 总和。

32. WINDOW_VAR(expression,[start,end])

返回窗口中表达式的样本方差。窗口用于当前行的偏移定义。使用 FIRST()+n 和 LAST()–n 表示与分区中第一行或最后一行的偏移。如果省略开头和结尾，就使用整个分区。

例如，使用 WINDOW_VAR((SUM([Profit])),FIRST()+1,0) 计算从第二行到当前行的 SUM(Profit) 方差。

33. WINDOW_VARP(expression,[start,end])

返回窗口中表达式的有偏差方差。窗口用于当前行的偏移定义。使用 FIRST()+n 和 LAST()–n 表示与分区中第一行或最后一行的偏移。如果省略开头和结尾，就使用整个分区。

例如，使用 WINDOW_VARP(SUM([Profit]),FIRST()+1,0) 计算从第二行到当前行的 SUM(Profit) 方差。

十、其他函数

- **模式匹配的特定函数**

1. REGEXP_REPLACE（字符串，模式，替换字符串）

返回给定字符串的副本，其中正则表达式模式被替换字符串取代。此函数可用于文本文件、Hadoop Hive、Google BigQuery、PostgreSQL、Tableau 数据提取、Microsoft Excel、Salesforce、HP Vertica、Pivotal Greenplum、Teradata（版本 14.1 及更高版本）和 Oracle 数据源。

Tableau 数据提取的模式必须为常量。正则表达式语法遵守 ICU（Unicode 国际化组件）标准，ICU 用于 Unicode 支持、软件国际化和软件全球化的成熟 C/C++ 和 Java 库开源项目。可参见在线 ICU 用户指南中正则表达式的相关介绍。

例如，REGEXP_REPLACE('abc123','\s','–')='abc–123'。

2. REGEXP_MATCH（字符串，模式）

如果指定字符串的子字符串匹配正则表达式模式，就返回 true，否则返回 false。此函数可用于文本文件、Google BigQuery、PostgreSQL、Tableau 数据提取、Microsoft Excel、Salesforce、HP Vertica、Pivotal Greenplum、Teradata（版本 14.1 及更高版本）、Impala2.3.0（通过 Cloudera Hadoop 数据源）和 Oracle 数据源。

例如，REGEXP_MATCH('-([1234].[The.Market])-','\[\s*(\w*\.)(\w*\s*\])')=true。

3. REGEXP_EXTRACT(string,pattern)

返回与正则表达式模式匹配的字符串部分。此函数可用于文本文件、Hadoop Hive、Google BigQuery、PostgreSQL、Tableau 数据提取、Microsoft Excel、Salesforce、HP Vertica、Pivotal Greenplum、Teradata（版本 14.1 及更高版本）和 Oracle 数据源。

例如，REGEXP_EXTRACT('abc123','[a-z]+\s+(\d+)')='123'。

4. REGEXP_EXTRACT_NTH(string,pattern,index)

返回与正则表达式模式匹配的字符串部分。子字符串匹配到第 n 个捕获组，其中 n 是给定的索引。如果索引为 0，就返回整个字符串。此函数可用于文本文件、Google BigQuery、PostgreSQL、Tableau 数据提取、Microsoft Excel、Salesforce、HP Vertica、Pivotal Greenplum、Teradata（版本 14.1 及更高版本）和 Oracle 数据源。

例如，REGEXP_EXTRACT_NTH('abc123','([a-z]+)\s+(\d+)',2)='123'。

- **Hadoop Hive 的特定函数**

1. GET_JSON_OBJECT(JSON 字符串，JSON 路径）

根据 JSON 路径返回 JSON 字符串中的 JSON 对象。

2. PARSE_URL（字符串，url_part)

返回给定 URL 字符串的组成部分（由 url_part 定义）。有效的 url_part 值包括 'HOST'、'PATH'、'QUERY'、'REF'、'PROTOCOL'、'AUTHORITY'、'FILE' 和 'USERINFO'。

例如，PARSE_URL('http://www.Tableau.com','HOST')='www.Tableau.com'。

3. PARSE_URL_QUERY（字符串，密钥）

返回给定 URL 字符串中指定查询参数的值。查询参数由密钥定义。

例如，PARSE_URL_QUERY ('http://www.Tableau.com?page=1&cat=4','page')='1'。

4. XPATH_BOOLEAN(XML 字符串，XPath 表达式字符串）

如果 XPath 表达式匹配节点或计算为 true，就返回 true。

例 如，XPATH_BOOLEAN('<values><valueid="0">1</value><valueid="1">5</value>','values/value[@id="1"]=5')=true。

5. XPATH_DOUBLE(XML 字符串，XPath 表达式字符串）

返回 Xpath 表达式的浮点值。

例如，XPATH_DOUBLE('<values><value>1.0</value><value>5.5</value></values>',' sum(value/*)') =6.5。

6. XPATH_FLOAT(XML 字符串，XPath 表达式字符串）

返回 XPath 表达式的浮点值。

例如，XPATH_FLOAT('<values><value>1.0</value><value>5.5</value></values>',' sum(value/*)') =6.5。

7. XPATH_INT(XML 字符串，XPath 表达式字符串）

返回 Xpath 表达式的数值。如果 Xpath 表达式无法计算为数字，就返回 0。

例如，XPATH_INT('<values><value>1</value><value>5</value></values>',' sum(value/*)')=6。

8. XPATH_LONG(XML 字符串 ,XPath 表达式字符串)

返回 Xpath 表达式的数值。如果 Xpath 表达式无法计算为数字，就返回 0。

例如，XPATH_LONG('<values><value>1</value><value>5</value></values>',' sum(value/*)')=6。

9. XPATH_SHORT(XML 字符串 ,XPath 表达式字符串)

返回 Xpath 表达式的数值。如果 Xpath 表达式无法计算为数字，就返回 0。

例如，XPATH_SHORT('<values><value>1</value><value>5</value></values>',' sum(value/*)')=6。

10. XPATH_STRING(XML 字符串 ,XPath 表达式字符串)

返回第一个匹配节点的文本。

例如，XPATH_STRING('<sites><urldomain="org">http://www.w3.org</url><urldomain="com"> http://www.Tableau.com</url></sites>','sites/url[@domain="com"]')=' http://www.Tableau.com'。

- **GoogleBigQuery 的特定函数**

1. DOMAIN(string_url)

在给定 URL 字符串的情况下返回作为字符串的域。

例如，DOMAIN('http://www.google.com:80 /index.html')='google.com'。

2. GROUP_CONCAT(表达式)

将来自每个记录的值连接为一个由逗号分隔的字符串。此函数在处理字符串时的作用类似于 SUM 函数。

例如，GROUP_CONCAT(Region)="Central,East,West"。

3. HOST(string_url)

在给定 URL 字符串的情况下返回作为字符串的主机名。

例如，HOST('http://www.google.com:80 /index.html')='www.google.com:80'。

4. LOG2(数字)

返回数字的对数，底数为 2。

例如，LOG2(16)='4.00'。

5. LTRIM_THIS(字符串 , 字符串)

返回第一个字符串（移除在前导位置出现的第二个字符串）。

例如，LTRIM_THIS('[-Sales-]','[-')='Sales-]'。

6. RTRIM_THIS(字符串 , 字符串)

返回第一个字符串（移除在尾随位置出现的第二个字符串）。

例如，RTRIM_THIS('[-Market-]','-]')='[-Market'。

7. TIMESTAMP_TO_USEC(表达式)

将 TIMESTAMP 数据类型转换为 UNIX 时间戳（以微秒为单位）。

例如，TIMESTAMP_TO_USEC(#2012-10-0101:02:03#)=1349053323000000。

8. USEC_TO_TIMESTAMP(表达式)

将 UNIX 时间戳（以微秒为单位）转换为 TIMESTAMP 数据类型。

例如，USEC_TO_TIMESTAMP(1349053323000000)=#2012-10-0101:02:03#。

9. TLD(string_url)

在给定 URL 字符串的情况下返回顶层域和 URL 中的所有国家 / 地区域。

例如，TLD('http://www.google.com:80/index.html')='.com'，TLD('http://www.google.co.uk:80/ index.html')='.co.uk'。

参考文献

［1］刘宝华，牛婷婷，秦洲，张立东．基于Tableau大数据的隧道技术状况分析［J］．公路，2019,03:342-346.

［2］白玲．Tableau在医疗卫生数据可视化分析中的应用［J］．中国数字医学，2018,1310:72-74.

［3］白玲．基于Tableau工具的医疗数据可视化分析［J］．中国医院统计，2018,2505:399-401.

［4］古锐昌，丁钰琳．Tableau在气象大数据可视化分析中的应用［J］．广东气象，2017,3906:40-42.

［5］陈佳艳．基于Tableau实现在线教育大数据的可视化分析［J］．江苏商论，2018,02:123-125.

［6］黄亮，戴小鹏，王奕．基于Tableau的商业数据可视化分析［J］．电脑知识与技术，2018,1429:14-15.

［7］王露，杨晶晶，黄铭．基于R语言和Tableau的气象数据可视化分析［J］．计算机与网络，2017,4324:69-71.

［8］李良才，张家铭，崔昌宇，邓文佩，叶玮．基于Tableau实现MOOC学习行为数据可视化分析［J］．电脑编程技巧与维护，2016,22:47.

［9］赵三珊，沈豪栋，许唐云，王华，李莉华．基于Tableau技术的电网企业综合计划监测体系研究［J］．电力与能源，2018,3903:339-343.

［10］张蕾，李昂，向翰丞．基于Tableau的大电量客户用电量异常分析［J］．电工技术，2018,13:76-77.

［11］杨月．Tableau在航运企业航线营收数据分析中的应用［J］．集装箱化，2018,2908:8-9.

［12］郭二强，李博．基于Excel和Tableau实现企业业务数据化管理［J］．电子技术与软件工程，2018,20:168.

［13］杨小军，张雪超，李安琪．利用Excel和Tableau实现业务工作数据化管理［J］．电脑编程技巧与维护，2017,12:66-68.

［14］刘磊，王强，吕帅．模糊命题模态逻辑的Tableau方法［J］．哈尔滨工程大学学报，2017,3806:914-920.

［15］王露，鲁倩南，杨美霞，黄铭．基于Tableau的电磁频谱数据分类与展示［J］．中国无线电，2017,07:54-56.

［16］Tableau 9.3为数据分析、分享和协作提速［J］．电脑与电信，2016,03:10.

［17］Tableau推出API，助力开发人员打造全新数据分析体验［J］．电脑与电信，2016,09:4-5.

［18］Tableau在华设立分公司帮助客户掌控数据的力量［J］．中国电子商情（基础电子），2015,09:37.

［19］刘红阁，王淑娟，温融冰．人人都是数据分析师Tableau应用实战［M］．北京：人民邮电出版社，2015.

［20］沈浩，王涛，韩朝阳，李健．触手可及的大数据分析工具：Tableau案例集［M］．北京：电子工业出版社，2015.